uni—texte

Lehrbücher

J. Barner, Der Wald Begründung, Aufbau und Erhaltung

H. Dallmann/K.-H. Elster, Einführung in die höhere Mathematik

D. Geist, Physik der Halbleiter I

S. G. Krein/V. N. Uschakowa, Vorstufe zur höheren Mathematik

H. Lau/W. Hardt, Energieverteilung

R. Ludwig, Methoden der Fehler- und Ausgleichsrechnung

E. Meyer/E.-G. Neumann, Physikalische und technische Akustik

E. Meyer/R. Pottel, Physikalische Grundlagen der Hochfrequenztechnik

L. Prandtl, Führer durch die Strömungslehre

J. Rieck, Lichttechnik

W. Rieder, Plasma und Lichtbogen

W. Tutschke, Grundlagen der Funktionentheorie

H.-G. Unger, Elektromagnetische Wellen I

H.-G. Unger, Elektromagnetische Wellen II

H.-G. Unger, Quantenelektronik

H.-G. Unger, Theorie der Leitungen

H.-G. Unger/W. Schultz, Elektronische Bauelemente und Netzwerke I

In Vorbereitung:

Dewar, Einführung in die moderne Chemie

Geist, Physik der Halbleiter II

Hàla/Boublik, Einführung in die statistische Thermodynamik

Meyer/Guicking, Schwingungslehre

Meyer/Zimmermann, Elektronische Meßtechnik

Taegen, Elektrische Maschinen I, II

uni—text

R. Ludwig

Methoden der Fehler- und Ausgleichsrechnung

Lehrbuch für Studenten
aller naturwissenschaftlichen
und technischen Fachrichtungen
ab 3. Semester

Mit 29 Bildern

Friedr. Vieweg & Sohn · Braunschweig

Verlagsredaktion: *Alfred Schubert*

ISBN 978-3-322-97921-6 ISBN 978-3-322-98459-3 (eBook)
DOI 10.1007/978-3-322-98459-3

1969

Library of Congress Catalog Card No. 69-17093
Satz: Friedr. Vieweg & Sohn
Umschlaggestaltung: Peter Kohlhase, Lübeck

Best.-Nr. 3513

Vorwort

Eine nicht allzu umfangreiche Darstellung der praktischen Methoden der Fehler- und Ausgleichsrechnung niederzuschreiben, schien mir – zugleich mit einer Aufforderung des Verlages – eine lohnende Aufgabe zu sein. Dies soll ein Buch sein, das dem Ingenieur und Naturwissenschaftler die Wege weist, wie die in der Praxis des Laborbetriebes und der Meßtechnik auftretenden Probleme der Fehler- und Ausgleichsrechnung zu behandeln sind. Die Herleitung der einzelnen Verfahren erfolgt meist verhältnismäßig kurz, jedoch so ausführlich, daß das Verständnis ohne große Mühen und Einarbeitung möglich ist. Zahlreiche durchgerechnete Beispiele dienen einer weiteren Erläuterung der praktischen Anwendung. Überdies sind zur Vertiefung am Ende eines jeden Kapitels einige Aufgaben mit Lösungen und Schrifttumhinweise angegeben, die sich auf den Inhalt des betreffenden Kapitels beziehen. Im Anhang ist außerdem noch weitere Literatur angegeben, fast ausschließlich in Buchform, die als Ergänzung des behandelten Stoffes zu betrachten ist, besonders hinsichtlich der Gebiete Wahrscheinlichkeitsrechnung, Statistik und praktische Mathematik einschließlich Rechentechnik. An einigen Stellen, wie etwa in Kapitel 2 über die Grundlagen der Fehlerrechnung, konnte unter Hinweis auf geeignetes Schrifttum nur referiert werden, um den Umfang nicht zu sehr anwachsen zu lassen. Auch im letzten Kapitel 6 ist nur über einige Verfahren zur Tschebyscheff-Approximation berichtet worden, ohne auf alle Einzelheiten einzugehen.

Bei der Darstellung der verschiedenen Methoden wird konsequent die *Vektor- und Matrizenschreibweise* verwendet. Dadurch lassen sich auch kompliziertere Zusammenhänge, wie etwa die Berechnung der mittleren Fehler der Koeffizienten eines Ausgleichspolynoms, übersichtlich darstellen. Erspart wird dadurch auch das sonst sehr häufig auftretende Summenzeichen oder das in fast allen Büchern über Ausgleichsrechnung und nur an dieser Stelle verwendete Gaußsche Summensymbol der eckigen Klammern. Mag der eine oder andere dadurch vielleicht anfangs etwas Schwierigkeiten haben, so ist der elementare Matrikzenkalkül doch so verbreitet, daß man ihn voraussetzen kann. Überdies enthält der Anhang 1 eine Zusammenstellung der wichtigsten Formeln der Matrizenrechnung, soweit sie in diesem Buche benötigt wird.

Bei dem unter Umständen sehr großen Rechenaufwand, der erforderlich werden kann, wenn sehr umfangreiches Beobachtungsmaterial unter dem Gesichtspunkt der Fehler- und Ausgleichsrechnung auszuwerten ist, muß die moderne Rechentechnik unter Benutzung elektronischer Datenverarbeitungsanlagen herangezogen werden. Um auch diese Möglichkeiten in die Betrachtung dieses Buches einzubeziehen, sind für die wichtigsten Methoden ALGOL-Prozeduren angegeben. Auf diese Weise können die Benutzer sehr verschiedener Digitalrechner davon Nutzen haben. Auch der Übergang für die, die FORTRAN verwenden wollen, ist dadurch erleichtert.

Durch Vorlesungen über das Gebiet der praktischen Mathematik, die ich für Hörer der Physik und verwandter Fachgebiete regelmäßig an der Technischen Universität Braunschweig halte, waren wesentliche Teile dieses Buches bereits vorbereitet. Trotzdem bedurfte jeder Abschnitt noch der Erweiterung und Abrundung, um den gesamten Stoff so darstellen zu können, wie meiner Meinung nach der Inhalt dieses Buches sein sollte.

Zum Austesten der ALGOL-Prozeduren und zur Durchrechnung zahlreicher Beispiele und Aufgaben dieses Buches stand mir die Datenverarbeitungsanlage „Siemens 2002" des Rechenzentrums der „Deutschen Forschungsanstalt für Luft- und Raumfahrt e.V. (DFL)" zur Verfügung, wofür ich der Institutsleitung sehr zu Dank verpflichtet bin. Der enge Kontakt sowohl zur experimentellen Praxis als auch zur modernen Rechentechnik, den ein Rechenzentrum gerade in einer Forschungsanstalt vermittelt, dürfte den Darstellungen dieses Buches zugute gekommen sein.

Allen Damen und Herren des Rechenzentrums, die mir durch Aussprache und Hilfe zur Seite standen, danke ich. Ganz besonders danke ich aber Frau Dipl.-Math. *Pillsticker* und Herrn Dipl.-Math. *Henschel* für Beratung und Überlassung von Programmen, Frau *Saul* für Niederschrift und Austesten der ALGOL-Programme und Herrn Dr. *Homuth,* TU Braunschweig, für ganz besonders sorgfältig durchgeführte Durchsicht des gesamten Manuskriptes und Hilfe beim Lesen der Korrekturen. Dem Verlag danke ich für Entgegenkommen beim Entstehen des Manuskriptes, die Drucklegung und Herausgabe des Buches.

Braunschweig, Oktober 1968 *Rudolf Ludwig*

Inhaltsverzeichnis

1. Einleitung

1.1. Zweck und Aufgabe der Fehler- und Ausgleichsrechnung 1
1.2. Benutzung von Rechenhilfsmitteln 2
1.3. Beispiele und Aufgaben 4

2. Begründung der Fehler- und Ausgleichsrechnung

2.1. Beobachtungsfehler 5
2.2. Die Gaußsche Normalverteilung 7
2.3. Prüfen auf Normalverteilung 10
2.4. Zur Begründung der „Methode der kleinsten Quadrate" 13

3. Ausgleichung direkter Beobachtungen

3.1. Beobachtungen gleicher Genauigkeit 16
3.1.1. Der Mittelwert 16
3.1.2. Der mittlere Fehler 18
3.1.3. Berechnungsmethoden 19
3.2. Mittelwert und Streuung statistischer Gesamtheiten 23
3.2.1. Mittelwert und Streuung 23
3.2.2. Berechnung von $\bar{x}$ und s^2 25
3.3. Vertrauensintervalle 35
3.4. Das Gaußsche Fehlerfortpflanzungsgesetz 40
3.5. Beobachtungen ungleicher Genauigkeit 48
3.5.1. Grundlagen 48
3.5.2. Bestimmung der Gewichte 49
3.5.3. Beispiele 50
3.5.4. Rechenprogramm 53
3.6. Aufgaben 54

4. Ausgleichung vermittelnder und bedingter Beobachtungen

4.1. Allgemeines Prinzip der Ausgleichung vermittelnder Beobachtungen 58
4.2. Lineare Beziehung zwischen den Unbekannten 59
4.3. Mittlerer Fehler der Unbekannten für lineare Beziehung zwischen den Unbekannten 62
4.4. Ausgleichung bedingter Beobachtungen 66
4.5. Direkte Beobachtungen mit Bedingungsgleichungen 69
4.6. Direkte Beobachtungen ungleicher Genauigkeit mit Bedingungsgleichungen 74
4.7. Aufgaben 77

5. Ausgleichskurven

5.1. Allgemeines Prinzip 80
5.2. Ausgleichung durch Polynome 84
5.3. Äquidistante Argumentwerte 89
5.4. Mittlerer Fehler der Beobachtungswerte y_i und der Koeffizienten a_j 94
5.5. Durchführung linearer Ausgleichung auf Datenverarbeitungsanlagen 96
5.6. Ausgleichung durch Orthogonalfunktionen 103
5.6.1. Allgemeines 103
5.6.2. Orthogonalpolynome für beliebige Argumente 105
5.6.3. Mittlerer Fehler der a_i bei Orthogonalfunktionen 112
5.6.4. Orthogonalpolynome für äquidistante Argumente 113

5.7. Beispiele 118
5.8. Glätten einer Beobachtungsreihe mit äquidistanten Abszissen 127
5.9. Numerisches Differenzieren mittels Ausgleichsparabeln 133
5.10. Numerische Fourier-Analyse 138
5.11. Ein nichtlineares Ausgleichsproblem – Ausgleichung durch Exponentialsummen 145
5.12. Zweidimensionale Ausgleichung durch Polynome 149
5.13. Lineare Korrelationen 158
5.14. Aufgaben 165
Anhang: Berechnung einer Gaußschen Normalverteilung für eine empirische Verteilung 170

6. Approximation von Funktionen

6.1. Prinzipielle Möglichkeiten 173
6.2. Die Approximation im quadratischen Mittel 175
6.3. Gleichmäßige Approximation für diskrete Argumente 183
6.4. Stetige Tschebyscheff-Approximationen 201
6.5. Approximation durch Systeme von Orthogonalfunktionen 206
6.5.1. Allgemeines 206
6.5.2. Legendresche Polynome (Kugelfunktionen) 208
6.5.3. Trigonometrische Funktionen (Fourier-Analyse) 211
6.5.4. Tschebyscheff-Polynome 214
6.6. Aufgaben 223

Anhang

1. Zusammenstellung der wichtigsten Sätze, Rechenregeln und Formeln aus der Matrizenrechnung

1.1. Vektoren 225
1.2. Matrizen 226
1.3. Matrizenmultiplikation 228
1.4. Inverse oder Kehrmatrix (reziproke Matrix) 230
1.5. Differentiation einer Matrix nach einem Parameter 230
1.6. Funktionalmatrix 232

2. Numerische Lösung linearer Gleichungssysteme (speziell der Normalgleichung)

2.1. Verketteter Gaußscher Algorithmus 232
2.2. Verfahren von Cholesky für symmetrische Matrizen 236
2.3. Numerische Berechnung der inversen Matrix 239
2.4. ALGOL-Prozedur für das Verfahren von Cholesky 240

3. Tafel der Orthogonalpolynome 243

Verzeichnis der Beispiele 247

Verzeichnis der ALGOL-Prozeduren 249

Literaturverzeichnis 250

Namen- und Sachverzeichnis 256

1. Einleitung

1.1. Zweck und Aufgabe der Fehler- und Ausgleichsrechnung

Im Bereiche des technischen und physikalischen (bzw. überhaupt des naturwissenschaftlichen) Versuchs- und Meßwesens fallen oft sehr viele Versuchsergebnisse und Meßdaten an. Die Weiterverarbeitung dieses Datenmaterials ist eine sehr wichtige Aufgabe, die von verschiedenen Seiten her zu betrachten ist. Eine der wichtigsten Fragestellungen ist die nach der Genauigkeit. Bei wiederholter Messung ein und derselben Größe erhält man im allgemeinen etwas voneinander abweichende, also sich widersprechende Resultate, d.h. es treten Fehler auf, die auf sehr verschiedene Ursachen zurückzuführen sind.

Im Bereich der Geodäsie und Astronomie wurde vor allem diesen Genauigkeitsfragen zuerst nachgegangen. Man hatte hier früh erkannt, daß diese Meßfehler als Zufallsgrößen aufzufassen sind. Man wendete daher die sich gerade entwickelnde Wahrscheinlichkeitsrechnung darauf an. Die grundlegenden Gedanken einer solchen Fehlertheorie stammen von *Carl Friedrich Gauß* [1], der 1809 anläßlich astronomischer Beobachtungen an dem kleinen Planeten Pallas eine ausführliche Begründung der Fehlerrechnung gab. Vorher hatte bereits *A. M. Legendre* diese sogenannte „Methode der kleinsten Quadrate" bei der Berechnung von Kometenbahnen auf Grund von Beobachtungsdaten benutzt (1806). Auch *Lagrange* (1770) und *Laplace* (1802) hatten Versuche in dieser Richtung unternommen. Trotzdem ist *C. F. Gauß* als der anzusehen, dem das Hauptverdienst um die Schaffung der Fehler- und Ausgleichsrechnung zukommt. Ein wichtiger Meilenstein aus dem Gebiet der Astronomie ist die Bahnberechnung des 1801 durch *Piazzi* entdeckten kleinen Planeten Ceres. Aus 41tägigen Beobachtungen eines Bahnstückes, das sich nur über 9° erstreckte, gelang es *Gauß*, eine Ephemeride zu berechnen, so daß der Planet wieder entdeckt werden konnte.

Daß man von einer Beobachtungsreihe gleicher Größen den Mittelwert nimmt, schien von jeher der plausibelste Weg zu sein, sich von den widerspruchsvollen Messungen zu befreien. Eine Erfassung und Beurteilung der Meßfehler ist aber nur im Sinne der Statistik möglich und kann heute nur in dieser Weise gegeben werden [2].

Die einzelnen Meßergebnisse werden meist in weiterführenden Rechnungen verwendet. Hier ist die Frage nach der *Fehlerfortpflanzung* zu stellen. Auch die Lösung dieses Problems geht auf *Gauß* zurück.

Eine weitere Aufgabe besteht darin, gewisse Größen aus einer Anzahl Gleichungen zu bestimmen. Es sind aber im allgemeinen mehr Beobachtungen und daher mehr Gleichungen vorhanden als Unbekannte, d.h. das Gleichungssystem ist überbestimmt. Hier setzt neben der Fehlerrechnung die eigentliche *Ausgleichsrechnung* ein. Man muß aus diesen sich im allgemeinen widersprechenden Gleichungen eine Lösung suchen, die diese Widersprüche „ausgleicht", d.h. in irgendeinem noch näher zu definierenden Sinne möglichst klein macht. So liegt allen diesen Problemen der Fehler- und Ausgleichsrechnung ein Minimalprinzip zugrunde, das nach *Gauß* als die *Methode der kleinsten Quadrate* bezeichnet wird. Es ist dies das beherrschende Prinzip, da es durch die Fehlertheorie statistisch begründet ist.

Diese Methode läßt sich weiterhin anwenden auf Beobachtungen, die gewissen Bedingungen unterliegen (z.B. die Ausgleichung von Winkeln eines Dreiecknetzes, bei dem die Winkelsumme in jedem Dreieck genau 180° sein muß). Auch die Bestimmung von *Ausgleichskurven* erfolgt auf diese Weise. Es wird ein glatter Kurvenverlauf gesucht, wenn eine gewisse Anzahl von gemessenen Kurvenpunkten vorliegt, die naturgemäß mit Ungenauigkeiten behaftet sind.

Die Planung und Auswertung von Versuchsergebnissen ist eine sehr wichtige Teilaufgabe einer wissenschaftlich-technischen Untersuchung, an die man früh genug herangehen muß, um die Versuche selbst richtig beurteilen zu können. Der Umfang solcher Auswertungen kann sehr groß sein und darf in der Planung nicht unterschätzt werden, vor allem hinsichtlich des Zeitbedarfs. Eine unvollständige oder gar unterlassene Fehler- und Ausgleichsrechnung kann den Wert einer Versuchsreihe in Frage stellen.

Ein weiteres Problem soll hier noch ausgeführt werden, dies ist die *Approximation von Funktionen,* d.h. die Annäherung einer gegebenen Funktion in einem vorgegebenen Bereich durch eine andere, die im allgemeinen einfacher zu handhaben ist. Hier handelt es sich nicht um statistisch verteilte Größen, die auszugleichen sind, sondern um eine optimale Anpassung. Dabei tritt neben der klassischen „Methode der kleinsten Quadrate" ein anderes Minimalprinzip auf, die sogenannte *gleichmäßige Approximation,* die nach *Tschebyscheff* benannt wird. Sie ist rechentechnisch aufwendiger zu handhaben, führt aber zu sehr guten Ergebnissen. Es läßt sich dieses Minimalprinzip auch auf die Ausgleichung von Beobachtungsreihen, also auf mit Meßfehlern behaftete Größen anwenden, dabei geht natürlich der Zusammenhang mit einer statistisch orientierten Fehlertheorie verloren.

Damit sind die grundlegenden Aufgaben, die in diesem Buche behandelt werden sollen, kurz umrissen. Um den Rahmen dieses Buches nicht zu sprengen, können nicht alle diese Probleme in der gleichen Ausführlichkeit dargestellt werden.

1.2. Benutzung von Rechenhilfsmitteln

Bei der praktischen Benutzung der in diesem Buche zu behandelnden Methoden der Fehler- und Ausgleichsrechnung sind oft umfangreiche numerische Rechnungen durchzuführen. Die Verarbeitung des anfallenden Materials, das im allgemeinen aus Messungen stammt, kann zu einer Aufgabe anwachsen, die sehr sorgfältig geplant werden muß.

Für einzelne, wenige Auswertungen von Beobachtungsdaten nicht zu großen Umfanges wird es stets möglich sein, an Hand geeigneter Rechenvorschriften mit Hilfe der üblichen Tischrechenmaschinen diese Arbeit zu erledigen. Dagegen wird man umfangreiche und häufig wiederkehrende, gleichartige Auswertungen dieser Art auf einer elektronischen Datenverarbeitungsanlage (DA) [1]), einem Digitalrechner, durchführen.

Beiden Möglichkeiten soll hier Rechnung getragen werden. Vor allem an Hand der zahlreichen, durchgerechneten Beispiele ist zu sehen, nach welchen Rechenschemata man mit der Tischrechenmaschine arbeiten kann. Die Benutzung einer DA soll dadurch erleichtert werden, daß ALGOL-Prozeduren angegeben werden. Dieser Weg wurde gewählt, um unabhängig von einer speziellen DA in einer sogenannten „problemorientierten" Programmiersprache möglichst viele Benutzer ansprechen zu können [2]). Die Form der Prozedur ermöglicht leicht den Einbau des speziellen Verfahrens in ein größeres Programm zur Datenverarbeitung.

Die Beobachtungsdaten liegen meist als Meßprotokoll vor und können dann weiter verarbeitet werden. Durch Automatisierung kann man oft erreichen, daß regelmäßig anfallende Meßergebnisse an bestimmten Versuchseinrichtungen sofort, d.h. ohne menschliches Zutun, auf einen Datenträger übertragen werden, der als Eingabemedium in einer DA verarbeitet werden kann (Off-line Betrieb). Datenträger können Lochstreifen, Lochkarten oder Magnetbänder usw. sein. Ein weiterer Schritt in der Automatisierung ist, daß an die Versuchs- oder Meßeinrichtung die DA unmittelbar angeschlossen ist (On-line Betrieb). Es können somit sofort die anfallenden Daten aufbereitet und verarbeitet werden. Sie können eventuell nach der Verarbeitung wieder in die Versuchseinrichtung eingespeist werden; die DA wird damit zum Prozeßrechner. Die Verarbeitung von Meßdaten wird sehr oft Methoden der Fehler- und Ausgleichsrechnung enthalten müssen, um die Ergebnisse möglichst weitgehend vom Einfluß der Zufallsfehler zu befreien, bzw. diesen Einfluß beurteilen zu können.

Zur Darstellung der angegebenen Programme als ALGOL-Prozeduren ist folgendes zu sagen (siehe [3] bis [8]):

Nachdem die problemorientierte Programmiersprache ALGOL auf internationaler Basis 1960 veröffentlicht wurde, sind mittlerweile für die verschiedensten DA Übersetzer in Maschinenprogramme (Compiler) entwickelt worden. In der *ALCOR-Konvention* wurden durch Zusammenschluß interessierter Firmen und Institutionen bestimmte Abmachungen über die logische Konzeption der Übersetzer, Ein- und Ausgabevereinbarungen usw. als Teil des ALGOL 60 vereinbart. Die hier dargestellten ALGOL-Prozeduren werden als Protokolle der Lochstreifenfassung, die die übliche Veröffentlichungsform darstellt, reproduziert. Damit können diese Programme

[1]) Oft auch mit EDV abgekürzt.

[2]) Eine andere sehr weit verbreitete problemorientierte Programmiersprache ist FORTRAN, [7] und [9].

von jedem der ALCOR-Gruppe entsprechenden Übersetzer unmittelbar verarbeitet werden. Da alle diese Prozeduren keine Eingabe und Ausgabe von Daten enthalten, bestehen kaum Schwierigkeiten durch Unterschiede, die bei Übersetzern für verschiedene Maschinen auftreten können. Die Teile der Ein- und Ausgabe müssen im Hauptprogramm entsprechend der speziellen Aufgabenstellung ausgeführt werden. Dabei können dann vor allem auch vorhandene spezielle Prozeduren (z.B. Ausgabe auf einem speziellen Drucker mit gegebener Stellenzahl) verwendet werden. Sollen die angegebenen Prozeduren für Lochkarten als Eingabemedium verwendet werden, so sind die geringfügigen Änderungen einiger Symbole zu beachten, die dem Manual der Maschine zu entnehmen sind. Auch für die Herstellung von Maschinenprogrammen spezieller DA, etwa als Code-Prozeduren, können die angegebenen ALGOL-Prozeduren eine Hilfe sein.

Jeder der angegebenen Prozeduren ist noch eine Kurzbeschreibung [1]) vorangestellt, die das enthält, was der Programmierer wissen muß, um die Prozedur in das Hauptprogramm einarbeiten zu können. Die Programme wurden übersetzt und getestet auf einer DA Siemens 2002 und an zahlreichen Beispielen, besonders auch an denen des Buches, erprobt [2]).

1.3. Beispiele und Aufgaben

Dem Ziel dieses Buches folgend, möglichst viel praktische Hilfe zu geben, sind zahlreiche Beispiele ausführlich durchgerechnet worden. Sie sollen zugleich zeigen, wie eine derartige Rechnung anzulegen ist. Daher sind die Rechenschemata auf das Rechnen mit Tischrechenmaschinen ausgerichtet. Ein wesentlicher Teil der Beispiele läßt sich außerdem mit Hilfe der ALGOL-Prozeduren auf einer DA bearbeiten, wenn das einfache Rahmenprogramm mit den Vereinbarungen der Namen usw. und die Eingabe- und Ausgabeanweisungen noch niedergeschrieben werden.

Neben den 60 durchgerechneten Beispielen sind noch zu jedem Kapitel eine Anzahl Aufgaben mit eventuellen Lösungshinweisen und Lösungen angegeben für diejenigen, die sich etwas ausführlicher und selbständiger den Stoff aneignen möchten.

---

[1]) Diese Kurzbeschreibungen haben dieselbe Form, wie sie im Rechenzentrum der DFL verwendet und vervielfältigt werden.

[2]) Rechenzentrum der DFL. Die Prozeduren sind im wesentlichen in die Programmbibliothek übernommen worden.

2. Begründung der Fehler- und Ausgleichsrechnung

In diesem Abschnitt sollen einige allgemeine Gedanken der Fehlertheorie niedergeschrieben werden. Dabei können allerdings die meisten Dinge nur referiert werden, da zur ausführlichen Begründung weitergehende Kenntnisse aus der Wahrscheinlichkeitsrechnung und mathematischen Statistik erforderlich sind, deren Darlegung den Rahmen dieses Buches überschreiten würde. Es sei hier auf die angeführten Stellen aus dem Schrifttum verwiesen. Bewußt sind einige Dinge vereinfacht und anschaulich dargestellt, um auch ohne Heranziehung weiterer Literatur ein gewisses Verständnis des betreffenden Sachverhaltes zu bekommen.

2.1. Beobachtungsfehler

Es soll ausgegangen werden von dem einfachsten Fall, daß bei einer physikalischen oder technischen Beobachtung einer zu messenden Größe diese n-mal unabhängig wiederholt werden kann. Man erhält

$$x_1, x_2, \ldots, x_n,$$

also in der Regel etwas verschiedene Zahlenwerte, da Beobachtungsungenauigkeiten unvermeidlich sind. Geht man nun von dem wahren Wert $\hat{x}_0$ aus, der im allgemeinen unbekannt ist, so sind

$$\Delta x_i = x_i - \hat{x}_0, \qquad i = 1, \ldots, n \tag{1}$$

die *wahren Fehler* der Beobachtungsreihe. Diese Fehler können verschiedener Natur sein. Man unterscheidet

a) grobe Fehler,
b) systematische Fehler und
c) zufällige Fehler.

Zu a):
Diese Fehler können durch Unachtsamkeit, fehlerhafte Ablesung an Instrumenten und dergleichen entstehen. Sie unterliegen *nicht* den Betrachtungen einer Fehlertheorie. Man erkennt sie oft als sogenannte „Ausreißer" in einer Beobachtungsreihe daran, daß sich ihr Wert deutlich von den anderen Meßwerten unterscheidet, wobei man natürlich keine scharfe Grenze festlegen kann. Gibt es Kontrollen für die Meßwerte, so fallen grobe Fehler dadurch auf, daß dieser Kontrollwert sich wesentlich von den Werten unterscheidet, die durch die Genauigkeit der Einzelmessungen zu erwarten sind. Werden etwa die Winkel eines Dreiecks mit einem Theodolithen auf $5''$ genau gemessen, so deutet ein Fehler in der Winkelsumme von $1'$ auf einen groben Fehler hin, etwa eine falsche Noniusablesung.

Zu b):
Systematische Fehler entstehen oft durch Instrumentenfehler oder mangelhafte Meßanordnungen. Sie verfälschen die Meßergebnisse einseitig. Daher werden sie oft auch *methodische* Fehler genannt. Ein systematischer Fehler kann auch durch ungenügende Berücksichtigung der Beobachtungsbedingungen entstehen, z.B. bei der Vernachlässigung eines Temperatureinflusses. Durch fehlerhafte Teilung eines Maßstabes oder einer Instrumentenskala oder einer falschen Eichkurve entstehen ebenfalls solche methodischen Fehler. Durch Verbesserung eines Meßverfahrens oder durch eine Korrekturrechnung lassen sich zuweilen diese systematischen Fehler ausschalten.

Zu c):
Die zufälligen Fehler sind regellos verteilt, sie können positiv oder negativ sein. Sie entstehen durch Einwirkung verschiedenartiger regelloser, zufallsartiger Einflüsse, die der Beobachter nicht beeinflussen kann. Es spielen unter Umständen dabei die Unzulänglichkeit der menschlichen Sinnesorgane, aber auch Geschick und Sorgfalt des Experimentierenden eine gewisse Rolle. Man muß auch daran denken, daß es zuweilen unmöglich ist, ein Meßinstrument genau abzulesen, da die Versuchsbedingungen ein scharfes Ablesen nicht zulassen (z.B. Schwingungen im Versuchsablauf, ungenügende Dämpfung des Meßinstrumentes für den gerade ablaufenden Versuch und dergleichen). Diese hier angeführten zufälligen Fehler sind allein die, die einer Fehlertheorie zugrunde gelegt werden können. Sie kommen daher in allen folgenden Auseinandersetzungen in Frage, wenn von Meßfehlern die Rede ist.

An dieser Stelle ist der Vergleich mit einer statistischen Erhebung angebracht. Ein Merkmal, etwa aus dem Bereiche der Biologie die Körpergröße, wird an N Personen gemessen, die aus einer wohl definierten Gesamtheit herausgegriffen sind. Faßt man die Häufigkeit des Auftretens eines Merkmals zu Klassen zusammen, so erhält man eine Häufigkeitsverteilung, wie sie in Bild 2.1 graphisch dargestellt ist. Man nennt eine solche Darstellung ein Histogramm. Das Auftreten eines Merkmals x_i (also auch einer Meßgröße eines physikalischen Versuchs) ist zufallsbedingt. Aber die graphische Darstellung in einem solchen Histogramm zeigt, daß in diese Zufälligkeiten eine gewisse Ordnung gekommen ist.

Im Sinne der Statistik hat man aus einer Grundgesamtheit, die man sich zunächst einmal als unerschöpflich vorstellen kann, eine *Stichprobe* herausgegriffen und möchte nun aus der Stichprobe auf die Gesamtheit schließen. Zur Charakterisierung dienen im allgemeinen einige wenige Parameter der Grundgesamtheit, wie Mittelwert und Streuung. Aus der Stichprobe lassen sich Schätzwerte dieser Parameter herleiten. Es ist nun eine Aufgabe der Statistik, zulässige Schlüsse von der Stichprobe auf die Gesamtheit herzuleiten. Dazu geben die sogenannten Grenzwertsätze der Wahrscheinlichkeitsrechnung [3] die Berechtigung.

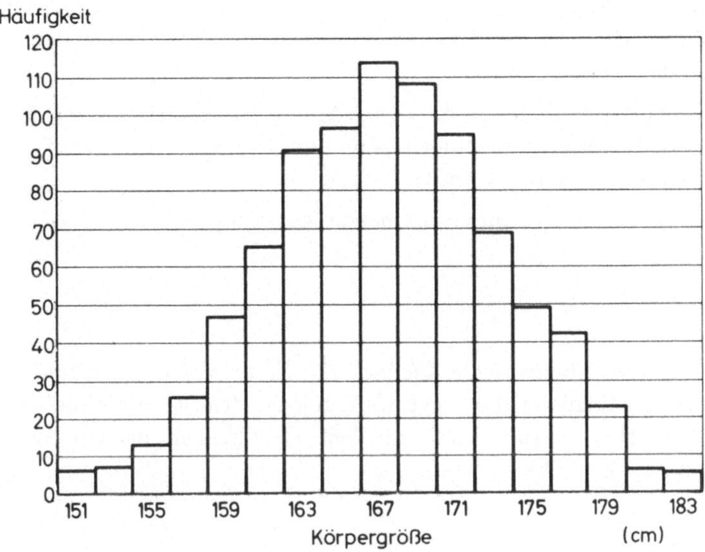

Bild 2.1. Histogramm für die Häufigkeitsverteilung der Körpergrößen [1]

Genau vor derselben Situation steht derjenige, der Meßwerte zu beurteilen hat. Eine Meßreihe x_i, i = 1, ..., n, ist ebenfalls als Stichprobe aufzufassen aus der Gesamtheit aller gleichartig und unabhängig durchführbaren Versuche zur Bestimmung der Größe x. Auch hier unterliegen die Realisierungen der Meßergebnisse dem Zufall und demzufolge wird es auch eine Häufigkeitsverteilung für die auftretenden Meßwerte geben.

Die Grundlagen jeder Fehlertheorie liefert daher die Wahrscheinlichkeitsrechnung und die mathematische Statistik. Es sei hier auf das Schrifttum verwiesen, etwa [2, 3, 4, 5].

2.2. Die Gaußsche Normalverteilung

Geht man davon aus, daß die Beobachtungsfehler regellos, d.h. zufällig verteilt sind, so kann man vom Standpunkt der Wahrscheinlichkeitsrechnung von drei Annahmen ausgehen, die die Regellosigkeit der auftretenden Fehler charakterisieren:

a) Dem Betrag nach gleich große positive und negative Fehler sind gleich häufig;
b) die Häufigkeit des Auftretens eines Fehlers nimmt monoton ab mit zunehmendem Betrag des Fehlers;
c) für den Fehler Null hat die Häufigkeitsverteilung der Fehler ein Maximum.

Diese drei Annahmen sind für Beobachtungsfehler im allgemeinen weitgehend erfüllt, müßten aber im Einzelfall eigentlich überprüft werden, z.B. ob die Symmetrieforderung a) erfüllt ist.

Eine diskrete Zufallsgröße X (sogenannte Zufallsvariable), die also nur eine diskrete Folge von Werten annehmen kann, nimmt einen bestimmten Wert x_i mit einer Wahrscheinlichkeit p_i an [1]), $i = 1, \ldots, n$.

Es gilt dann die leicht einzusehende Beziehung:

$$\sum_{i=1}^{n} p_i = 1 \,. \tag{1}$$

Kann die Zufallsvariable X jedoch alle Werte zwischen $-\infty$ und $+\infty$ annehmen (stetige Zufallsvariable), so gehört zu jeder Realisierung x eine *Wahrscheinlichkeitsdichte* f(x). Daraus folgt für die Wahrscheinlichkeit, daß ein Ereignis im Intervall $[x_1, x_2]$ liegt, das Integral

$$P(x_1 \leqslant X \leqslant x_2) = \int_{x_1}^{x_2} f(x)\,dx \,. \tag{2}$$

Entsprechend obiger Beziehung (1) gilt auch hier

$$\int_{-\infty}^{\infty} f(x)\,dx = 1 \,. \tag{3}$$

Sowohl für diskrete als auch für stetige Zufallsvariable kann man Wahrscheinlichkeitsverteilungen angeben, die gewissen Modellvorstellungen entsprechen. Auch hier kann auf Einzelheiten nicht eingegangen werden.

Besonders wichtig für die Behandlung von Beobachtungsfehlern ist die *Gaußsche Normalverteilung* (auch oft Gaußsche Fehlerfunktion genannt). Die Wahrscheinlichkeitsdichte ist:

$$\varphi(x, \mu, \sigma) = \frac{1}{\sqrt{2\pi}\sigma} \, e^{-\frac{(x-\mu)^2}{2\sigma^2}} \qquad \text{für } -\infty < x < \infty \tag{4}$$

[1]) Der Begriff „Wahrscheinlichkeit" kann hier nicht näher erläutert werden, es sei auf [3, 4] verwiesen. *Laplace* führte die Wahrscheinlichkeit ein als Quotient: Zahl der günstigen durch Zahl der möglichen Ereignisse, *v. Mises* als Grenzwert relativer Häufigkeiten. Diese Definitionen sind jedoch viel zu eng. Heute bevorzugt man eine axiomatische Einführung des Wahrscheinlichkeitsbegriffes, die auf *Kolmogoroff* zurückgeht [4].
Die Wahrscheinlichkeit eines Ereignisses E ist daher stets eine Zahl zwischen Null und Eins (wie die relative Häufigkeit), wobei Null für das unmögliche und Eins für das sichere Ereignis zu setzen ist.

mit den beiden Parametern μ und σ, die als Mittelwert und Streuung eingeführt werden.

Setzt man in (4)

$$\mu = 0 \quad \text{und} \quad \sigma = 1 \; ,$$

so erhält man die sogenannte *standardisierte Normalverteilung* (Bild 2.2)

$$\varphi(x, 0, 1) = \varphi(x) = \frac{1}{\sqrt{2\pi}} \, e^{-\frac{x^2}{2}} \quad . \tag{5}$$

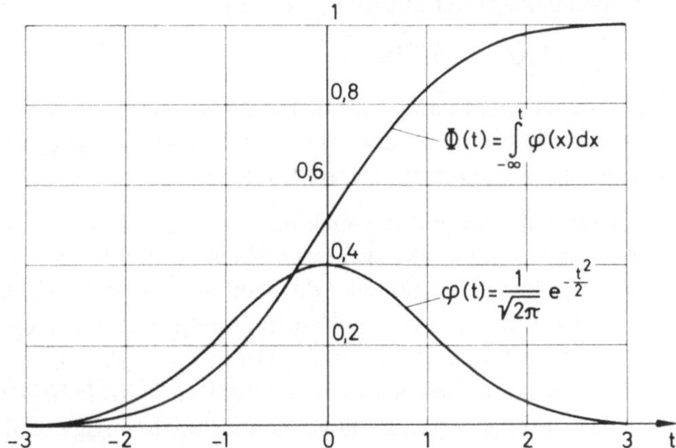

Bild 2.2
Normalverteilung

Es gilt

$$\int_{-\infty}^{\infty} \varphi(x)\,dx = \frac{1}{\sqrt{2\pi}} \int_{-\infty}^{\infty} e^{-\frac{x^2}{2}}\,dx = 1 \;\text{[1]}\,.$$

Den Übergang von der allgemeinen Normalverteilung zur standardisierten erhält man durch die Transformation

$$t = \frac{x - \mu}{\sigma} \quad . \tag{6}$$

Zur Berechnung der Wahrscheinlichkeiten benötigt man das Integral über die Dichte. Das Integral läßt sich nicht mehr durch elementare Funktionen ausdrücken; es wird die sogenannte Verteilungsfunktion tabelliert:

$$\Phi(x) = \int_{-\infty}^{x} \varphi(t)\;dt = \frac{1}{\sqrt{2\pi}} \int_{-\infty}^{x} e^{-\frac{t^2}{2}}\,dt\,. \tag{7}$$

[1]) Die Berechnung dieses Integrals ist nicht ganz einfach durchführbar, siehe z.B. [5, S. 68 ff.].

Tafeln für $\varphi(x)$ und $\Phi(x)$ findet man in allen einschlägigen Büchern, z.B. in [4, S. 505] [1]). Man bezeichnet diese standardisierte Normalverteilung oft kurz mit N(0,1), dies bedeutet eine Normalverteilung mit dem Mittelwert Null und der Streuung Eins. Die Wahrscheinlichkeit, daß die Zufallsvariable, d.h. das Ereignis in [a, b] liegt, ist demnach

$$P(a \leqslant X \leqslant b) = \int_a^b \varphi(x)\, dx = \Phi(b) - \Phi(a)\,. \tag{8}$$

Der Maximalwert der Dichte für N(0,1) ist

$$\varphi_{max} = 1/\sqrt{2\pi} = 0{,}3989\,.$$

Man rechnet leicht nach, daß die eingangs gestellten drei Forderungen von der Normalverteilung erfüllt werden. Sie wurde zuerst von *Gauß* unter wahrscheinlichkeitstheoretischen Voraussetzungen hergeleitet.

Von besonderer Bedeutung auch für eine Theorie der Beobachtungsfehler sind gewisse Grenzwertsätze der Wahrscheinlichkeitsrechnung. Eine zufällige Größe X, deren Verteilungsfunktion von der Zahl n der Versuche abhängt, heißt asymptotisch normal verteilt, wenn es zwei Zahlen a und c gibt, die auch von n abhängen können, so daß die Verteilungsfunktion der Größe $(X - a)/c$ für $n \to \infty$ der normierten normalen Verteilungsfunktion (7) zustrebt. Der *zentrale Grenzwertsatz* [3, S. 98] besagt nun, daß unter gewissen Bedingungen für unabhängige, zufällige Variable $X_1, X_2, \ldots, X_n, \ldots$ die Verteilung der Summen $Z_1 = X_1$, $Z_2 = X_1 + X_2, \ldots, Z_n = X_1 + \ldots + X_n, \ldots$ für $n \to \infty$ gegen die Normalverteilung strebt. Dadurch läßt sich erklären, warum sehr viele empirische Häufigkeitsverteilungen annähernd normalverteilt sind, wenn ein Merkmal durch Zusammenwirken verschiedener unabhängiger Einflußfaktoren bestimmt wird.

2.3. Prüfen auf Normalverteilung

In der mathematischen Statistik werden verschiedene Methoden angegeben, ein Beobachtungsmaterial zu prüfen, ob es annähernd einer Normalverteilung entspricht. Ein „Signifikanz-Test" hat die Aufgabe, zu ermitteln, ob ein hypothetischer Wert mit einem Erfahrungswert verträglich ist, d.h. ob der Unterschied beider Werte signifikant ist oder nicht. Man kann unter gewissen Voraussetzungen meist ein Mutungsintervall angeben, in dem mit einer gewissen statistischen Sicherheit (Wahrscheinlichkeitsaussage) der Erfahrungswert liegt. Der χ^2-Test kann zur Beurteilung der

[1]) Man beachte, daß die Bezeichnungen für $\varphi(x)$ und $\Phi(x)$ nicht ganz einheitlich sind!

Abweichung einer Stichprobe von einer Normalverteilung dienen, siehe z.B. [6, II, S. 166]). Besonders einfach und auf der Anschauung beruhend ist die Prüfung auf Normalverteilung mit einem graphischen Verfahren durch Benutzung von *Wahrscheinlichkeitspapier.* Dies ist ein Funktionennetz, das wie Millimeterpapier gedruckt im Handel zu haben ist [7].

Man denkt sich daher zunächst einmal die standardisierte Variable t eingeführt durch

$$t = \frac{x - \mu}{\sigma}, \qquad \text{d.h.}\ x = \mu + t\sigma$$

(Maßstabsänderung und Verschiebung des Nullpunktes). Über der linear geteilten Abszissenachse x (Merkmalachse) wird als Ordinate t aufgetragen, aber nicht nach t beziffert, sondern die Werte von $\Phi(t)$ der normalen Verteilungsfunktion meist in Prozenten angegeben (diese werden auf den gedruckten Blättern zuweilen mit „Summenhäufigkeitsprozente" bezeichnet). Zur Orientierung diene folgende kleine Tabelle:

Φ(t)	50 %	60	70	80	90	95
Φ(−t)	50 %	40	30	20	10	5
t	0	0,253	0,524	0,842	1,282	1,645
Φ(t)	97,5	99,0	99,5	99,9	84,13	15,87 %
Φ(−t)	2,5	1,0	0,5	0,1		%
t	1,960	2,326	2,567	3,090	+ 1	− 1

Zur Verwendung des Wahrscheinlichkeitspapiers werden zu den n beobachteten Häufigkeiten h_i an den Merkmalstellen x_i die relativen Häufigkeiten berechnet:

$$N = \sum_{i=1}^{n} h_i \,,$$

$$r_i = h_i/N$$

und daraus die Summenhäufigkeiten (= den empirischen Werten der Verteilungsfunktion)

$$F_i = \sum_{j=1}^{i} r_j \,, \qquad \text{bzw. } 100\, F_i \text{ in } \%\,.$$

Diese Werte werden auf dem Wahrscheinlichkeitspapier aufgetragen. Entsprechen diese empirischen Werte einer Normalverteilung, so liegen die eingezeichneten Punkte näherungsweise auf einer Geraden, wobei Abweichungen an den beiden Rändern weniger bedenklich sind, da die Ordinatenwerte stark auseinander gezogen sind.

Beispiel 1: Messung an 150 Vorderachszapfen [8, S. 69]

Gemessen wurden an 150 Vorderachszapfen die Abweichungen vom Nennmaß in μm (Klassenbreite 3 μm)

Klassengrenzen (μm) [1])	Häufigkeit h_i	relative Häufigkeit %	relative Summenhäufigkeit %
24,5 ... 27,5	1	0,67	0,67
27,5 ... 30,5	4	2,67	3,34
30,5 ... 33,5	13	8,67	12,01
33,5 ... 36,5	23	15,33	27,34
36,5 ... 39,5	22	14,67	42,01
39,5 ... 42,5	29	19,33	61,34
42,5 ... 45,5	29	19,33	80,67
45,5 ... 48,5	16	10,67	91,34
48,5 ... 51,5	11	7,33	98,67
51,5 ... 54,5	2	1,33	100,00
Σ	N = 150	100,00	

[1]) Die Klassen werden im allgemeinen so definiert, daß der untere Wert zur Klasse gehört, der obere aber nicht mehr. Als Merkmalswert der Klasse wird der Mittelwert beider Randwerte genommen.

Die Werte der letzten Spalte werden als Ordinaten in das Wahrscheinlichkeitspapier eingetragen. Als Abszissenpunkte wählt man bei der Bildung von Klassen stets die *obere* Klassengrenze, wie man aus der Definition der Summenhäufigkeit erkennen kann. Man liest aus der Figur ab (siehe Bild 2.3):

$$
\begin{array}{llll}
\text{bei } t = 0, & \text{d.h.} & \Phi(t) = 50\,\% & \underline{\bar{x} = 40{,}5\ \mu\text{m}} \\
t = 1, & \text{d.h.} & \Phi(t) = 84{,}13\,\% & \bar{x} + s = 46{,}2\ \mu\text{m} \\
t = -1, & \text{d.h.} & \Phi(t) = 15{,}87\,\% & \bar{x} - s = 34{,}8\ \mu\text{m}
\end{array}
$$

Daraus folgt: $2s = 11{,}4\ \mu\text{m}$ oder $\underline{s = 5{,}7\ \mu\text{m}}$.

Außer dem anschaulichen Test auf Normalverteilung liefert dieses graphische Verfahren also auch Mittelwert $\bar{x}$ und Streuung s.

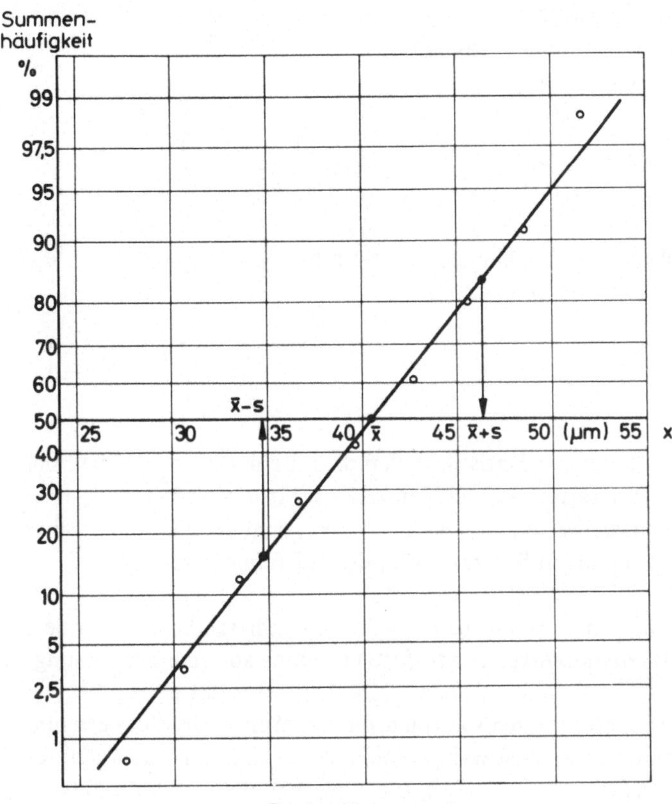

Bild 2.3
Darstellung auf Wahrscheinlichkeitspapier

2.4. Zur Begründung der „Methode der kleinsten Quadrate"

Es mögen n unabhängige Messungen $x_1, \ldots, x_n$ einer Größe mit dem wahren Wert $\hat{x}_0$ vorliegen, die also einen Zufallsvektor $\mathbf{x} = (x_1, \ldots, x_n)$ bilden. Die Beobachtungsfehler

$$\Delta x_i = x_i - \hat{x}_0 \,, \qquad i = 1, \ldots, n \,,$$

sind dann, wie sich unter sehr allgemeinen Voraussetzungen, auf die hier nicht näher eingegangen werden kann, zeigen läßt, fast stets normal verteilt. Es ist also

$$x_i \in N(0, \sigma_0) \,,$$

d.h. x_i ist Element einer Menge, deren Elementen die Wahrscheinlichkeitsdichte einer Normalverteilung mit dem Mittelwert $\hat{x}_0$ und einer Streuung σ_0 zukommt. Es gilt somit

$$\varphi(x, \hat{x}_0, \sigma_0) = \frac{1}{\sqrt{2\pi}\,\sigma_0} \exp\left(-\frac{(x-\hat{x}_0)^2}{2\sigma_0^2}\right) . \tag{1}$$

Wegen der Unabhängigkeit der n Beobachtungen gilt für die Wahrscheinlichkeitsdichte des Zufallsvektors **x**

$$L(\mathbf{x}, \hat{x}, \sigma_0) = (2\pi)^{-n/2}\,\sigma_0^{-n} \exp\left(-\frac{1}{2\sigma_0^2}\sum_{i=1}^{n}(x_i-\hat{x}_0)^2\right) . \tag{2}$$

Im Sinne der Statistik stellen die n Beobachtungen eine Stichprobe dar mit den n Realisationen durch den Zufallsvektor $\mathbf{x} = (x_1, \ldots, x_n)$, dessen Wahrscheinlichkeitsdichte von dem Parameter $\hat{x}_0$, dem unbekannten wahren Wert, abhängt. Gesucht wird nun ein *Schätzwert* x_0 dieses Parameters $\hat{x}_0$.

Eine Antwort auf die Frage, wie man diesen Schätzwert bestimmt, liefert die *Maximum-Likelihood-Methode.* Ohne auf eine Begründung einzugehen (siehe z.B. [3, S. 145 und 180] oder [2, S. 78]), ist leicht einzusehen, daß der Parameter $\hat{x}_0$ so geschätzt werden soll (plausibelster Wert), daß die sogenannte Likelihood-Funktion (2), d.h. die Wahrscheinlichkeitsdichte für das Auftreten des Zufallsvektors $\mathbf{x} = (x_1, \ldots, x_n)$ einen Maximalwert annimmt. Es wird also ein Wert $\hat{x}_0^*$ so ausgewählt, daß der tatsächlich beobachteten Stichprobe die größte Wahrscheinlichkeit zukommt. Wegen der negativen Exponenten in (2) wird L maximal, wenn die Summe der Quadrate zum Minimum gemacht wird, d.h. die beste Schätzung $\hat{x}_0^*$ erhält man, wenn

$$Q = \sum_{i=1}^{n}(x_i-\hat{x}_0^*)^2 \stackrel{!}{=} \text{Min} . \tag{3}$$

Führt man das Probenmittel

$$\bar{x} = \frac{1}{n}\sum_{i=1}^{n} x_i \tag{4}$$

ein, so ist

$$Q = \sum_{i=1}^{n}[(x_i-\bar{x}) + (\bar{x}-\hat{x}_0^*)]^2 = \sum_{i=1}^{n}(x_i-\bar{x})^2 + n(\bar{x}-\hat{x}_0^*)^2 . \tag{5}$$

Das Minimum wird demnach angenommen, wenn

$$\hat{x}_0^* = \bar{x} \tag{5.1}$$

gewählt wird; als besten Schätzwert $\hat{x}_0^*$ muß man also den Mittelwert wählen.

Diese Methode wird nach *Gauß* „Methode der kleinsten Quadrate" genannt (auch im Englischen spricht man von "the least squares method"), obgleich man besser von der Methode der kleinsten Quadratsumme sprechen müßte. Im Sinne der Statistik ist die Maximum-Likelihood-Schätzung unverzerrt (d.h. ohne systematischen Fehler, ohne Bias) und außerdem konsistent (d.h. asymptotisch erwartungstreu), da für den Schätzwert $\hat{x}_0^*$ von $\hat{x}_0$ die Wahrscheinlichkeit, daß

$$|\hat{x}_0^* - \hat{x}_0| < \epsilon$$

wird, für $n \to \infty$ gegen Eins strebt (unter gewissen Regularitätsvoraussetzungen).

Die Maximum-Likelihood-Methode ist auch auf die Schätzung mehrerer Parameter anwendbar [3, S. 148 ff.].

Es soll noch bemerkt werden, daß man den Schätzwert $\bar{x}$ nach diesem Verfahren als den Wert mit maximaler Wahrscheinlichkeitsdichte für die als Stichprobe aufzufassende Beobachtungsreihe erhält und nicht – wie in älterer Literatur manchmal zu lesen ist – $\bar{x}$ als der wahrscheinlichste Wert zu betrachten ist.

3. Ausgleichung direkter Beobachtungen

3.1. Beobachtungen gleicher Genauigkeit

3.1.1. Der Mittelwert

Es liege eine Beobachtungsreihe vor mit den n Beobachtungswerten x_i, $i = 1, \ldots, n$, von denen man annehmen kann, daß sie unabhängig beobachtet wurden und von gleicher Genauigkeit sind, d.h. daß die Beobachtungsreihe etwa von einer Person mit derselben Versuchsanordnung durchgeführt wurde. Diese n Werte bilden den Beobachtungsvektor **x**. Wie in 2.4 näher ausgeführt wurde, sollen diese streuenden Werte durch Anwendung des Gaußschen Prinzips der kleinsten Fehlerquadratsumme ausgeglichen werden.

Die Abweichungen von einem „ausgeglichenen" Wert $\bar{x}$ sind

$$v_i = x_i - \bar{x}\,, \tag{1}$$

die sogenannten „scheinbaren Fehler". Man faßt sie zu einem Fehlervektor **v** zusammen, dabei ist **e** der Einsvektor $\mathbf{e}' = (1, 1, \ldots, 1)$:

$$\mathbf{v} = \mathbf{x} - \bar{x}\,\mathbf{e}\,. \tag{1.1}$$

Nach dem angegebenen Ausgleichsprinzip muß also die Fehlerquadratsumme

$$\Phi = \sum_{i=1}^{n} v_i^2 = \mathbf{v}'\mathbf{v} \tag{2}$$

zum *Minimum* gemacht werden. Die notwendige Minimalbedingung ist

$$\frac{1}{2}\frac{\partial \Phi}{\partial \bar{x}} = \frac{\partial \mathbf{v}'}{\partial \bar{x}}\,\mathbf{v} = 0\,. \tag{3.1}$$

Da aber $\frac{\partial \mathbf{v}}{\partial \bar{x}} = \mathbf{e}$, gilt

$$\mathbf{e}'\mathbf{v} = 0\,,$$

$$\mathbf{e}'(\mathbf{x} - \bar{x}\,\mathbf{e}) = 0 \tag{3.2}$$

oder

$$\bar{x} = \frac{\mathbf{e}'\mathbf{x}}{\mathbf{e}'\mathbf{e}} = \frac{1}{n}\mathbf{e}'\mathbf{x} = \frac{1}{n}\sum_{i=1}^{n} x_i\,. \tag{4}$$

Man erhält also als „ausgeglichenen" Wert den bekannten Mittelwert, der im Sinne der Statistik einen „Schätzwert" der als Stichprobe aufzufassenden Beobachtungsreihe darstellt.

Beispiel 2a: 6 Längenmessungen haben ergeben:

i	x_i(cm)	$y_i = x_i - x_0$(cm)
1	135,6	0,6
2	134,8	−0,2
3	135,9	0,9
4	134,1	−0,9
5	133,8	−1,2
6	136,4	1,4
Σ	810,6	0,6

$$\bar{x} = \frac{1}{6}\ 810{,}6 = \underline{135{,}10\ (\text{cm})}\ .$$

Zur Vermeidung großer Zahlen und unnötiger Schreibarbeit kann man von einem *Schätzwert des Mittelwertes* x_0 ausgehen (dieser soll eine bequeme Zahl sein, er kann mehr oder weniger vom Mittelwert entfernt angenommen werden).

Setzt man

$$y = x - x_0 e\ , \quad \text{d.h.}\ \ \bar{y} = \bar{x} - x_0\ ,\ \ y_i = x_i - x_0\ , \tag{5}$$

dann gilt entsprechend Gl. (1)

$$\mathbf{v} = \mathbf{y} + x_0\mathbf{e} - (\bar{y} + x_0)\,\mathbf{e} = \mathbf{y} - \bar{y}\,\mathbf{e}\ .$$

Daraus folgt, wegen

$$\mathbf{e}'\mathbf{v} = \mathbf{e}'\mathbf{y} - \bar{y}\,\mathbf{e}'\mathbf{e} = 0\ ,$$

$$\bar{y} = \frac{\mathbf{e}'\mathbf{y}}{\mathbf{e}'\mathbf{e}} = \frac{1}{n}\ \mathbf{e}'\mathbf{y} = \frac{1}{n}\sum_{i=1}^{n} y_i\ . \tag{6}$$

Beispiel 2b: Wie Beispiel 2a

Gewählt wird

$$x_0 = 135{,}0\ .$$

Den transformierten Vektor **y** siehe Beispiel 2a, Spalte 3. Also ist

$$\bar{y} = \frac{0{,}6}{6} = 0{,}10\ , \qquad \bar{x} = 135{,}0 + 0{,}1 = \underline{135{,}10\ (\text{cm})}\ .$$

3.1.2. Der mittlere Fehler

Als Genauigkeitsmaß der vorliegenden Meßreihe, des Beobachtungsvektors **x**, kann man die Größe Φ, die nach Gl. (2) zum Minimum gemacht wurde, einführen. Um eine dimensionsmäßig vergleichbare Größe zu erhalten, wird ein mittlerer Fehler eingeführt:

$$\sqrt{\frac{v'v}{e'e}} = \sqrt{\frac{1}{n}\sum_{i=1}^{n} v_i^2} \,.$$

Der wahre Wert x^* der Meßreihe x_i ist unbekannt und daher auch der Vektor $\mathbf{v}_w$ der wahren Fehler:

$$\mathbf{v}_w = \mathbf{x} - x^*\mathbf{e} \,. \tag{7}$$

Im Gegensatz dazu wird der nach Gl. (1) eingeführte Vektor **v** als Vektor der wahrscheinlichen Fehler bezeichnet.

Es ist also

$$\mathbf{v}_w = \mathbf{x} - \bar{x}\mathbf{e} + (\bar{x} - x^*)\mathbf{e} = \mathbf{v} + (\bar{x} - x^*)\mathbf{e} \,.$$

Als mittleren Fehler definiert man:

$$m = \sqrt{\frac{v_w' v_w}{e'e}} \,. \tag{8}$$

Es ist

$$\begin{aligned} v_w' v_w &= (v' + (\bar{x} - x^*)e')(v + (\bar{x} - x^*)e) \\ &= v'v + 2(\bar{x} - x^*)e'v + (\bar{x} - x^*)^2 e'e, \quad \text{da } e'v = v'e \,. \end{aligned}$$

Wegen Gl. (3.2) gilt

$$e'v = 0,$$

$$v_w' v_w = v'v + (\bar{x} - x^*)^2 e'e \,.$$

Nach Gl. (4) ist

$$\bar{x} - x^* = \frac{e'x}{e'e} - x^* = \frac{e'x - x^* e'e}{e'e} = \frac{e'(x - x^* e)}{e'e} = \frac{e'v_w}{e'e}$$

und daher

$$(\bar{x} - x^*)^2 = \frac{1}{(e'e)^2}\left(\sum_{i=1}^{n} v_{wi}\right)^2 = \frac{1}{(e'e)^2}\left[\sum_{i=1}^{n} v_{wi}^2 + \sum_{\substack{i,k=1 \\ i \neq k}}^{n} v_{wi} v_{wk}\right] \,.$$

Da man voraussetzt, daß die Fehler regellos verteilt sind, werden sich in den Produkten $v_{wi}v_{wk}$ (bei genügend großer Anzahl n) positive und negative Werte befinden, die sich gegenseitig aufheben. Man kann daher setzen

$$(\bar{x} - x^*)^2 \approx \frac{v'_w v_w}{(e'e)^2}$$

und

$$v'_w v_w \approx v'v + \frac{v'_w v_w}{e'e}$$

also (von hier ab wird $\approx$ durch $=$ ersetzt):

$$v'_w v_w \left(1 - \frac{1}{e'e}\right) = v'v \, ,$$

$$v'_w v_w = \frac{e'e}{e'e - 1} \; v'v = \frac{n}{n-1} \; v'v \; .$$

Damit erhält man für den *mittleren Fehler der einzelnen Messung*

$$m = \sqrt{\frac{v'v}{n-1}} \qquad (9)$$

Im Gegensatz dazu wird als *mittlerer Fehler des Mittelwertes* eingeführt (eine Herleitung siehe 3.4, Fehlerfortpflanzungsgesetz, Beispiel 12):

$$m_x = \frac{m}{\sqrt{n}} = \sqrt{\frac{v'v}{n(n-1)}} = \sqrt{\frac{\sum\limits_{i=1}^{n} v_i^2}{n(n-1)}} \; . \qquad (10)$$

Das Ergebnis einer Meßreihe x_i ($i = 1, \ldots, n$) wird dann angegeben in der Form

$$\bar{x} \pm m_x \; .$$

3.1.3. Berechnungsmethoden

1. Methode zur Berechnung von $v'v = \sum\limits_{i=1}^{n} (x_i - \bar{x})^2$

Nach den Gleichungen (1), (4) und (10) berechnet man nacheinander aus dem Vektor **x** den Mittelwert $\bar{x}$, den Fehlervektor **v** und damit **v'v**.

Beispiel 3: Ein Widerstand wurde in einer Wheatstoneschen Brücke 6mal gemessen. Gesucht werden Mittelwert und mittlerer Fehler.

i	k_i (kΩ)	v_i (kΩ)	$v_i^2 \cdot 10^6$
1	1,258	0,0025	6,25
2	1,243	−0,0125	156,25
3	1,269	0,0135	182,25
4	1,235	−0,0205	402,25
5	1,257	0,0015	2,25
6	1,271	0,0155	240,25
Σ	7,533	0,0000 Kontrolle!	1007,50

$$\bar{x} = \frac{e'x}{n} = \frac{7,533}{6} = \underline{1,2555\ (k\Omega)} \quad .$$

$$m_x = \sqrt{\frac{v'v}{n(n-1)}} = 10^{-3} \sqrt{\frac{1007,50}{5 \cdot 6}} = 10^{-3}\sqrt{33,583}$$
$$= \underline{0,006\ (k\Omega)} \; .$$

Ergebnis: 1,256 ± 0,006 (kΩ) .
Relativer Fehler: 5 ‰ .

2. Methode

Die soeben durchgeführten Rechnungen zeigen, daß wegen der höheren Stellenzahl, die bei der Berechnung des Mittelwertes entsteht, die Rechnung aufwendiger werden kann. Auch hier ist es einfacher, wenn man genau so wie bei der Mittelwertberechnung einen Wert x_0 in der Nähe des Mittelwertes einführt und so den Vektor $\mathbf{y} = \mathbf{x} - x_0\mathbf{e}$ einführt. Dann ist

$$v'v = (y' - \bar{y}e')(y - \bar{y}e) = y'y - 2\bar{y}e'y + \bar{y}^2 e'e \; .$$

Bezeichnet man wieder

$$\bar{y} = \frac{e'y}{e'e}$$

als den Mittelwert des um x_0 verschobenen Vektors, so ist

$$v'v = y'y - \bar{y}^2 e'e = y'y - \frac{1}{e'e}(e'y)^2$$

$$v'v = y'y - \frac{1}{n}(e'y)^2 = \sum_{i=1}^{n} y_i^2 - \frac{1}{n}\left(\sum_{i=1}^{n} y_i\right)^2 \; . \tag{11}$$

Beispiel 4: Wie Beispiel 3.

Als Schätzwert des Mittelwertes wird gewählt $x_0 = 1,250$.

i	$x_i(k\Omega)$	y_i	$10^6 y_i^2$	x_i^2
1	1,258	0,008	64	1,5826
2	1,243	−0,007	49	1,5450
3	1,269	0,019	361	1,6104
4	1,235	−0,015	225	1,5252
5	1,257	0,007	49	1,5800
6	1,271	0,021	441	1,6154
Σ	7,533	0,033	1189	9,4586

$$\bar{x} = x_0 + \frac{y'e}{n} = 1,2500 + \frac{0,033}{6} = 1,2500 + 0,0055$$
$$= \underline{1,2555\ (k\Omega)}\ .$$

$$v'v = 1189 \cdot 10^{-6} - \frac{1}{6} 33^2 \cdot 10^{-6} = 1007,5 \cdot 10^{-6}\ .$$

Man erhält wie oben

$$m_x = \underline{0,006\ (k\Omega)}\ .$$

3. Methode

Eine gewisse Verkürzung der Rechnung erreicht man, wenn man $x_0 = 0$ setzt, da man dann ohne Bildung von Differenzen nur mit den gegebenen Werten rechnet. Es ist also

$$\mathbf{y} = \mathbf{x}$$

und daher

$$\mathbf{v'v} = \mathbf{x'x} - \frac{1}{n}(\mathbf{e'x})^2 = \sum_{i=1}^{n} x_i^2 - \frac{1}{n}\left(\sum_{i=1}^{n} x_i\right)^2 \tag{12}$$

Beispiel 5: Wie Beispiel 4.

Die Berechnung von $\mathbf{x'x}$ ist in obigem Rechenschema in Spalte 5 eingetragen (mit 5stelliger Quadrattafel gerechnet):

$$\mathbf{v'v} = 9,4586 - \frac{1}{6} 7,533^2 = 9,4586 - 9,4577 = 0,0009\ ,$$

$$m_x = 10^{-3}\sqrt{\frac{900}{30}} = 10^{-3}\sqrt{30} = 5,5 \cdot 10^{-3} = 0,006\ (k\Omega)\ .$$

Das durchgerechnete Beispiel zeigt deutlich die Schwierigkeiten, die bei der numerischen Rechnung auftreten können, wenn man diese Methode verwendet. Die beiden positiven Summen in Gl. (12) $\mathbf{x}'\mathbf{x}$ und $(\mathbf{e}'\mathbf{x})^2/n$ werden nämlich, wenn der Mittelwert vom Ursprung entfernt liegt, von gleicher Größenordnung und die Differenz führt zur Auslöschung führender Stellen (in Beispiel 5 sind es bereits 4 Stellen). Man muß daher mit entsprechend hoher Stellenzahl rechnen, sofern das überhaupt noch sinnvoll ist, um keine ungenauen Ergebnisse zu erhalten. Die Verwendung einer 5stelligen Quadrattafel in Beispiel 5 ist daher noch unzureichend (siehe auch Beispiel 8, S. 28).

4. Methode

ALGOL-Prozedur für das Rechnen mit einer Datenverarbeitungsanlage nach der ersten Methode.

Prozedur MITFEH

Zweck: Bestimmung von Mittelwert $\bar{x}$ und mittlerem Fehler m_x des Mittelwertes der n Beobachtungswerte x_i.

Vereinbarung: MITFEH (N, X, XQUER, MX, AUSG);

Beschreibung der formalen Veränderlichen:

N — Anzahl n der Beobachtungswerte
Typ: 'INTEGER'

X — Feld der Beobachtungswerte x_i
Typ: 'ARRAY', Indizes: [1 : N]

XQUER — Mittelwert $\bar{x}$ der Beobachtungswerte
Typ: 'REAL'

MX — Mittlerer Fehler m_x des Mittelwertes
Typ: 'REAL'

AUSG — Marke als Fehlerausgang aus der Prozedur, wenn $n < 2$

Programm:

```
'PROCEDURE' MITFEH(N,X)RESULT:(XQUER,MX,AUSG);
        'VALUE' N;
        'REAL' XQUER,MX;
        'INTEGER' N;
        'ARRAY' X;
        'LABEL' AUSG;

'COMMENT' PROCEDURE 1
    MITTELWERT XQUER UND MITTLERER FEHLER MX DES
    MITTELWERTES DER N BEOBACHTUNGSWERTE X[I];

'BEGIN' 'INTEGER' I;
        'IF' N 'LESS' 2 'THEN' 'GOTO' AUSG;
        XQUER:=0;
        'FOR' I:=1 'STEP' 1 'UNTIL' N 'DO'
             XQUER:=XQUER+X[I];
        XQUER:=XQUER/N;
        MX:=0;
        'FOR' I:=1 'STEP' 1 'UNTIL' N 'DO'
             MX:=MX+(X[I]-XQUER)*(X[I]-XQUER);
        MX:=SQRT(MX/(N*(N-1)))
'END' MITFEH;
```

3.2. Mittelwert und Streuung statistischer Gesamtheiten

3.2.1. Mittelwert und Streuung [1, 2, 3]

Von einer statistischen Gesamtheit werden N Elemente (Umfang der statistischen Erhebung) mit den m Merkmalen x_i $(i = 1, \ldots, m)$ und den zugehörigen Häufigkeiten h_i beobachtet. Dieses Beobachtungsmaterial stellt die empirische Verteilung einer diskreten Zufallsvariablen X dar, die durch die Merkmalswerte $x_1, \ldots, x_m$ realisiert wird. Bei einer kontinuierlichen Veränderlichen X können alle Werte in einem Intervall (a, b) angenommen werden (z.B. Körpergröße). Oftmals erzeugt man allerdings daraus eine diskrete Veränderliche durch Klassenbildung, d.h. durch Zusammenfassung der Werte, die jeweils in einem Bereich

$$x_k - \frac{b_k}{2} \leqslant x_k < x_k + \frac{b_k}{2}$$

liegen, zu einer Klasse mit dem Merkmal x_k und der Breite b_k. Zur Charakterisierung einer solchen statistischen Verteilung dienen im wesentlichen zwei Parameter, der Mittelwert und die Varianz (Streuung). Wegen des engen Zusammenhanges mit den in Abschnitt 3.1 dargestellten Methoden für Beobachtungsdaten soll hier auf die Berechnung eingegangen werden.

Man geht aus von dem Merkmalvektor x mit den Komponenten $x_1, \ldots, x_m$ und dem Häufigkeitsvektor **h**, dessen Komponenten h_i jeweils den x_i zugeordnet sind. Es ist nun

$$N = e'h = \sum_{i=1}^{m} h_i \tag{1}$$

der Umfang der statistischen Erhebung. Außerdem soll noch die Diagonalmatrix **H** der Häufigkeiten eingeführt werden:

$$\mathbf{h} = \mathbf{H}\,\mathbf{e} = \begin{pmatrix} h_1 & & 0 \\ & h_2 & \\ & & \ldots \\ 0 & & h_m \end{pmatrix} \mathbf{e} = \begin{pmatrix} h_1 \\ h_2 \\ \ldots \\ h_m \end{pmatrix} \tag{2}$$

Entsprechend der Gleichung für den Mittelwert erhält man:

$$\bar{x} = \frac{e'Hx}{e'He} = \frac{1}{N}\,h'x = \frac{1}{N} \sum_{i=1}^{m} h_i x_i\,. \tag{3}$$

Als Varianz s^2 bzw. Streuung s (auch Standardabweichung genannt) wird im Einklang mit der Berechnung des mittleren Fehlers [1]) eingeführt

$$s^2 = \frac{1}{N-1}\,(x' - \bar{x}e')\,H\,(x - \bar{x}e) = \frac{1}{N-1}\,v'Hv$$

$$= \frac{1}{N-1} \sum_{i=1}^{m} h_i (x_i - \bar{x})^2\,, \tag{4}$$

wobei

$$v = x - \bar{x}e\,. \tag{5}$$

Sind jedoch nur die relativen Häufigkeiten bekannt

$$r_i = h_i/N\,,$$

so erhält man statt (3) für den Mittelwert

$$\bar{x} = \sum_{i=1}^{m} r_i x_i \tag{3*}$$

---

[1]) Für s^2 und s werden in der Literatur verschiedene Bezeichnungen eingeführt, z.B. wird s auch als „mittlere quadratische Abweichung" bezeichnet. Es sei darauf hingewiesen, daß oft der Nenner N − 1 durch N ersetzt wird. Für große N ist dieser Unterschied bedeutungslos. In der angegebenen Form bezeichnet s^2 den aus einer Stichprobe sich ergebenden erwartungstreuen Schätzwert der Varianz σ^2 der Grundgesamtheit (Gesamtkollektiv) [3].

und für die Varianz s^2

$$s^2 = \sum_{i=1}^{m} r_i (x_i - \bar{x})^2 \ . \qquad (4^*)$$

In dieser Schreibweise entspricht aber s^2 nicht genau Gl. (4) sondern der Form, bei der man durch N statt durch N − 1 dividiert. Man müßte sonst noch mit N/(N − 1) multiplizieren. Dieser Faktor ist aber unbekannt, wenn nur die r_i gegeben sind.

3.2.2. Berechnung von $\bar{x}$ und s^2

1. Methode: Direkte Berechnung nach den Gln. (3) und (4).

Das Verfahren soll sofort an einem Beispiel gezeigt werden.

Beispiel 6: Wie Beispiel 1.

Die Messungen an Vorderachszapfen (x_i im μm) haben ergeben [2]

x_i(μm)	h_i	$x_i h_i$	$v_i = x_i - \bar{x}$	$h_i v_i$	$h_i v_i^2$
Klassen-mitten					
26	1	26	14,49	14,49	209,6707
29	4	116	11,48	45,92	527,1616
32	13	416	8,48	110,24	934,8352
35	23	805	5,48	126,04	690,6992
38	22	836	2,48	54,56	135,3088
41	29	1189	− 0,52	− 15,05	7,6416
44	29	1276	− 3,52	−102,08	359,3216
47	16	752	− 6,52	−104,32	680,1664
50	11	550	− 9,52	−104,72	996,9344
53	2	106	−12,52	− 25,04	313,5008
Σ	N = 150	6072		0	4855,2403

Daraus folgt:

$$\bar{x} = \frac{6072}{150} = \underline{40{,}48\ (\mu m)}$$

$$s^2 = \frac{4855{,}24}{149} = 32{,}59\ , \quad s = \underline{5{,}71\ (\mu m)}\ .$$

2. Methode

In vielen Fällen sind die Merkmale äquidistant mit dem Abstand b (Klassenbreite). Dann kann man zu sehr einfachen Zahlen kommen durch eine lineare Transformation

$$z_i = \frac{1}{b}(x_i - x_0)\,, \tag{6}$$

wobei x_0 ein Schätzwert des Mittelwertes ist, der mit einem der x_i-Werte zusammenfallen soll, da dann die z_i ganze Zahlen werden. Der transformierte Merkmalsvektor ist

$$\mathbf{z} = \frac{1}{b}(\mathbf{x} - x_0\mathbf{e})\,.$$

Da

$$\mathbf{x} = b\mathbf{z} + x_0\mathbf{e}$$

ist, gilt für den Mittelwert

$$\bar{x} = x_0 + \frac{b}{N}\,\mathbf{z}'\mathbf{h} = x_0 + \frac{b}{N}\sum_{i=1}^{n} z_i h_i\,. \tag{7}$$

Für die Streuung berechnet man in ähnlicher Weise:

$$s^2 = \frac{b^2}{N-1}\left[\mathbf{z}'\mathbf{H}\mathbf{z} - \frac{1}{N}(\mathbf{z}'\mathbf{h})^2\right] = \frac{b^2}{N-1}\left[\sum_{i=1}^{n} h_i z_i^2 - \frac{1}{N}\left(\sum_{i=1}^{n} h_i z_i\right)^2\right]. \tag{8}$$

Beispiel 7: Wie Beispiel 6.

Es wird gewählt $x_0 = 41$ und es ist $b = 3$.

x_i	$z_i = (x_i - x_0)/b$	h_i	$z_i h_i$	$z_i^2 h_i$
26	−5	1	− 5	25
29	−4	4	−16	64
32	−3	13	−39	117
35	−2	23	−46	92
38	−1	22	−22	22
41	0	29	0	0
44	1	29	29	29
47	2	16	32	64
50	3	11	33	99
53	4	2	8	32
Σ	–	N=150	−26	544

Daraus folgt:

$$\bar{x} = 41 + \frac{3}{150}(-26) = 41 - 0{,}52 = 40{,}48\ (\mu m)$$

$$s^2 = \frac{9}{149}\left(544 - \frac{26^2}{150}\right) = \frac{9}{149}(544 - 4{,}507) = 32{,}587 \qquad \text{(wie in Beispiel 6).}$$

Die Vereinfachung der Rechenarbeit wird in diesem Beispiel deutlich, da man es hier mit wesentlich kleineren Zahlen zu tun hat. In vielen Fällen genügt auch die einfachere Transformation

$$z_i = x_i - x_0 \tag{9}$$

(ohne Transformation auf eine Klassenbreite 1).

Dann gilt:

$$\bar{x} = x_0 + \frac{\mathbf{h}'\mathbf{z}}{N} = x_0 + \frac{1}{N}\sum_{i=1}^{n} h_i z_i\,. \tag{10}$$

und

$$s^2 = \frac{1}{N-1}\left[\mathbf{z}'\mathbf{H}\mathbf{z} - \frac{1}{N}(\mathbf{h}'\mathbf{z})^2\right] = \frac{1}{N-1}\left[\sum_{i=1}^{n} h_i z_i^2 - \frac{1}{N}\left(\sum_{i=1}^{n} h_i z_i\right)^2\right]\,. \tag{11}$$

Wie bei der Berechnung des mittleren Fehlers muß auch hier zur Vorsicht gemahnt werden, $x_0 = 0$ zu wählen, wenn $\bar{x}$ weit vom Ursprung entfernt liegt. Die Gleichungen (9) und (10) nehmen, wenn man $x_0 = 0$ und $b = 1$ setzt, die folgende Form an:

$$\bar{x} = \frac{1}{N}\sum_{i=1}^{n} h_i x_i\,, \tag{12}$$

$$s^2 = \frac{1}{N-1}\left[\sum_{i=1}^{n} h_i x_i^2 - \frac{1}{N}\left(\sum_{i=1}^{n} h_i x_i\right)^2\right]\,.$$

Zur Illustration der Erscheinung, daß sich bei der Differenzbildung der beiden positiven Summen in der Gleichung für s^2 führende Stellen auslöschen, sollen 3 Beispiele der gleichen Häufigkeitsverteilung angegeben werden, die sich nur durch Verschiebung des Nullpunktes der Merkmalachse unterscheiden.

Beispiel 8: 4 Messungen bei verschiedener Lage zum Nullpunkt

a)

x_{1i}	h_i	$x_{1i}h_i$	$x_{1i}^2h_i$
1	2	2	2
2	6	12	24
3	11	33	99
4	2	8	32
Σ	21	55	157

$$\bar{x}_1 = \frac{55}{21} = 2{,}619$$

$$s^2 = (157 - 55^2/21)/20 = (157 - 144{,}048)/20 = 12{,}952/20 = 0{,}648$$

b) $x_{2i} = x_{1i} + 1\,000$

x_{2i}	h_i	$x_{2i}h_i$	$x_{2i}^2h_i$
1001	2	2002	2004002
1002	6	6012	6024024
1003	11	11033	11066099
1004	2	2008	2016032
Σ	21	21055	21110157

$$\bar{x}_2 = \frac{21055}{21} = 1\,002{,}619$$

$$s^2 = (21\,110157 - 21\,055^2/21)/20 = (21\,110\,157 - 21\,110\,144{,}048)/20 = 12{,}952/20 = 0{,}648\ .$$

c) $x_{3i} = x_{1i} + 50000$

x_{3i}	h_i	$x_{3i}h_i$	$x_3^2h_i$
50001	2	100002	5000200002
50002	6	300012	15001200024
50003	11	550033	27503300099
50004	2	100008	5000800032
Σ	21	1050055	52505500157

$$s^2 = (52\,505\,500\,157 - 1\,050\,055^2/21)/20 = (52\,505\,500\,157 - 52\,505\,500\,144{,}048)/20 = 12{,}952/20 = 0{,}648\ .$$

Aus diesen bewußt extrem gewählten Beispielen sieht man, daß man in a) mit 6stelliger Rechnung auskommt, während man in b) wegen der Auslöschung von 6 führenden Ziffern mit 11 Stellen, bei c) sogar mit 14 Stellen rechnen muß. Eine 10stellige Rechnung liefert im letzten Fall

$$s^2 = 0{,}500\ ,$$

also ein Ergebnis, das über 20 % fehlerhaft ist.

Damit ist auch gezeigt, daß diese Methode nicht für die Rechnung mit einer DA in Frage kommt, da man hier zur Vorsicht mit doppelter Wortlänge rechnen müßte, was höheren Aufwand und Rechenzeit erfordern würde.

3. Methode: Summationsverfahren (auch Kumulationsverfahren genannt)

Diese Methode ist nur anwendbar, wenn die Merkmalwerte *äquidistant* sind, d.h.

$$x_{k+1} - x_k = b = \text{const} .$$

Die 2n Produkte werden durch eine entsprechende Zahl Additionen ersetzt, daher ist es möglich, Additionsmaschinen mit Druckwerk zu benutzen.

Man bildet also für die Häufigkeiten h_i die aufeinander folgenden Teilsummen $S_i^{(1)}$ und von diesen wieder die zweiten Teilsummen $S_i^{(2)}$. Dann ist

i	h_i	$S_i^{(1)}$	$S_i^{(2)}$
1	h_1	$S_1^{(1)} = h_1$	$S_1^{(2)} = S_1^{(1)}$
2	h_2	$S_2^{(1)} = h_1 + h_2$	$S_2^{(2)} = S_1^{(1)} + S_2^{(1)}$
3	h_3	$S_3^{(1)} = h_1 + h_2 + h_3$	$S_3^{(2)} = S_1^{(1)} + S_2^{(1)} + S_3^{(1)}$
...	...	. . . .	. . . .
m-1	h_{m-1}	$S_{m-1}^{(1)} = h_1 + h_2 + \ldots + h_{m-1}$	$S_{m-1}^{(2)} = S_1^{(1)} + S_2^{(1)} + \ldots + S_{m-1}^{(1)}$
m	h_m	$S_m^{(1)} = h_1 + h_2 + \ldots + h_m$	$S_m^{(2)} = S_1^{(1)} + S_2^{(1)} + \ldots + S_m^{(1)}$
Σ	N	$S^{(1)} = mh_1 + (m-1)h_2 + \ldots + 2h_{m-1} + h_m$	$S^{(2)} = mS_1^{(1)} + (m-1)S_2^{(1)} + \ldots + S_m^{(1)}$

Wegen der äquidistanten Merkmale x_i gilt

$$x_i = x_m + b - (m - i + 1)b .$$

Den Mittelwert $\bar{x}$ erhält man in folgender Weise

$$\bar{x} = \frac{1}{N}\left(h_1x_1 + h_2x_2 + \ldots + h_mx_m\right) = \frac{1}{N}\sum_{i=1}^{m} h_ix_i$$

$$= \frac{1}{N}\sum_{i=1}^{m} h_i\left(x_m + b - (m-i+1)b\right) = x_m + b - \frac{b}{N}\sum_{i=1}^{m} h_i(m-i+1) ,$$

$$S^{(1)} = \sum_{i=1}^{n} (m - i + 1)h_i .$$

Also ist

$$\bar{x} = x_m + b - \frac{b}{N} S^{(1)} . \tag{13}$$

Für die zweiten Summen ergibt sich:

$$\begin{aligned}
S^{(2)} &= m h_1 + (m-1)(h_1 + h_2) + (m-2)(h_1 + h_2 + h_3) + \ldots + 1 \cdot (h_1 + h_2 + \ldots + h_m) \\
&= \frac{1}{2} \left[m(m+1)h_1 + (m-1)mh_2 + \ldots + 2 \cdot 3\, h_{m-1} + 1 \cdot 2\, h_m \right] \\
&= \frac{1}{2} \left[(m^2 + m)h_1 + \left[(m-1)^2 + (m-1)\right] h_2 + \ldots + (2^2 + 2)h_{m-1} + (1^2 + 1)h_m \right. \\
&= \frac{1}{2} \left[m^2 h_1 + (m-1)^2 h_2 + \ldots + 2^2 h_{m-1} + 1^2 h_m \right] + \frac{1}{2} S^{(1)} \\
&= \frac{1}{2} \sum_{i=1}^{n} (m - i + 1)^2 h_i + \frac{1}{2} S^{(1)} ,
\end{aligned}$$

$$N = S_m^{(1)}, \qquad S^{(1)} = S_m^{(2)} \quad \text{(zur Kontrolle!)} .$$

Für die Varianz folgt dann:

$$\begin{aligned}
s^2 &= \frac{1}{N-1} \sum_{i=1}^{n} h_i (x_i - \bar{x})^2 \\
&= \frac{1}{N-1} \sum_{i=1}^{n} h_i [(x_m + b - \bar{x}) - (m - i + 1) b]^2 \\
&= \frac{1}{N-1} \sum_{i=1}^{n} h_i \left(\frac{b}{N} S^{(1)} - (m - i + 1) b \right)^2 \\
&= \frac{1}{N-1} \left[\frac{b^2}{N} S^{(1)2} - \frac{2b^2}{N} S^{(1)2} - b^2 S^{(1)} + 2b^2 S^{(2)} \right]
\end{aligned}$$

also

$$s^2 = \frac{b^2}{N-1} \left[2S^{(2)} - \frac{1}{N} S^{(1)2} - S^{(1)} \right] . \tag{14}$$

Bemerkung: Die Lage der x_i-Werte zum Ursprung fällt bei dieser Methode vollkommen heraus im Gegensatz zur Methode 2.

Beispiel 9: Wie Beispiel 6

i	x_i	h_i	$S_i^{(1)}$	$S_i^{(2)}$
1	$x_1 = 26$	1	1	1
		4	5	6
		13	18	24
		23	41	65
		22	63	128
		29	92	220
		29	121	341
		16	137	478
		11	148	626
10	$x_{10} = 53$	2	150	776
Σ		150	776	2265

$$b = \frac{x_{10} - x_1}{n-1} = 3$$

Kontrolle!

Also ist

$$\bar{x} = 53 + 3 - \frac{776}{150} \cdot 3 = 40{,}48\ (\mu m)$$

$$s^2 = \frac{9}{149}\left[5330 - \frac{776^2}{150} - 776\right] = \frac{9}{149}\left[5330 - 4014{,}506 - 776\right]$$

$$= 32{,}587\ (\mu m^2)\,.$$

4. Methode: ALGOL-Prozedur nach der Methode 1 (Multiplikationsverfahren).

Prozedur STAT 1

Zweck: Bestimmung von Mittelwert $\bar{x}$ und Streuung s einer Stichprobe mit den m Merkmalen x_i und den zugehörigen Häufigkeiten h_i (Multiplikationsverfahren).

Vereinbarung: STAT 1 (M, X, H, XQUER, S, AUSG);

Beschreibung der formalen Veränderlichen:

M	Anzahl m der Stichprobenmerkmale
	Typ: 'INTEGER'

X	Feld der Stichprobenmerkmale x_i
	Typ: 'ARRAY', Indizes: [1 : M]

H	Feld der Häufigkeiten h_i
	Typ: 'ARRAY', Indizes: [1 : M]

XQUER	Mittelwert der Stichprobe $\overline{x}$ Typ: 'REAL'
S	Streuung s (Standardabweichung) der Stichprobe Typ: 'REAL'
AUSG	Marke als Fehlerausgang aus der Prozedur, wenn $N = \sum_{i=1}^{m} h_i < 2$

Programm:

```
'PROCEDURE' STAT1(M,X,H)RESULT:(XQUER,S,AUSG);
        'VALUE' M;
        'REAL' XQUER,S;
        'INTEGER' M;
        'ARRAY' X,H;
        'LABEL' AUSG;

'COMMENT' PROCEDURE 2
    MITTELWERT XQUER UND STREUUNG S EINER STICHPROBE
    MIT DEN M MERKMALEN X[I] UND DEN HAEUFIGKEITEN H[I]
    (MULTIPLIKATIONSVERFAHREN);

'BEGIN' 'REAL' N;
        'INTEGER' I;
        N:=XQUER:=S:=0;
        'FOR' I:=1 'STEP' 1 'UNTIL' M 'DO'
        'BEGIN' XQUER:=XQUER+X[I]*H[I];
                N:=N+H[I]
        'END';
        'IF' N 'LESS' 2 'THEN' 'GOTO' AUSG;
        XQUER:=XQUER/N;
        'FOR' I:=1 'STEP' 1 'UNTIL' M 'DO'
             S:=S+(X[I]-XQUER)*(X[I]-XQUER)*H[I];
        S:=SQRT(S/(N-1))
'END' STAT1;
```

5. Methode

Bei der Berechnung von Mittelwert und Streuung mit einer Datenverarbeitungsanlage kann es unter Umständen von Vorteil sein, das statistische Material direkt nach der Urliste der Erhebung zu verarbeiten, d.h. ohne Sortierung nach den Merkmalen und gegebenenfalls Klassenbildung. Dies ist vor allem dann der Fall, wenn das statistische Material in einer Form vorliegt, die von der DA direkt verarbeitet werden kann (Lochkarten, Lochstreifen, Magnetbänder oder dergleichen). Klassenbildung kann unter Umständen die Ergebnisse verfälschen (siehe [3], Sheppard-Korrektur).

Man erhält in diesem Falle:

$$\bar{x} = \frac{1}{m}\, e'x = \frac{1}{m} \sum_{i=1}^{m} x_i \,,$$

$$v = x - \bar{x}e \,, \qquad v_i = x_i - \bar{x} \,, \qquad s^2 = \frac{1}{m-1}\, v'v = \frac{1}{m-1} \sum_{i=1}^{m} v_i^2 \,.$$

Man erhält folgende ALGOL-Prozedur:

Prozedur STAT 2

Zweck: Bestimmung von Mittelwert $\bar{x}$ und Streuung s einer Stichprobe mit den m Merkmalen x_i aus der Urliste (Multiplikationsverfahren).

Vereinbarung: STAT 2 (M, X, XQUER, S, AUSG);

Beschreibung der formalen Veränderlichen:

M	Anzahl m der Stichprobenmerkmale Typ: 'INTEGER'
X	Feld der Stichprobenmerkmale x_i Typ: 'ARRAY', Indizes: [1 : M]
XQUER	Mittelwert $\bar{x}$ der Stichprobe Typ: 'REAL'
S	Streuung s (Standardabweichung) der Stichprobe Typ: 'REAL'
AUSG	Marke als Fehlerausgang aus der Prozedur, wenn $m < 2$

Programm:

```
'PROCEDURE' STAT2(M,X)RESULT:(XQUER,S,AUSG);
        'VALUE' M;
        'REAL' XQUER,S;
        'INTEGER' M;
        'ARRAY' X;
        'LABEL' AUSG;

'COMMENT' PROCEDURE 3
    MITTELWERT XQUER UND STREUUNG S EINER STICHPROBE
    MIT DEN M MERKMALEN X[I] (MULTIPLIKATIONSVERFAHREN);

'BEGIN' 'INTEGER' I;
        'IF' M 'LESS' 2 'THEN' 'GOTO' AUSG;
        XQUER:=S:=0;
        'FOR' I:=1 'STEP' 1 'UNTIL' M 'DO'
             XQUER:=XQUER+X[I];
        XQUER:=XQUER/M;
        'FOR' I:=1 'STEP' 1 'UNTIL' M 'DO'
             S:=S+(X[I]-XQUER)*(X[I]-XQUER);
        S:=SQRT(S/(M-1))
'END' STAT2;
```

6. Methode

ALGOL-Prozedur für das Summationsverfahren (3. Methode). Da die Summenkontrollen (Pfeile in Beispiel 9) hier entfallen können, wird ausgenützt, daß

$$N = S_m^{(1)} \qquad \text{und} \qquad S^{(1)} = S_m^{(2)} \; .$$

Prozedur STAT 3

Zweck: Bestimmung von Mittelwert $\bar{x}$ und Streuung s einer Stichprobe von m äquidistanten Merkmalen x_i in $x_a \leqslant x_i \leqslant x_e$ mit den zugehörigen Häufigkeiten h_i (Summationsverfahren).

Vereinbarung: STAT 3 (M, XA, XE, H, XQUER, S, AUSG);

Beschreibung der formalen Veränderlichen:

M	Anzahl m der Stichprobenmerkmale Typ: 'INTEGER'
XA	Erster und kleinster Wert der Merkmale ($x_1 = x_a$) Typ: 'REAL'
XE	Letzter und größter Wert der Merkmale ($x_m = x_e$) Typ: 'REAL'
H	Feld der Häufigkeiten h_i Typ: 'ARRAY', Indizes: [1 : M]
XQUER	Mittelwert $\bar{x}$ der Stichprobe Typ: 'REAL'
S	Streuung s (Standardabweichung) der Stichprobe Typ: 'REAL'
AUSG	Marke als Fehlerausgang aus der Prozedur, wenn $\sum_{i=1}^{m} h_i < 2$

Programm:

```
'PROCEDURE' STAT3(M,XA,XE,H)RESULT:(XQUER,S,AUSG);
        'VALUE' M,XA,XE;
        'REAL' XA,XE,XQUER,S;
        'INTEGER' M;
        'ARRAY' H;
        'LABEL' AUSG;
```

```
'COMMENT' PROCEDURE 4
    MITTELWERT XQUER UND STREUUNG S DER M
    AEQUIDISTANTEN MERKMALE IN XA BIS XE MIT
    DEN HAEUFIGKEITEN H[I] (SUMMATIONSVERFAHREN);


'BEGIN' 'REAL' B,S1,S2,SS2;
        'INTEGER' I;
        'IF' M 'LESS' 2  'THEN' 'GOTO' AUSG;
        B:=(XE-XA)/(M-1);
        S1:=S2:=SS2:=0;
        'FOR' I:=1 'STEP' 1 'UNTIL' M 'DO'
        'BEGIN' S1:=S1+H[I];
                S2:=S2+S1;
                SS2:=SS2+S2
        'END';
        'IF' S1 'LESS' 2 'THEN' 'GOTO' AUSG;
        XQUER:=XE+B*(1-S2/S1);
        S:=B*SQRT((2*SS2-S2*(S2/S1+1))/(S1-1))
'END' STAT3;
```

3.3. Vertrauensintervalle

Für n Beobachtungen, die unabhängig und mit Zufallsfehlern behaftet sind, werden Mittelwert $\overline{x}$ und mittlerer Fehler m_x in bekannter Weise nach Gl. (3.1) berechnet.

Diese Beobachtungsdaten x_i kann man auffassen als Statistik, also etwa als Stichprobe aus einer Gesamtheit von möglichen Versuchsergebnissen einer Versuchsanordnung, eines Testverfahrens oder dergleichen. Setzt man voraus, daß die x_i normalverteilt sind, so ist die Größe

$$t = \frac{\overline{x}-a}{s/\sqrt{n}} \tag{1}$$

– a ist der Mittelwert der statistischen Gesamtheit und s die Stichprobenstreuung – für alle möglichen Stichproben nicht mehr normalverteilt. Die Verteilung dieser t-Werte wird *t-Verteilung* oder auch *Student-Verteilung* [8] genannt. Sie ist aber noch vom Umfang n abhängig, man spricht hier vom *Freiheitsgrad* f der Verteilung und es gilt

$$f = n - 1 . \tag{2}$$

Für $f \to \infty$ geht die t-Verteilung in die Normalverteilung über.

Gibt man eine statistische Sicherheit S oder eine Irrtumswahrscheinlichkeit $\alpha = 1 - S$ vor, so läßt sich ein Intervall, das sogenannte *Vertrauensintervall*, angeben, in dem ein Wert T liegt mit einer Irrtumswahrscheinlichkeit $1 - S$, also

$$P(-t_S \leqslant T \leqslant t_S) = S \,. \tag{3}$$

Wegen der nicht elementar zu berechnenden Werte t_S entnimmt man diese Werte in Abhängigkeit vom Freiheitsgrad f und der statistischen Sicherheit S einer Tabelle (siehe unten).

Aus Gl. (1) folgt für das Vertrauensintervall (auch *Konfidenzintervall* genannt)

$$\bar{x} \pm t_S \frac{s}{\sqrt{n}} \quad .$$

Bei einer Beobachtungsreihe entspricht der Streuung s der mittlere Fehler m der Einzelbeobachtungen, und es ist daher

$$\bar{x} \pm t_S \frac{m}{\sqrt{n}} = \bar{x} \pm t_S \cdot m_x \,. \tag{4}$$

Tafel der t-(Student-)Verteilung für $P\left\{|t| \leqslant t_S\right\} = S$, [4]

f	S = 95 %	S = 99 %	f	S = 95 %	S = 99 %
1	12,71	63,66	17	2,110	2,898
2	4,303	9,925	18	2,101	2,878
3	3,182	5,841	19	2,093	2,861
4	2,776	4,604	20	2,086	2,845
5	2,571	4,032	22	2,074	2,819
6	2,447	3,707	24	2,064	2,797
7	2,365	3,499	26	2,056	2,779
8	2,306	3,355	28	2,048	2,763
9	2,262	3,250	30	2,042	2,750
10	2,228	3,169	40	2,021	2,704
11	2,201	3,106	50	2,009	2,678
12	2,179	3,055	60	2,000	2,660
13	2,160	3,012	80	1,990	2,639
14	2,145	2,977	100	1,984	2,626
15	2,131	2,947	200	1,972	2,601
16	2,120	2,921	∞	1,960	2,576

Lineare Interpolation für $f > 20$ gibt etwa 2 Dezimalstellen.

Beispiel 10: Mit den Werten aus Beispiel 3 folgt:

Wegen $n = 6$ folgt $f = 5$, es ist daher für

$S = 95\,\%$: $t_S = 2{,}571$.

Da

$\bar{x} = 1{,}2555$ (kΩ) und $m_x = 0{,}00580$ (kΩ) ,

so ist

$t_S m_x = 2{,}571 \cdot 0{,}005\,80 = 0{,}014\,8$ (kΩ) .

Daher ist das Vertrauensintervall

$1{,}2555 \pm 0{,}0148$ (kΩ) .

Mit einer Irrtumswahrscheinlichkeit von 5 % (statistische Sicherheit 95 %) liegt also der gemessene Widerstand im Intervall

$\underline{1{,}241 \ldots 1{,}270 \text{ (k}\Omega\text{)}}$.

Beispiel 11: Mit den Werten aus Beispiel 6 folgt:

Wegen $N = 150$ folgt $f = 149$, es ist daher für

$S = 95\,\%$: $t_S = 1{,}98$.

Da

$\bar{x} = 40{,}48$ (μm) und $s = 5{,}71$ (μm) ,

so ist

$$t_S m_x = 1{,}98 \frac{5{,}71}{\sqrt{150}} = 0{,}931 \text{ (μm)} .$$

Also ist das Vertrauensintervall bei einer statistischen Sicherheit von 95 %

39,6 ... 41,4 (μm) .

ALGOL-Prozedur

Prozedur VINTV

Zweck: Berechnet wird das Vertrauensintervall x_{min} bis x_{max} aus dem Mittelwert $\bar{x}$ und mittleren Fehler m_x des Mittelwertes von n Beobachtungswerten mit Hilfe der t-Verteilung für eine statistische Sicherheit $S = 0{,}95$ oder $0{,}99$.

Vereinbarung: VINTV (N, XQUER, MX, S, XMIN, XMAX, L);

Beschreibung der formalen Veränderlichen:

N Anzahl n der Beobachtungswerte ($< 10^6$)
Typ: 'INTEGER'

XQUER	Mittelwert $\bar{x}$ der Beobachtungswerte Typ: 'REAL'
MX	Mittlerer Fehler des Mittelwertes m_x Typ: 'REAL'
S	Statistische Sicherheit S, für die nur die beiden Werte 0,95 oder 0,99 zulässig sind Typ: 'REAL'
XMIN	Untere Grenze des Vertrauensintervalles
XMAX	Obere Grenze des Vertrauensintervalles Typ: 'REAL'
L	Marke als Fehlerausgang aus der Prozedur, falls a) für S ein anderer Wert als 0,95 oder 0,99 vorgegeben wird, b) $N < 2$

Bemerkungen:

a) Die Prozedur VINTV wird am besten nach MITFEH (Prozedur 1) aufgerufen, in der $\bar{x}$ und m_x berechnet werden.

b) Die Angabe der Vertrauensgrenzen ist mit höchstens 3 bzw. 4 geltenden Ziffern sinnvoll, da die eingegebene Tabelle für die t_S-Werte der t-Verteilung auch nur 4 geltende Ziffern enthält.

c) Werden andere Werte für die statistische Sicherheit gefordert, so müssen die Werte der Tabelle und die Abfragen entsprechend geändert werden.

Programm:

```
'PROCEDURE' VINTV(N,XQUER,MX,S)RESULT:(XMIN,XMAX,L);
        'VALUE' N,XQUER,MX,S;
        'REAL' XQUER,MX,S,XMIN,XMAX;
        'INTEGER' N;
        'LABEL' L;

'COMMENT' PROCEDURE 5
    BERECHNUNG DES VERTRAUENSINTERVALLES XMIN BIS XMAX
    BEI GEGEBENEM MITTELWERT XQUER UND MITTLEREM FEHLER
    MX AUS N BEOBACHTUNGSWERTEN FUER EINE STATISTISCHE
    SICHERHEIT S = 0.95 ODER 0.99 ;
```

```
'BEGIN' 'REAL' F,TS;
        'INTEGER' I,K;
        'ARRAY' T[1:32,1:3];

   T[1,1]  :=   1;   T[1,2]  :=12.71 ;   T[1,3]  :=63.66 ;
   T[2,1]  :=   2;   T[2,2]  := 4.303;   T[2,3]  := 9.925;
   T[3,1]  :=   3;   T[3,2]  := 3.182;   T[3,3]  := 5.841;
   T[4,1]  :=   4;   T[4,2]  := 2.776;   T[4,3]  := 4.604;
   T[5,1]  :=   5;   T[5,2]  := 2.571;   T[5,3]  := 4.032;
   T[6,1]  :=   6;   T[6,2]  := 2.447;   T[6,3]  := 3.707;
   T[7,1]  :=   7;   T[7,2]  := 2.365;   T[7,3]  := 3.499;
   T[8,1]  :=   8;   T[8,2]  := 2.306;   T[8,3]  := 3.355;
   T[9,1]  :=   9;   T[9,2]  := 2.262;   T[9,3]  := 3.250;
   T[10,1] :=  10;   T[10,2] := 2.228;   T[10,3] := 3.169;
   T[11,1] :=  11;   T[11,2] := 2.201;   T[11,3] := 3.106;
   T[12,1] :=  12;   T[12,2] := 2.179;   T[12,3] := 3.055;
   T[13,1] :=  13;   T[13,2] := 2.160;   T[13,3] := 3.012;
   T[14,1] :=  14;   T[14,2] := 2.145;   T[14,3] := 2.977;
   T[15,1] :=  15;   T[15,2] := 2.131;   T[15,3] := 2.947;
   T[16,1] :=  16;   T[16,2] := 2.120;   T[16,3] := 2.921;
   T[17,1] :=  17;   T[17,2] := 2.110;   T[17,3] := 2.898;
   T[18,1] :=  18;   T[18,2] := 2.101;   T[18,3] := 2.878;
   T[19,1] :=  19;   T[19,2] := 2.093;   T[19,3] := 2.861;
   T[20,1] :=  20;   T[20,2] := 2.086;   T[20,3] := 2.845;
   T[21,1] :=  22;   T[21,2] := 2.074;   T[21,3] := 2.819;
   T[22,1] :=  24;   T[22,2] := 2.064;   T[22,3] := 2.797;
   T[23,1] :=  26;   T[23,2] := 2.056;   T[23,3] := 2.779;
   T[24,1] :=  28;   T[24,2] := 2.048;   T[24,3] := 2.763;
   T[25,1] :=  30;   T[25,2] := 2.042;   T[25,3] := 2.750;
   T[26,1] :=  40;   T[26,2] := 2.021;   T[26,3] := 2.704;
   T[27,1] :=  50;   T[27,2] := 2.009;   T[27,3] := 2.678;
   T[28,1] :=  60;   T[28,2] := 2.000;   T[28,3] := 2.660;
   T[29,1] :=  80;   T[29,2] := 1.990;   T[29,3] := 2.639;
   T[30,1] := 100;   T[30,2] := 1.984;   T[30,3] := 2.626;
   T[31,1] := 200;   T[31,2] := 1.972;   T[31,3] := 2.601;
   T[32,1] := _{10}6;   T[32,2] := 1.960;   T[32,3] := 2.576;

        F:=N-1;
        'IF' F 'EQUAL' 0 'THEN' 'GOTO' L;
        'IF' S 'EQUAL' 0.95 'THEN'
        'BEGIN' K:=2;       'GOTO' WEITER
        'END';
        'IF' S 'EQUAL' 0.99 'THEN'
        K:=3        'ELSE'      'GOTO' L;
WEITER: I:=1;
A:      'IF' T[I,1] 'LESS' F 'THEN'
        'BEGIN' I:=I+1;       'GOTO' A
        'END';
        'IF' T[I,1] 'EQUAL' F 'THEN'
        TS:=T[I,K]        'ELSE'
        TS:=T[I,K]+(F-T[I,1])*(T[I-1,K]-T[I,K])/
            (T[I-1,1]-T[I,1]);
        TS:=TS*MX;
        XMIN:=XQUER-TS;
        XMAX:=XQUER+TS
'END' VINTV;
```

3.4. Das Gaußsche Fehlerfortpflanzungsgesetz

In der Praxis tritt immer wieder der Fall auf, daß aus mehreren Messungen verschiedener Größen $x, y, z, \dots$, deren mittlere Fehler $m_x, m_y, m_z, \dots$ bekannt sind, eine neue Größe berechnet werden soll, die eine Funktion dieser Größen ist, also

$$f = f(x, y, z, \dots) . \tag{1}$$

Es soll nun gezeigt werden, daß man

a) beim Einsetzen der Mittelwerte $\overline{x}, \overline{y}, \overline{z}, \dots$ auch für $f(x, y, z, \dots)$ den Mittelwert $\overline{f}$ erhält (bis auf Fehler 2. Ordnung),

b) den mittleren Fehler m_f aus

$$m_f = \sqrt{(f_{\overline{x}}\, m_x)^2 + (f_{\overline{y}}\, m_y)^2 + (f_{\overline{z}}\, m_z)^2 + \dots} \tag{2}$$

berechnet, wobei die partiellen Ableitungen für $x = \overline{x}$, $y = \overline{y}$, $z = \overline{z}, \dots$ zu bilden sind, also

$$f_{\overline{x}} = \left.\frac{\partial f}{\partial x}\right|_{\substack{x = \overline{x}\\ y = \overline{y}\\ z = \overline{z}}} \qquad \text{usw.}$$

Die Herleitung dieser Beziehungen soll für 2 Meßgrößen x und y gegeben werden, sie läßt sich dann ohne weiteres auf beliebig viele derartige Meßgrößen erweitern.

Zu a): Es gelten für die Mittelwerte

$$\overline{x} = \frac{1}{m} \sum_{i=1}^{m} x_i , \qquad \overline{y} = \frac{1}{n} \sum_{k=1}^{n} y_k$$

und die scheinbaren Fehler sind

$$u_i = x_i - \overline{x} , \qquad v_k = y_k - \overline{y} .$$

Für ein beliebig herausgegriffenes Meßwertpaar x_i, y_k gilt:

$$f_{ik} = f(x_i, y_k) = f(\overline{x} + u_i, \overline{y} + v_k) .$$

Durch Entwickeln in eine Taylorreihe ergibt sich:

$$f_{ik} = f(\overline{x}, \overline{y}) + u_i f_x(\overline{x}, \overline{y}) + v_k f_y(\overline{x}, \overline{y}) + \dots .$$

Da die Abweichungen vom Mittelwert als klein vorausgesetzt werden, kann die Taylorreihe nach den linearen Gliedern abgebrochen werden. Für den Mittelwert $\bar{f}$ der f_{ik} gilt dann:

$$\bar{f} = \frac{1}{mn} \sum_{i,k} f_{ik} = \frac{1}{mn} \sum_{i=1}^{m} \sum_{k=1}^{n} [f(\bar{x}, \bar{y}) + u_i f_{x0} + v_k f_{y0}]$$

$$= f(\bar{x}, \bar{y}) + \frac{1}{m} f_{\bar{x}} \sum_{i=1}^{m} u_i + \frac{1}{n} f_{\bar{y}} \sum_{k=1}^{n} v_k .$$

Da nach der Definition des Mittelwertes die Summe der scheinbaren Fehler verschwinden muß, gilt

$$\bar{f} = f(\bar{x}, \bar{y}) .$$

Zu b): Sind x_0 und y_0 die wahren Werte, so sind die wahren Fehler

$$\delta_{xi} = x_i - x_0 ,$$

$$\delta_{yk} = y_k - y_0 .$$

Entsprechend obiger Reihenentwicklung gilt für die wahren Werte

$$f_{ik} = f_0 + \delta_{xi} f_{x0} + \delta_{yk} f_{y0} + \ldots ,$$

wobei

$$f_0 = f(x_0, y_0)$$

$$f_{x0} = \left. \frac{\partial f}{\partial x} \right|_{\substack{x = x_0 \\ y = y_0}}$$

Der wahre Fehler von f ist

$$w_{ik} = f_{ik} - f_0 .$$

Nach der Definition des mittleren Fehlers (3.1.2, Gl. (8)) ist

$$m_f^2 = \frac{1}{mn} \sum_{i,k} w_{ik}^2$$

$$= \frac{1}{mn} \sum_{i,k} (\delta_{xi} f_{x0} + \delta_{yk} f_{y0})^2$$

$$= \frac{1}{mn} \sum_{i,k} [\delta_{xi}^2 f_{x0}^2 + \delta_{yk}^2 f_{y0}^2 + 2\delta_{xi} \delta_{yk} f_{x0} f_{y0}] .$$

Wegen der Voraussetzung zufälliger, regelloser Fehler kann man die Summe über die doppelten Produkte (verschiedene Vorzeichen!) weglassen, da sie klein sein wird gegenüber den Quadratsummen. Also gilt:

$$m_f^2 = \frac{1}{mn} \sum_{i,k} [(\delta_{xi} f_{x0})^2 + (\delta_{yk} f_{y0})^2]$$

$$= f_{x0}^2 \frac{1}{m} \sum_i \delta_{xi}^2 + f_{y0}^2 \frac{1}{n} \sum_k \delta_{yk}^2$$

$$= f_{x0}^2 m_x^2 + f_{y0}^2 m_y^2 ,$$

$$m_f = \sqrt{(f_{x0} m_x)^2 + (f_{y0} m_y)^2} .$$

Im allgemeinen kann man dann ohne wesentlichen Einfluß die unbekannten x_0, y_0 durch die bekannten $\bar{x}, \bar{y}$ ersetzen. Damit ist der mittlere Fehler:

$$m_f = \sqrt{(f_{\bar{x}} m_x)^2 + (f_{\bar{y}} m_y)^2 + \ldots} .$$

Beispiel 12: Messungen gleicher Genauigkeiten

Es sind n Messungen x_i mit der gleichen Genauigkeit m_x gemacht worden. Dann gilt

$$\bar{x} = \frac{1}{n} (x_1 + x_2 + \ldots + x_n) = \frac{1}{n} x_1 + \frac{1}{n} x_2 + \ldots + \frac{1}{n} x_n .$$

Die Größe $\bar{x}$ kann man auffassen als eine Funktion der n Größen $x_1, \ldots, x_n$, die jede mit dem mittleren Fehler m behaftet ist. Dann ist

$$\frac{\partial \bar{x}}{\partial x_k} = \frac{1}{n}$$

und unter Anwendung von Gl. (2) ist

$$m_x^2 = n \cdot \frac{1}{n^2} m = \frac{1}{n} m^2 , \quad m_x = \frac{1}{\sqrt{n}} m .$$

Daher folgt für den *mittleren Fehler des Mittelwertes* durch Einsetzen von Gl. (9) aus 3.1.2

$$m_x = \sqrt{\frac{\sum_{i=1}^{n} (x_i - \bar{x})^2}{n(n-1)}} ,$$

wie bereits in Gl. (10) aus 3.1.2 angegeben wurde.

Beispiel 13: Fehler bei multiplikativer Verknüpfung der Meßgrößen

Es sei

$$f(x, y, z) = Cx^{\alpha} y^{\beta} z^{\gamma} .$$

Dann ist

$$f_x(x, y, z) = \alpha C x^{\alpha - 1} y^{\beta} z^{\gamma} = \frac{\alpha}{x} f(x, y, z) ,$$

und entsprechend für die anderen beiden partiellen Ableitungen. Daher gilt:

$$m_f^2 = \bar{f}^2 \left[\left(\frac{\alpha}{\bar{x}} m_x\right)^2 + \left(\frac{\beta}{\bar{y}} m_y\right)^2 + \left(\frac{\gamma}{\bar{z}} m_z\right)^2\right],$$

oder

$$\frac{m_f}{\bar{f}} = \sqrt{\left(\alpha \frac{m_x}{\bar{x}}\right)^2 + \left(\beta \frac{m_y}{\bar{y}}\right)^2 + \left(\gamma \frac{m_z}{\bar{z}}\right)^2} .$$

Dabei sind $m_f/\bar{f}$, $m_x/\bar{x}$, $m_y/\bar{y}$ und $m_z/\bar{z}$ die relativen mittleren Fehler (etwa in Prozenten ausgedrückt).

Zu demselben Ergebnis gelangt man durch logarithmisches Differenzieren. Es ist

$$\lg \bar{f} = \lg C + \alpha \lg \bar{x} + \beta \lg \bar{y} + \gamma \lg \bar{z} ,$$

und daher

$$\frac{df}{\bar{f}} = \alpha \frac{dx}{\bar{x}} + \beta \frac{dy}{\bar{y}} + \gamma \frac{dz}{\bar{z}} .$$

Formal kann man daraus die Gl. (2) sofort hinschreiben, wenn man die Differentiale durch die mittleren Fehler ersetzt und die Quadratsumme der einzelnen Summanden anschreibt:

$$\left(\frac{m_f}{\bar{f}}\right)^2 = \left(\alpha \frac{m_x}{\bar{x}}\right)^2 + \left(\beta \frac{m_y}{\bar{y}}\right)^2 + \left(\gamma \frac{m_z}{\bar{z}}\right)^2 .$$

Gilt speziell:

$$f = x^p ,$$

so ist

$$\frac{m_f}{\bar{f}} = p \frac{m_x}{\bar{x}} .$$

a) $p = 2$ $\quad f = x^2 \quad \frac{m_f}{\bar{f}} = 2 \frac{m_x}{\bar{x}}$;

b) $p = \frac{1}{2}$ $\quad f = x \quad \frac{m_f}{\bar{f}} = \frac{1}{2} \frac{m_x}{\bar{x}}$.

Der Relativfehler wird also für das Quadrat einer Meßgröße verdoppelt, für die Wurzel halbiert.

Beispiel 14: Brennweite einer Linse

Aus der Messung der Gegenstandsweite g und der Bildweite b soll die Brennweite f bestimmt werden. Nach den Sätzen der geometrischen Optik gilt:

$$\frac{1}{f} = \frac{1}{g} + \frac{1}{b} \quad ,$$

oder

$$f = \frac{gb}{g+b} \quad .$$

Da

$$f_g = \frac{b^2}{(g+b)^2} \quad , \qquad f_b = \frac{g^2}{(g+b)^2} \quad ,$$

ist

$$m_f^2 = \left(\frac{b^2}{(g+b)^2}\, m_g\right)^2 + \left(\frac{g^2}{(g+b)^2}\, m_b\right)^2 \quad ^{1)}$$

und

$$\left(\frac{m_f}{f}\right)^2 = \frac{1}{(g+b)^2}\left[\left(b\,\frac{m_g}{g}\right)^2 + \left(g\,\frac{m_b}{b}\right)^2\right] \quad ,$$

$$\frac{m_f}{f} = \frac{1}{g+b}\sqrt{\left(b\,\frac{m_g}{g}\right)^2 + \left(g\,\frac{m_b}{b}\right)^2} \quad .$$

Zahlenbeispiel: Die Meßwerte sind

$$g = 250{,}0\ \text{(cm)}\ , \qquad m_g = 0{,}25\ \text{(cm)}\ , \qquad \frac{m_g}{g} = 0{,}001$$

folglich

$$b = 12{,}0\ \text{(cm)}\ , \qquad m_b = 0{,}05\ \text{(cm)}\ , \qquad \frac{m_b}{b} = 0{,}004\ .$$

1) Das Überstreichen der betreffenden Größen ist in den folgenden Beispielen weggelassen worden.

Man rechnet sofort aus

$$f = 11{,}450 \text{ (cm)}$$

und

$$\frac{m_f}{f} = \frac{1}{262} \sqrt{[(12 \cdot 1)^2 + (250 \cdot 4)^2] \cdot 10^{-6}}$$

$$= \frac{10^{-3}}{262} \sqrt{1\,000\,144} \approx \frac{1}{262} = 0{,}003\,8$$

$$\approx 4 \text{‰} .$$

Also ist

$$m_f = 0{,}044 \text{ (cm)} .$$

Als Ergebnis von Messung und Rechnung muß man daher angeben

$$\underline{f = 11{,}45 \pm 0{,}04 \text{ (cm)}} .$$

Beispiel 15: Berechnung einer Dreieckseite nach dem Sinussatz

Von einem Dreieck sind die Seite b und die beiden Winkel α und β gegeben. Außerdem sind die mittleren Fehler m_b, m_α und m_β bekannt. Nach dem Sinussatz der ebenen Trigonometrie gilt

$$a = b \, \frac{\sin\alpha}{\sin\beta} .$$

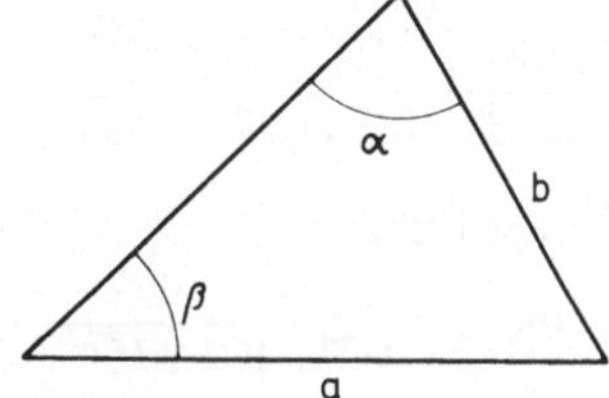

Bild 3.1. Sinussatz

Zur Berechnung von m_a benötigt man die drei partiellen Differentialquotienten:

$$\frac{\partial a}{\partial b} = \frac{\sin\alpha}{\sin\beta}, \quad \frac{\partial a}{\partial \alpha} = b \, \frac{\cos\alpha}{\sin\beta}, \quad \frac{\partial a}{\partial \beta} = -b \, \frac{\sin\alpha \cos\beta}{\sin^2\beta} .$$

Also gilt

$$m_a^2 = \left(\frac{\sin\alpha}{\sin\beta} m_b\right)^2 + \left(b \, \frac{\cos\alpha}{\sin\beta} m_\alpha\right)^2 + \left(-b \, \frac{\sin\alpha \cos\beta}{\sin^2\beta} m_\beta\right)^2$$

oder:

$$\left(\frac{m_a}{a}\right)^2 = \left(\frac{m_b}{b}\right)^2 + \left(\frac{m_\alpha}{\tan\alpha}\right)^2 + \left(\frac{m_\beta}{\tan\beta}\right)^2 ,$$

$$\frac{m_a}{a} = \sqrt{\left(\frac{m_b}{b}\right)^2 + \left(\frac{m_\alpha}{\tan\alpha}\right)^2 + \left(\frac{m_\beta}{\tan\beta}\right)^2} .$$

Zahlenbeispiel: $b = 347{,}8 \pm 0{,}1$ (m) ,
$\alpha = 48°16' \pm 1'$,
$\beta = 26°47' \pm 1'$.

Hier ist zu beachten, daß bei den Winkelfehlern vom Grad- ins Bogenmaß umgerechnet werden muß.

Aus den Tabellen entnimmt man:

$$\sin\alpha = 0{,}746\,25 , \qquad \tan\alpha = 1{,}121\,06 ,$$
$$\sin\beta = 0{,}450\,62 , \qquad \tan\beta = 0{,}504\,77 .$$

Man berechnet aus den gegebenen Werten

$$\bar{a} = 410{,}37 \text{ (m)} .$$

Für die 3 Summanden in m_a/a ergibt sich:

$$\frac{m_b}{b} = \frac{0{,}1}{347{,}8} = 2{,}857 \cdot 10^{-4} ,$$

$$\frac{m_\alpha}{\tan\alpha} = \frac{1'}{1{,}121\,06 \cdot 3\,437{,}75'} = 2{,}594 \cdot 10^{-4} , \quad ^{1)}$$

$$\frac{m_\beta}{\tan\beta} = \frac{1'}{0{,}504\,77 \cdot 3\,437{,}75'} = 5{,}762 \cdot 10^{-4} .$$

Daraus folgt:

$$\frac{m_a}{a} = 10^{-4} \sqrt{2{,}875^2 + 2{,}594^2 + 5{,}762^2}$$

$$= 6{,}94 \cdot 10^{-4} ,$$

und daher

$$m_a = 410{,}37 \cdot 6{,}94 \cdot 10^{-4} = 0{,}285 \text{ (m)} .$$

Also

$$\underline{a = 410{,}4 \pm 0{,}3 \text{ (m)}} .$$

---

1) 1 rad = 57,295 78° = 3 437,747′ = 206 264,8″.

Im folgenden Beispiel und den Aufgaben soll noch die Umkehrfrage gestellt werden: Mit welcher Genauigkeit muß man mindestens eine Größe bestimmen, damit nach dem Fehlerfortpflanzungsgesetz der Einfluß dieses Fehlers den Fehler der berechneten Größe nicht oder nur unwesentlich beeinflußt. Damit kann man auch die Frage beantworten, mit welcher Genauigkeit man mindestens eine Konstante (z.B. π oder $\sqrt{2}$) in die Rechnung eingeben muß, damit das Ergebnis der Rechnung davon nicht beeinflußt wird.

Beispiel 16: Volumen einer Kugel durch Messung des Durchmessers (Kugellagerkugel)

Es wurde gemessen:

$$d = 9{,}500 \pm 0{,}002 \text{ (mm)} .$$

Aus

$$V = \frac{1}{6} d^3 \pi$$

folgt

$$\left(\frac{m_V}{V}\right)^2 = \left(3 \frac{m_d}{d}\right)^2 + \left(\frac{m_\pi}{\pi}\right)^2 .$$

Es ist

$$3 \frac{m_d}{d} = 0{,}63 \text{ ‰} .$$

Damit die Genauigkeit der Zahl π keinen Einfluß auf die Rechnung hat, muß also mindestens

$$\frac{m_\pi}{\pi} \approx 0{,}1 \text{ ‰}$$

$$m_\pi = 0{,}0003 .$$

Wählt man

$$\underline{\pi = 3{,}1416} ,$$

so ist diese Genauigkeitsschranke sicher unterschritten.

Die Berechtigung, das Fehlerfortpflanzungsgesetz in dieser Weise zur Beurteilung der Genauigkeit einer Konstanten zu benutzen, beruht darauf, daß man den Abbrechfehler als Zufallsfehler betrachten kann.

Mit Hilfe des Fehlerfortpflanzungsgesetzes kann man oft vor Beginn einer Meßreihe schon beurteilen, ob die geplante Meßmethode einen Wert liefert, der genügend genau ist für die Bestimmung einer aus mehreren Meßwerten zusammengesetzten Größe, deren Gesamtgenauigkeit vorgeschrieben ist.

3.5. Beobachtungen ungleicher Genauigkeit

3.5.1. Grundlagen

Werden k Beobachtungen x_i mit den mittleren Fehlern m_i durchgeführt, etwa als k Mittelwerte von Einzelmessungen, so kann man davon ausgehen, daß k Beobachtungsgruppen vorliegen, denen man verschiedene Gewichte p_i zuordnet. Man muß daher den einfachen Mittelwert durch das *gewogene Mittel* ersetzen:

$$\bar{x} = \frac{\sum_{i=1}^{k} p_i x_i}{\sum_{i=1}^{k} p_i} \quad . \tag{1}$$

In vektorieller Schreibweise erhält man:

Neben dem Beobachtungsvektor **x** führt man noch den zugeordneten Gewichtsvektor **p** ein und es ist

$$\bar{x} = \frac{\mathbf{p}'\mathbf{x}}{\mathbf{p}'\mathbf{e}} \quad . \tag{1.1}$$

Ersetzt man **p** noch durch die Diagonalmatrix **P** der Gewichte:

$$\mathbf{P} = \begin{pmatrix} p_1 & & & 0 \\ & p_2 & & \\ & & \dots & \\ 0 & & & p_k \end{pmatrix} \quad , \tag{2}$$

so gilt

$$\mathbf{Pe} = \mathbf{p} \; .$$

Die Gaußsche Minimalforderung Gl. (2) in 3.1 nimmt dann folgende Gestalt an:

$$\Phi = \mathbf{v}'\mathbf{P}\mathbf{v} \overset{!}{=} \text{Min} \; , \tag{3}$$

d.h. $\bar{x}$ soll so bestimmt werden, daß die gewogene Quadratsumme der Fehler minimal wird. Es ist also:

$$\frac{\partial \Phi}{\partial \bar{x}} = \frac{\partial \mathbf{v}'}{\partial \bar{x}} \mathbf{P}\mathbf{v} + \mathbf{v}'\mathbf{P} \frac{\partial \mathbf{v}}{\partial \bar{x}} = \mathbf{e}'\mathbf{P}\mathbf{v} + \mathbf{v}'\mathbf{P}\mathbf{e} = 2\mathbf{e}'\mathbf{P}\mathbf{v} = 0$$

und daher

$$\mathbf{p}'\mathbf{v} = 0 \; . \tag{4}$$

Diese Gleichung ist wiederum als Kontrollgleichung für die numerische Rechnung wichtig. Weiterhin ergibt sich aus obiger Beziehung

$$\mathbf{e'Pv} = \mathbf{p}'(\mathbf{x} - \bar{x}\mathbf{e}) = 0$$

$$\mathbf{p}'\mathbf{x} - \bar{x}\mathbf{p}'\mathbf{e} = 0\,,$$

also Gl. (1.1). Das gewogene Mittel entspricht also auch der Gaußschen Minimalforderung. In ähnlicher Weise berechnet man auch den mittleren Fehler des Mittelwertes:

$$m_x = \sqrt{\frac{\mathbf{v'Pv}}{(n-1)\,\mathbf{p'e}}} = \sqrt{\frac{\sum\limits_{i=1}^{n} p_i v_i^2}{(n-1)\sum\limits_{i=1}^{n} p_i}}\,. \tag{5}$$

In den Gln. (1) und (5) treten die Gewichte p_i nur homogen auf, d.h. die Werte $\bar{x}$ und m_x ändern sich nicht, wenn man die sämtlichen p_i mit einem konstanten Faktor λ multipliziert.

3.5.2. Bestimmung der Gewichte

Sind die k Beobachtungsmittelwerte x_i je einer Beobachtungsreihe von n_i Beobachtungen entnommen, so wird der Umfang der einzelnen Reihe für das Gewicht der Reihe maßgebend sein.

Es liegen also insgesamt

$$n = n_1 + \ldots + n_k$$

Beobachtungen in k Gruppen vor. Ist x_{ij} die j-te Beobachtung der i-ten Gruppe, so sind

$$\bar{x}_i = \frac{1}{n_i}\sum_{j=1}^{n_i} x_{ij}\,, \qquad i = 1, \ldots, k$$

die Gruppenmittel und

$$\bar{x} = \frac{\sum\limits_{i=1}^{k} n_i \bar{x}_i}{\sum\limits_{i=1}^{k} n_1}$$

das Gesamtmittel. In diesem Falle treten die Beobachtungszahlen n_i an die Stelle der Gewichte p_i und man könnte $p_i \sim n_i$ setzen. Setzt man nun aber voraus, daß alle Messungen mit der gleichen Genauigkeit m gemacht worden sind, so ist nach früheren Betrachtungen (Beispiel 12 in 3.4) für die mittleren Fehler der einzelnen Gruppen zu setzen

$$m_i = \frac{m}{\sqrt{n_i}} \quad ,$$

oder

$$n_i = \frac{m^2}{m_i^2} \quad ,$$

d.h. man kann folgende Proportion angeben:

$$n_1 : n_2 : \ldots : n_k = \frac{1}{m_1^2} : \frac{1}{m_2^2} : \ldots : \frac{1}{m_k^2} \quad .$$

Man ersetzt also in Gl. (1) die p_i durch

$$p_i = \frac{m^2}{m_i^2} \quad ;$$

dabei tritt m^2 als Proportionalitätsfaktor auf. Man benutzt dabei m^2 als Faktor, um die Zahlen m^2/m_i^2 in eine bequeme Größenordnung zu bringen, wenn die m_i als gegebene Zahlen vorligen, wobei man runden kann (siehe Beispiele).

3.5.3. Beispiele

Es sollen drei verschiedene Beispiele angegeben werden, und zwar
a) mit vorgegebenen Gewichten p_i,
b) mit vorgegebenen Beobachtungszahlen n_i,
c) mit vorgegebenen mittleren Fehlern m_i der Beobachtungswerte.

Beispiel 17: Wiederholte Höhenmessung aus verschiedener Entfernung [5]

Es wurde eine Höhe h 6mal gemessen (h_i). Der mittlere Fehler einer solchen Messung (Winkelmessung) sei proportional der Entfernung E_i, aus der h_i bestimmt wurde. Das Gewicht der Messung ist also umgekehrt proportional dem Quadrat der Entfernung

i	h_i (m)	E_i (km)	$x_i = h_i - 728$	E_i^2	$p_i = \frac{1\,000}{E_i^2}$	$x_i p_i$	$v_i = x_i - \bar{x}$	$p_i v_i^2$
1	728,91	2,0	0,91	4,00	250	227,50	0,088	2,025 0
2	728,22	8,9	0,22	79,21	13	2,86	-0,602	4,680 0
3	729,05	5,8	1,05	33,64	30	31,50	0,228	1,587 0
4	728,58	3,0	0,58	9,00	111	64,38	-0,242	6,393 6
5	729,02	6,2	1,02	38,44	26	26,52	0,198	1,040 0
6	728,84	5,8	0,84	33,64	30	25,20	0,018	0,012 0
Σ					460	377,96		15,737 6

Dabei wurden die p_i auf ganze Zahlen gerundet. Man erhält:

$$\bar{x} = \frac{p'x}{p'e} = \frac{377{,}96}{460} = 0{,}822\,,$$

also ist

$$\bar{h} = 728{,}00 + 0{,}822 = \underline{728{,}822\ (\mathrm{m})}\,,$$

und

$$m_x = \sqrt{\frac{\sum_i p_i v_i^2}{(n-1)\sum_i p_i}} = \sqrt{\frac{15{,}737\,6}{2\,300}} = \sqrt{0{,}006\,842}$$
$$= 0{,}082\,7\ (\mathrm{m})\ .$$

Damit kann man als Ergebnis der Messungen angeben:

$$h = \underline{728{,}82 \pm 0{,}08\ (\mathrm{m})}\,.$$

Beispiel 18: Wiederholte Stromstärkenmessungen aus mehrfachen Messungen

Es wurden bei vier Versuchsreihen Stromstärken gemessen, wobei in jeder Versuchsreihe aus n_i Messungen der Mittelwert gebildet und angegeben wurde ($p_i = n_i$).

i	J_i (A)	n_i	$n_i J_i$	$v_i = J_i - \bar{J}$	$n_i v_i$	$n_i v_i^2 \cdot 10^6$
1	3,72	5	18,60	0,075	0,375	28 125
2	3,65	9	32,85	0,005	0,045	225
3	3,42	3	10,26	-0,225	-0,675	151 875
4	3,90	1	3,90	0,255	0,255	65 025
Σ		18	65,61		0,000 (Kontrolle!)	245 250

n = 4 Beobachtungsreihen.

Damit ergibt sich:

$$\bar{J} = \frac{65{,}61}{18} = 3{,}645 \text{ (A)}$$

$$m_J^2 = \frac{\Sigma\, n_i v_i^2}{(n-1)\, \Sigma\, n_i} = \frac{0{,}245\,250}{3 \cdot 18} = 0{,}004\,54$$

$$m_J = 0{,}067 \text{ (A)}$$

Ergebnis:

$\underline{J = 3{,}65 \pm 0{,}07 \text{ (A)}}$.

Beispiel 19: Längenmessung nach verschiedenen Methoden [6]

Für die Messung einer Länge *l* nach vier verschiedenen Methoden werden jeweils gemessener Wert und zugehöriger mittlerer Fehler angegeben.

i	l_i (m)	m_i (m)	$p_i = \frac{10^{-4}}{m_i^2}$	$10^3 (l_i - l_0)$	$10^3 p_i (l_i - l_0)$	$10^6 p_i (l_i - l_0)^2$
1	1,384	±0,008	1,56	−1	−1,56	1,56
2	1,390	6	2,78	5	13,90	69,50
3	1,378	9	1,23	−7	−8,61	60,27
4	1,380	10	1,00	−5	−5,00	25,00
Σ	l_0 = 1,385		6,57		−1,27	156,33

Es ist:

$$z_i = 10^3 \, (l_i - l_0)$$

und daher

$$\bar{z} = -\frac{1{,}27}{6{,}57} = -0{,}194\,, \qquad m^2 = 10^{-4}\,,$$

$$\bar{l} = 1{,}385 - 0{,}000\,194 = 1{,}384\,8 \text{ (m)}\,,$$

$$m_x = \sqrt{\frac{156{,}57}{3 \cdot 6{,}57}} \cdot 10^{-3} = \sqrt{7{,}92} \cdot 10^{-3} = 2{,}82 \cdot 10^{-3} \text{ (m)}\,.$$

Ergebnis:

$\underline{l = 1{,}385 \pm 0{,}003 \text{ (m)}}$.

Dazu ist noch folgendes zu bemerken:

Genau wie in den vorhergehenden Abschnitten kann man die Rechnung vereinfachen durch geeignete Wahl eines Wertes x_0 in der Nähe des Mittelwertes. Man setzt also:

$$z_i = x_i - x_0 \ .$$

Dann gilt:

$$\bar{z} = \frac{p'z}{p'e}\ , \qquad \bar{x} = x_0 + \bar{z}\ ,$$

$$\sum_{i=1}^{k} p_i v_i^2 = \mathbf{v}'\mathbf{P}\mathbf{v} = \sum_{i=1}^{k} p_i z_i^2 - \bar{z} \sum_{i=1}^{k} p_i z_i = \mathbf{z}'\mathbf{P}\mathbf{z} - \bar{z}\,\mathbf{p}'\mathbf{z}\ .$$

In dieser Weise wird in Beispiel 19 gerechnet, und zwar ist

$$\begin{aligned}\sum_{i=1}^{k} p_i v_i^2 = \sum_{i=1}^{k} p_i z_i^2 - \bar{z} \sum_{i=1}^{k} p_i z_i\\ &= 156{,}33 \cdot 10^{-6} + 0{,}194 \cdot 10^{-3} \cdot 1{,}27 \cdot 10^{-3}\\ &= (156{,}33 + 0{,}24) \cdot 10^{-6} = 156{,}57 \cdot 10^{-6}\ .\end{aligned}$$

3.5.4. Rechenprogramm

Für den Fall, daß n Beobachtungen x_i mit den jeweiligen mittleren Fehlern m_i (wie in Beispiel 19) gegeben sind, wird eine ALGOL-Prozedur angegeben. Nach dem, was vorher hergeleitet wurde, können die m_i auch durch die dazu proportionalen Größen λm_i ersetzt werden.

Prozedur UGLBEO

Zweck: Aus den n Beobachtungswerten x_i, die je mit den mittleren Fehlern m_i behaftet sind, werden Mittelwert $\bar{x}$ und mittlerer Fehler m_x des Mittelwertes bestimmt.

Vereinbarung: UGLBEO (N, X, M, XQUER, MX, AUSG);

Beschreibung der formalen Veränderlichen:

N Anzahl n der Beobachtungswerte
 Typ: 'INTEGER'

X Feld der Beobachtungswerte x_i
 Typ: 'ARRAY', Indizes: [1 : N]

M Feld der mittleren Fehler m_i der Beobachtungswerte x_i
 Typ: 'ARRAY', Indizes: [1 : N]

XQUER Mittelwert $\bar{x}$ der Beobachtungswerte
Typ: 'REAL'

MX Mittlerer Fehler m_x des Mittelwertes
Typ: 'REAL'

AUSG Marke als Fehlerausgang aus der Prozedur, wenn $n < 2$

Programm:

```
'PROCEDURE' UGLBEO(N,X,M)RESULT:(XQUER,MX,AUSG);
        'VALUE' N;
        'REAL' XQUER,MX;
        'INTEGER' N;
        'ARRAY' X,M;
        'LABEL' AUSG;

'COMMENT' PROCEDURE 6
     MITTELWERT XQUER UND MITTLERER FEHLER MX DES
     MITTELWERTES DER N BEOBACHTUNGSWERTE X[I]
     UNGLEICHER GENAUIGKEIT M[I];

'BEGIN' 'REAL' PS,S,V;
        'INTEGER' I;
        'ARRAY' P[1:N];
        'IF' N 'LESS' 2 'THEN' 'GOTO' AUSG;
        PS:=S:=MX:=0;
        'FOR' I:=1 'STEP' 1 'UNTIL' N 'DO'
        'BEGIN' P[I]:=1/(M[I]*M[I]);
                PS:=PS+P[I];
                S:=S+P[I]*X[I]
        'END';
        XQUER:=S/PS;
        'FOR' I:=1 'STEP' 1 'UNTIL' N 'DO'
        'BEGIN' V:=X[I]-XQUER;
                MX:=MX+P[I]*V*V
        'END';
        MX:=SQRT(MX/((N-1)*PS))
'END' UGLBEO;
```

3.6. Aufgaben

Aufgabe 3.1. Der englische Physiker *Cavendish* hat im Jahre 1789 die Ergebnisse von 29 Messungen der Erddichte veröffentlicht [7]. Man bestimme Mittelwert, mittleren Fehler des Mittelwertes und Vertrauensintervall für die statistische Sicherheit von 95 % und 99 % [7].

Meßdaten (g/cm³):

5,50	5,61	5,07	5,26	5,55	5,36	5,29	5,58	5,65
5,57	5,53	5,62	5,29	5,44	5,34	5,79	5,10	5,27
5,39	5,42	5,63	5,34	5,46	5,30	5,75	5,68	5,85
5,88	5,47							

Lösung:

$\bar{x} = 5{,}482$,

$m_x = 0{,}0384$, $\quad m_x/\bar{x} = 7\,‰$,

also: $\underline{5{,}48 \pm 0{,}04\ (\text{g/cm}^3)}$.

Vertrauensintervalle:

$S = 95\,\%$ $\quad 5{,}40 \ldots 5{,}56$

$\quad 99\,\%$ $\quad 5{,}38 \ldots 5{,}59$.

Aufgabe 3.2. Eine Statistik der Körpergröße neugeborener Kinder, zusammengefaßt zu 17 Klassen, ergab folgende Häufigkeiten:

Klassen (cm)	Häufigkeiten	Klassen (cm)	Häufigkeiten	Klassen (cm)	Häufigkeiten
30...35	31	47...48	485	53...54	721
35...40	75	48...49	899	54...55	337
40...42	57	49...50	1612	55...56	123
42...44	70	50...51	2506	56...58	58
44...46	238	51...52	2090	58...60	3
46...47	243	52...53	1413		

Man bestimme Mittelwert und Streuung.

Anleitung: Als Merkmal benutze man die Klassenmitte.

Lösung:

$\bar{x} = 50{,}5$ (cm) ,

$s = \ 8{,}4$ (cm) .

Aufgabe 3.3. Berechnung des Drahtgewichtes (in p) aus den gemessenen Größen Drahtlänge (in m) und Durchmesser (in mm). Das spezifische Gewicht s wird als bekannt (fehlerfrei) vorausgesetzt.

Meßdaten:

$l = 850{,}00 \pm 0{,}01$ (m) ,

$d = 0{,}12 \pm 0{,}005$ (mm) ,

$s = 2{,}7$ (kp/dm^3) (Stahl) .

Lösung:

$G = 25{,}9 \pm 1{,}3$ (p) .

Aufgabe 3.4. Es soll das Zylindervolumen berechnet werden, wenn Durchmesser und Höhe des Zylinders gemessen sind.

Mit welcher Genauigkeit muß die Zahl $\pi = 3{,}141\,59\ldots$ mindestens in die Rechnung eingeführt werden, damit der Fehleranteil von π die Genauigkeit des Ergebnisses nicht beeinflußt?

Meßergebnisse:

$d = 10{,}00 \pm 0{,}01$ (cm) (Schieblehre) ,

$h = 25{,}00 \pm 0{,}05$ (cm) (Maßstab) .

Wie groß ist außerdem der mittlere Fehler des Volumens?

Lösung:

$\pi = 3{,}142$,

$m_V/V = 3$ ‰ .

Aufgabe 3.5. Zur Bestimmung des Auftriebsbeiwertes c_A eines Flugzeugs vom Gewicht G und der Flügelfläche F wird im Horizontalflug bei der Luftdichte ρ eine Horizontalgeschwindigkeit V gemessen. Mit welcher Genauigkeit kann man c_A bestimmen?

Anleitung: Es gilt die Gleichung

$$G = \frac{\rho}{2} F c_A V^2 .$$

Meßdaten:

$G = 7\,500 \pm 20$ (kp) ,

$F = 20 \pm 0{,}2$ (m^2) ,

$\rho = 0{,}125 \pm 0{,}005$ ($kp\,s^2/m^4$) ,

$V = 250 \pm 10$ (km/h) .

Lösung:

$c_A = 1{,}25 \pm 0{,}11$.

Aufgabe 3.6. Aus Satellitenbeobachtungen zur Untersuchung des Gravitationsfeldes des Mondes wurde die Größe

$$\mu = \text{Mondmasse} \cdot \text{Gravitationskonstante}\ (\text{km}^3/\text{s}^2)$$

bestimmt. Es ergaben sich für die folgenden Satelliten die Werte [2]:

Satellit	μ (km^3/s^2)	mittlerer Fehler
Ranger VI	4 902,66	0,19
Ranger VII	4 902,54	0,17
Ranger VIII	4 902,63	0,12
Ranger IX	4 902,71	0,30
Mariner II	4 902,84	0,07
Mariner IV	4 902,76	0,10
Orbiter I, III und IV	4 902,64	0,11

Aus diesen 7 Werten bestimme man den Mittelwert $\bar{\mu}$ und den mittleren Fehler m_μ unter Berücksichtigung der verschiedenen Genauigkeiten der Einzelwerte.

Lösung:

$$\bar{\mu} = 4\,902{,}73\ (\text{km}^3/\text{s}^2)\,,$$

$$m_\mu = 0{,}04\ (\text{km}^3/\text{s}^2)\,.$$

4. Ausgleichung vermittelnder und bedingter Beobachtungen

4.1. Allgemeines Prinzip der Ausgleichung vermittelnder Beobachtungen

Es tritt sehr häufig der Fall ein, daß mehrere Größen $x_1, x_2, \ldots, x_k$ bestimmt werden sollen, die nicht unmittelbar beobachtet werden können, sondern mit Beobachtungen $y_1, y_2, \ldots, y_n$ in einem funktionalen Zusammenhang stehen in der Form

$$F_i(x_1, x_2, \ldots, x_k) = y_i, \qquad i = 1, 2, \ldots n. \tag{1}$$

Es soll vorausgesetzt werden, daß das Gleichungssystem für $n = k$ eine bestimmte Lösung hat (sinnvolle Aufgabenstellung z.B. aus der Physik oder Technik). Ist aber $n > k$, so sind *überschüssige* Beobachtungen vorhanden und es wird im allgemeinen keine Lösung des Systems gegeben. Es ist nun eine Aufgabe der *Ausgleichsrechnung* (bisher wurde nur von der Fehlerrechnung gesprochen) eine Lösung anzugeben, wenn eine im folgende zu besprechende Ausgleichsvorschrift vorliegt. Je k herausgegriffene Gleichungen des Systems liefern wegen der vorhandenen Beobachtungsfehler eine Lösung, die von der Auswahl der Gleichungen abhängig ist. Das gesuchte Lösungssystem $x_1, \ldots, x_k$ kann also das gegebene Gleichungssystem nur bis auf Fehler v_i befriedigen:

$$v_i = F_i(x_1, \ldots, x_k) - y_i, \qquad i = 1, \ldots, n. \tag{2}$$

Im allgemeinen wendet man als Ausgleichsvorschrift auch hier wieder die „Methode der kleinsten Quadrate" an, d.h. man fordert:

$$\Phi = \sum_{i=1}^{n} v_i^2 = \mathbf{v}'\mathbf{v} \overset{!}{=} \text{Min}. \tag{3}$$

Der Lösungsvektor $\mathbf{x}$ soll also so gewählt werden, daß die „Summe der Fehlerquadrate" möglichst klein wird. Die notwendige Bedingung ist (unter Fortlassung des Faktors 2)

$$\sum_{i=1}^{n} v_i \frac{\partial v_i}{\partial x_j} = 0, \qquad j = 1, 2, \ldots, k. \tag{4}$$

Im allgemeinen wird dies aber ein nichtlineares System sein von k Gleichungen für die k Unbekannten $x_1, \ldots, x_k$.

4.2. Lineare Beziehung zwischen den Unbekannten

Als einfachster Fall ist der zu betrachten, bei dem zwischen den k Unbekannten ein linearer Zusammenhang besteht, also

$$F_i(x_1, \ldots, x_k) = a_{i1}x_1 + a_{i2}x_2 + \ldots + a_{ik}x_k = y_i, \qquad i = 1, \ldots, n,$$

oder in Matrizenschreibweise

$$\mathbf{f(x) = A\,x = y} \tag{5}$$

mit der Rechteckmatrix **A** und den Vektoren **x** und **y**:

$$\mathbf{A} = \begin{pmatrix} a_{11} & a_{12} & \cdots & a_{1k} \\ \cdots & \cdots & \cdots & \cdots \\ a_{n1} & a_{n2} & \cdots & a_{nk} \end{pmatrix}, \quad \mathbf{x} = \begin{pmatrix} x_1 \\ \ldots \\ x_k \end{pmatrix}, \quad \mathbf{y} = \begin{pmatrix} y_1 \\ \ldots \\ y_n \end{pmatrix}$$

Für den Fehlervektor gilt

$$\mathbf{v = A\,x - y}\,.$$

Wegen der Minimalforderung berechnet man:

$$\frac{\partial \mathbf{v}}{\partial x_j} = \mathbf{A\,e}_j$$

(siehe Anhang S. 231). Also ist

$$\frac{\partial \Phi}{\partial x_j} = \frac{\partial \mathbf{v}'}{\partial x_j}\mathbf{v} = \mathbf{e}_j'\mathbf{A}'(\mathbf{A\,x - y}) = \mathbf{e}_j'(\mathbf{A'A\,x - A'y}) = 0\,, \qquad j = 1, 2, \ldots, k\,.$$

Da obige Gleichung für alle j erfüllt ist, gilt notwendig:

$$\mathbf{A'A\,x - A'y = 0} \qquad \text{oder} \quad \mathbf{A'v = 0}\,. \tag{6}$$

Dies ist ein lineares Gleichungssystem

$$\mathbf{N\,x = z} \tag{7}$$

mit der symmetrischen Matrix **N** und dem Vektor **z** der rechten Seiten:

$$\mathbf{N = A'A,\ \ z = A'y}\,. \tag{8}$$

Ein Element von **N** lautet:

$$n_{ik} = \mathbf{a}_i'\,\mathbf{a}_k = \mathbf{a}_k'\,\mathbf{a}_i = n_{ki} = \sum_{j=1}^{n} a_{ji} \cdot a_{jk}\,.$$

Das Produkt **A'A** wird *Gaußsche Transformation* genannt und führt stets auf eine *symmetrische Matrix*:

$$\mathbf{(A'A)' = A'A}\,.$$

Rein formal erhält man aus Gl. (5) die Gln. (6) durch Multiplikation mit der transponierten Matrix A' von links. Man nennt diese Gleichungen die Normalgleichungen. Eine Lösung des gleichen Problems ohne Aufstellung der Gaußschen Normalgleichung (rekursive Lösung in k Schritten) gibt *Stiefel* [4] an.

Für Φ_{min} erhält man durch Einsetzen:

$$\Phi_{min} = v'v = (x'A' - y')(Ax - y) = x'(A'Ax - A'y) - y'Ax + y'y$$
$$= y'y - y'Ax = y'y - x'A'y' .$$

An einem sehr einfachen Beispiel soll zunächst das Wesen der vermittelnden Beobachtungen für lineare Funktionen gezeigt werden.

Beispiel 20: Überschüssige Längenmessungen

Auf einer Geraden liegen (siehe Bild 4.1) die 4 Punkte A, B, C, D, deren Abstände in überschüssiger Anzahl gemessen wurden, und zwar:

AB = 117,34 m
BC = 68,45 m
CD = 41,27 m
AC = 185,81 m
BD = 109,70 m
AD = 227,05 m

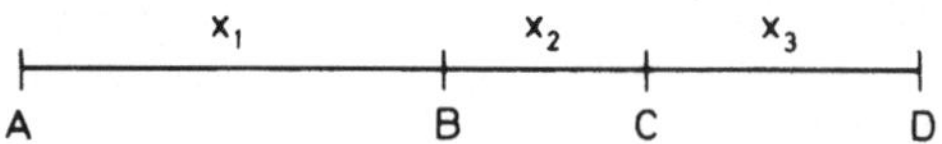

Bild 4.1. Beispiel 20

Daraus folgen die 6 Fehlergleichungen:

$$\begin{aligned}
v_1 &= x_1 && - 117{,}34\\
v_2 &= \quad x_2 && - 68{,}45\\
v_3 &= \quad\quad x_3 && - 41{,}27\\
v_4 &= x_1 + x_2 && - 185{,}81\\
v_5 &= \quad x_2 + x_3 && - 109{,}70\\
v_6 &= x_1 + x_2 + x_3 && - 227{,}05
\end{aligned}$$

und daher die Matrix $\mathbf{A} = \begin{pmatrix} 1 & 0 & 0\\ 0 & 1 & 0\\ 0 & 0 & 1\\ 1 & 1 & 0\\ 0 & 1 & 1\\ 1 & 1 & 1 \end{pmatrix}$

Für die Multiplikation des Gleichungssystems mit $\mathbf{A}'$ ergibt sich folgendes Rechenschema mit der Spaltensummenkontrolle:

	A	y
	1 0 0	117,34
	0 1 0	68,45
	0 0 1	41,27
	1 1 0	185,81
	0 1 1	109,70
A′	1 1 1	227,05
1 0 0 1 0 1	3 2 1	530,20
0 1 0 1 1 1	2 4 2	591,01
0 0 1 0 1 1	1 2 3	378,02
1 1 1 2 2 3	6 8 6	1499,23

Ausführlich geschrieben lautet das System der Normalgleichungen also:

$3x_1 + 2x_2 + x_3 = 530{,}20$	z_1	1	
$2x_1 + 4x_2 + 2x_3 = 591{,}01$	z_2	-1	1
$x_1 + 2x_2 + 3x_3 = 378{,}02$	z_3	-1	-2

mit der Summenkontrollgleichung:

$$6x_1 + 8x_2 + 6x_3 = 1\,499{,}23\,.$$

Durch elementares Eliminieren erhält man:

$$-4x_2 - 4x_3 = -438{,}83\,,$$
$$-4x_3 = -165{,}03\,.$$

Daraus folgen die ausgeglichenen Meßwerte:

$$x_3 = \underline{41{,}26\text{ m}} = CD$$
$$x_2 + x_3 = 109{,}71\text{ m} = BD$$
$$x_2 = \underline{68{,}45\text{ m}} = BC$$
$$x_1 = 378{,}02 - 136{,}90 - 123{,}78 = \underline{117{,}34\text{ m}} = AB\,.$$

Kontrolle:

$$6x_1 + 8x_2 + 6x_3 = 1\,499{,}20\,.$$

Eine gewisse Verallgemeinerung kann man vornehmen, wenn man die Fehlergleichungen noch mit einem Gewichtsfaktor versieht (z.B. der Zahl n_i der Beobachtungen, aus denen das betreffende y_i hergeleitet wurde). Die Minimalforderung (3) wird dann ersetzt durch

$$\Phi = \mathbf{v}'\mathbf{P}\mathbf{v} \overset{!}{=} \text{Min} \tag{3*}$$

mit der Diagonalmatrix $\mathbf{P}$ der Gewichte (siehe 3.5).

Führt man die Herleitung in gleicher Weise durch wie vorher, so erhält man statt Gl. (6) und Gl. (8)

$$\mathbf{A'PAx} - \mathbf{A'Py} = 0 \qquad (6^*), \qquad \mathbf{Nx} = \mathbf{z} \tag{7}$$

mit

$$\mathbf{N} = \mathbf{A'PA} = \mathbf{N'}\,, \qquad \mathbf{z} = \mathbf{A'Py}\,. \tag{8*}$$

4.3. Mittlerer Fehler der Unbekannten für lineare Beziehungen zwischen den Unbekannten.

Aus den Normalgleichungen (7) folgt durch formales Auflösen nach dem Vektor **x**

$$\mathbf{x} = \mathbf{N}^{-1}\mathbf{z} = \mathbf{N}^{-1}\mathbf{A}'\mathbf{y} = \mathbf{Q}\,\mathbf{z} \tag{9}$$

mit der Rechteckmatrix

$$\mathbf{Q} = (q_{ij})\ ; \qquad i = 1, \ldots, k\ ; \qquad j = 1, \ldots, n\,.$$

Man kann also schreiben:

$$x_i = q_{i1}y_1 + q_{i2}y_2 + \ldots + q_{in}y_n\,. \tag{10}$$

Setzt man voraus, daß alle Beobachtungen y_i von gleicher Genauigkeit sind, so kann man daraus die Fehlergleichungen v_i bestimmen und erhält den mittleren Fehler der Einzelmessung:

$$m_y = \sqrt{\frac{\mathbf{v'v}}{n-k}}\ , \tag{11}$$

dabei steht im Nenner statt bisher $n-1$ die Zahl der überschüssigen Beobachtungen $n-k$.

Es interessieren aber die mittleren Fehler der k Unbekannten x_i, $i = 1, \ldots, k$. Wendet man auf Gl. (10) das Fehlerfortpflanungsgesetz an, so ist, da $\partial x_i/\partial y_k = q_{ik}$,

$$m_{xi}^2 = m_y^2\,(q_{i1}^2 + q_{i2}^2 + \ldots + q_{in}^2) = m_y^2\,\mathbf{q}^{(i)}\,\mathbf{q}^{(i)'}$$

(vgl. Anhang S. 226); dabei ist

$\mathbf{q}^{(i)}$ der i-te Zeilenvektor der Matrix **Q**.

Also gilt:

$$m_{xi} = m_y\ \sqrt{\mathbf{q}^{(i)}\cdot\mathbf{q}^{(i)'}}\,. \tag{12.1}$$

Da $\mathbf{N} = \mathbf{N}'$ symmetrisch ist, so ist es auch $\mathbf{N}^{-1}$. Es ist

$$\mathbf{Q} = \mathbf{N}^{-1}\mathbf{A}' ,$$
$$\mathbf{Q}' = \mathbf{A}\,\mathbf{N}^{-1}$$

und daher

$$\mathbf{Q}\,\mathbf{Q}' = \mathbf{N}^{-1}\mathbf{A}'\mathbf{A}\,\mathbf{N}^{-1} = \mathbf{N}^{-1}\mathbf{N}\,\mathbf{N}^{-1} = \mathbf{N}^{-1} ,$$

also

$$\mathbf{N}^{-1} = \mathbf{Q}\,\mathbf{Q}' . \tag{13}$$

Die in Gl. (12) auftretenden Produktsummen $q^{(i)}q^{(i)'}$ stellen daher die Diagonalelemente der reziproken Matrix $\mathbf{N}^{-1}$ dar. Bezeichnet man die Elemente der reziproken Normalmatrix mit n_{ij}, so ist

$$q^{(i)}q^{(i)'} = n_{ii} . \tag{14}$$

Man muß also für die numerische Rechnung die inverse Matrix der Normalmatrix bilden, von der man für die Fehlerbetrachtung nur die Diagonalelemente braucht und erhält

$$m_{xi} = m_y \sqrt{n_{ii}} . \tag{12.2}$$

Beispiel 21: Fortsetzung von Beispiel 20

Aus der Normalmatrix

$$\mathbf{N} = \begin{pmatrix} 3 & 2 & 1 \\ 2 & 4 & 2 \\ 1 & 2 & 3 \end{pmatrix}$$

kann man die Inverse $\mathbf{N}^{-1}$ in diesem einfachen Falle dadurch berechnen, daß man die Gleichung

$$\mathbf{N}\,\mathbf{x} = \mathbf{z}$$

unbestimmt auflöst:

$$\mathbf{x} = \mathbf{N}^{-1}\mathbf{z} .$$

Man löst das Gleichungssystem $\mathbf{N}\,\mathbf{x} = \mathbf{z}$ in gleicher Weise wie im Beispiel 20 durch Elimination, ersetzt aber die rechten Seiten durch die Unbestimmten z_1, z_2, z_3. Man erhält:

$$\begin{aligned} -4x_2 - 4x_3 &= z_1 - z_2 - z_3 , \\ -4x_3 &= z_2 - 2\,z_3 , \end{aligned}$$

also ist:

$$
\begin{aligned}
x_3 &= \qquad -\frac{1}{4} z_2 + \frac{1}{2} z_3 , \\
4x_2 &= - z_1 + 2 z_2 - \ z_3 , \\
x_2 &= \frac{1}{4} z_1 + \frac{1}{2} z_2 - \frac{1}{4} z_3 , \\
x_1 &= \frac{1}{2} z_1 - \frac{1}{4} z_2 .
\end{aligned}
$$

Also gilt:

$$
\mathbf{N}^{-1} = \begin{pmatrix} \frac{1}{2} & -\frac{1}{4} & 0 \\ -\frac{1}{4} & \frac{1}{2} & -\frac{1}{4} \\ 0 & -\frac{1}{4} & \frac{1}{2} \end{pmatrix} .
$$

Die hier allein interessierenden Glieder n_{ii} der Hauptdiagonalen haben alle den Wert 0,5, folglich ist:

$$m_{x1} = m_{x2} = m_{x3} = m_y \cdot \sqrt{0{,}5} = m_y \cdot 0{,}707\,1 .$$

Aus den v_i folgt:

v_i	$v_i^2 \cdot 10^4$
0	0
0	0
−0,01	1
−0,02	4
0,01	1
0,02	4
Σ	10

$$m_y = \sqrt{\frac{0{,}001\,0}{3}} = 0{,}018$$

und daher

$$m_{x1} = m_{x2} = m_{x3} = 0{,}018 \cdot 0{,}707\,1 = 0{,}013 .$$

Die Ergebnisse können also angegeben werden zu:

AB = 117,34 ± 0,01 (m) ,
BC = 68,45 ± 0,01 (m) ,
CD = 41,26 ± 0,01 (m) .

Rechenkontrolle: Bildet man die Summe der 3 Gleichungen, so ist

$$x_1 + x_2 + x_3 = \frac{1}{4} z_1 + \frac{1}{4} z_3 ,$$

eingesetzt:

$$227{,}05 \approx \frac{1}{4}(530{,}20 + 378{,}02) = 227{,}055 .$$

Beispiel 22: Messungen von Dreieckswinkeln

Gemessen sind die 3 Winkel eines Dreiecks α, β, γ.
Wie groß sind die ausgeglichenen Winkelwerte?
Wegen der Bedingung $\alpha + \beta + \gamma = 180^\circ$ genügen 2 Winkelmessungen, die dritte Messung ist also überzählig und liefert eine zusätzliche Fehlergleichung.

Meßwerte:

$$\begin{aligned} \alpha &= 63^\circ\ 22' \\ \beta &= 37^\circ\ 17' \\ \gamma &= 79^\circ\ 27' \\ \hline \alpha + \beta + \gamma &= 180^\circ\ \ 6' \end{aligned}$$

Fehlergleichungen:

$$\begin{aligned} v_1 &= x_1 - \alpha \\ v_2 &= x_2 - \beta \\ v_3 &= -x_1 - x_2 - \gamma + 180^\circ = x_3 - \gamma\ . \end{aligned}$$

Rechenschema:

				1	0	α
				0	1	β
				−1	−1	$\gamma - 180^\circ$
	1	0	−1	2	1	$\alpha - \gamma + 180^\circ$
	0	1	−1	1	2	$\beta - \gamma + 180^\circ$
Σ	1	1	−2	3	3	$\alpha + \beta - 2\gamma + 360^\circ$
				3	0	$2\alpha - \beta - \gamma + 180^\circ$
				0	3	$-\alpha + 2\beta - \gamma + 180^\circ$
			Σ	3	3	

Also ist:

$$3x_1 = 2\alpha - \beta - \gamma + 180^\circ ,$$

$$x_1 = \alpha - \frac{\alpha + \beta + \gamma - 180^\circ}{3} ,$$

$$x_2 = \beta - \frac{\alpha + \beta + \gamma - 180^\circ}{3} .$$

Obiges Zahlenbeispiel:

$$\frac{\alpha + \beta + \gamma - 180^\circ}{3} = 2' ,$$

$$x_1 = 63^\circ\ 20' \qquad v_1 = -2' , \qquad \sum_{i=1}^{3} v_i^2 = 12' ,$$

$$x_2 = 37^\circ\ 15' \qquad v_2 = -2' , \qquad m_\alpha = m_\beta = m_\gamma = \sqrt{\frac{12}{2}} = \sqrt{6} .$$

$$x_3 = 79^\circ\ 25' \qquad v_3 = -2' ,$$

$$m_{x1} = m_{x2} = m_\alpha \sqrt{\frac{2}{3}} = 2' .$$

Ergebnis:

$$\alpha = 63^\circ\ 20' \pm 2' ,$$
$$\beta = 37^\circ\ 15' \pm 2' ,$$
$$\gamma = 79^\circ\ 25' \pm 2' .$$

4.4. Ausgleichung bedingter Beobachtungen

Beispiel 22 aus 4.3 zeigte, daß man die drei Winkelmessungen so ausgleichen muß, daß die festliegende Bedingung – Winkelsumme im Dreieck – erfüllt wird. Bei der Lösung von Beispiel 22 war diese Bedingung in die letzte Fehlergleichung einbezogen worden. Allgemein formuliert bedeutet aber diese Aufgabenstellung, daß zu den n Gleichungen für die Meßwerte zwischen den k Unbekannten

$$F_i(x_1, \ldots, x_k) = y_i , \qquad i = 1, \ldots, n \tag{15}$$

noch p Bedingungsgleichungen hinzukommen:

$$G_j(x_1, \ldots, x_k) = 0 , \qquad j = 1, \ldots, p \tag{16}$$

(in obigem Beispiel etwa $x_1 + x_2 + x_3 - 180^\circ = 0$).

Die Fehlergleichungen sind wieder

$$v_i = F_i(x_1, \ldots, x_k) - y_i \,.$$

Die „Methode der kleinsten Quadrate" wird jetzt in der Weise abgewandelt, daß als zu minimierende Funktion gewählt wird:

$$\Psi = \sum_{i=1}^{n} v_i^2 + \sum_{j=1}^{p} \lambda_j G_j \overset{!}{=} \text{Min} \,. \tag{17}$$

Es wird das Minimum jetzt entsprechend dem Vorgehen in der Analysis ermittelt durch Einführung der sogenannten *Lagrangeschen Multiplikatoren,* die als unbestimmte Größen eingeführt werden. Aus den k Minimalbedingungen $\partial\Psi/\partial x_i = 0$, $i = 1, \ldots, k$, und den p Bedingungsgleichungen lassen sich dann die k Unbekannten und die p Multiplikatoren bestimmen.

Als einfachster Fall ist auch hier wieder der zu betrachten, bei dem die Funktionen $F_i(x_1, \ldots, x_k)$ und $G_j(x_1, \ldots, x_k)$ linear sind, da das zu lösende Gleichungssystem dann ebenfalls linear wird.

Beispiel 23: Wiederholte Messungen der drei Dreieckswinkel

Gesucht sind die ausgeglichenen Winkelwerte, für die die Bedingung der Winkelsumme im Dreieck erfüllt sein soll.

Aus den n_1 Messungen des Winkels α, n_2 für β und n_3 für γ folgen die $(n_1 + n_2 + n_3)$ Fehlergleichungen:

$$\begin{array}{lll} v_{11} = x_1 - \alpha_1 \,, & v_{21} = x_2 - \beta_1 \,, & v_{31} = x_3 - \gamma_1 \,, \\ \ldots\ldots\ldots\ldots \,, & \ldots\ldots\ldots\ldots \,, & \ldots\ldots\ldots\ldots \,, \\ v_{1,n1} = x_1 - \alpha_{n1} \,, & v_{2,n2} = x_2 - \beta_{n2} \,, & v_{3,n3} = x_3 - \gamma_{n3} \end{array}$$

und die Bedingungsgleichung

$$G = x_1 + x_2 + x_3 - 200^g = 0$$

(Messung der Winkel in Neugrad!). Daraus ergeben sich die Minimalforderung

$$\Psi = \sum_{i=1}^{n_1} v_{1i}^2 + \sum_{i=1}^{n_2} v_{2i}^2 + \sum_{i=1}^{n_3} v_{3i}^2 + 2\lambda G \overset{!}{=} \text{Min}$$

und die drei Bedingungsgleichungen:

$$\frac{1}{2}\frac{\partial\Psi}{\partial x_j} = \sum_{i=1}^{n_i} v_{ji} \frac{\partial v_{ji}}{\partial x_j} + \lambda \frac{\partial G}{\partial x_i} = 0 \,, \qquad j = 1,2,3$$

oder ausführlich

$$n_1 x_1 - \sum_{i=1}^{n_1} \alpha_i + \lambda = 0 ,$$

$$n_2 x_2 - \sum_{i=1}^{n_2} \beta_i + \lambda = 0 ,$$

$$n_3 x_3 - \sum_{i=1}^{n_3} \gamma_i + \lambda = 0 .$$

Führt man die Mittelwerte der drei Meßreihen ein:

$$\bar{\alpha} = \frac{1}{n_1} \sum_{i=1}^{n_1} \alpha_i , \qquad \bar{\beta} = \frac{1}{n_2} \sum_{i=1}^{n_2} \beta_i , \qquad \bar{\gamma} = \frac{1}{n_3} \sum_{i=1}^{n_3} \gamma_i ,$$

so ist

$$x_1 - \bar{\alpha} + \frac{1}{n_1} \lambda = 0 ,$$

$$x_2 - \bar{\beta} + \frac{1}{n_2} \lambda = 0 ,$$

$$x_3 - \bar{\gamma} + \frac{1}{n_3} \lambda = 0 ,$$

und Summe ist unter Berücksichtigung der Bedingungsgleichung:

$$200^g - (\bar{\alpha} + \bar{\beta} + \bar{\gamma}) + \left(\frac{1}{n_1} + \frac{1}{n_2} + \frac{1}{n_3}\right) \lambda = 0 .$$

Daraus folgt:

$$\lambda = \frac{\bar{\alpha} + \bar{\beta} + \bar{\gamma} - 200^g}{\frac{1}{n_1} + \frac{1}{n_2} + \frac{1}{n_3}}$$

und die Lösungen lauten:

$$x_1 = \bar{\alpha} - \frac{1}{n_1} \lambda ,$$

$$x_2 = \bar{\beta} - \frac{1}{n_2} \lambda ,$$

$$x_3 = \bar{\gamma} - \frac{1}{n_3} \lambda .$$

Zahlenbeispiel: $n_1 = n_3 = 5$, $n_2 = 3$

$$\alpha_i = 71^g\ 23^c\ 11^{cc},\ 21^{cc},\ 17^{cc},\ 23^{cc},\ 8^{cc} \qquad \beta_i = 41^g\ 76^c\ 65^{cc},\ 60^{cc},\ 68^{cc} \qquad \gamma_i = 87^g\ 0^c\ 31^{cc},\ 28^{cc},\ 37^{cc},\ 21^{cc},\ 18^{cc}$$

Mittelwerte:

$$\bar{\alpha} = 71^g\ 23^c\ 16{,}0^{cc} \qquad \bar{\beta} = 41^g\ 76^c\ 64{,}3^{cc} \qquad \bar{\gamma} = 87^g\ 0^c\ 27{,}0^{cc}$$

$$\bar{\alpha} + \bar{\beta} + \bar{\gamma} = 200^g\ 0^c\ \ 7{,}3^{cc}$$

$$\lambda = \frac{7{,}3^{cc}}{\frac{1}{5} + \frac{1}{3} + \frac{1}{5}} = \frac{15}{11}\, 7{,}3^{cc} = 9{,}95^{cc}$$

Daraus folgen die ausgeglichenen Winkelwerte:

$$\begin{array}{rcl}
x_1 & = & 71^g\ 23^c\ 14{,}01^{cc} \\
x_2 & = & 41^g\ 76^c\ 60{,}98^{cc} \\
x_3 & = & 87^g\ \ 0^c\ 25{,}01^{cc} \\
\hline
x_1 + x_2 + x_3 & = & 200^g\ \ 0^c\ \ 0{,}00^{cc}
\end{array}
\qquad
\begin{array}{rr}
\text{Korrekturen zu } \bar{\alpha}: & -1{,}99^{cc} \\
\bar{\beta}: & -3{,}32^{cc} \\
\bar{\gamma}: & -1{,}99^{cc} \\
\hline
 & -7{,}30^{cc}
\end{array}$$

4.5. Direkte Beobachtungen mit Bedingungsgleichungen

Es werden n verschiedene Größen direkt beobachtet $y_1, \dots, y_n$. Gesucht sind die entsprechenden ausgeglichenen Größen $x_1, \dots, x_n$, die noch p Bedingungsgleichungen $b_i(x_1, \dots, x_n) = 0$, $i = 1, \dots, p$, streng erfüllen sollen.

Neben den Fehlergleichungen

$$v_i = x_i - y_i\,,$$

vektoriell geschrieben

$$\mathbf{v} = \mathbf{x} - \mathbf{y}\,,$$

tritt also der Vektor der Bedingungen auf:

$$\mathbf{b}(\mathbf{x}) = 0\,, \quad \dim \mathbf{b} = p\,. \tag{18}$$

Ersetzt man in dieser Gleichung **x** durch **y**, so werden die rechten Seiten im allgemeinen nicht Null sein, es tritt ein Widerspruch auf

$$\mathbf{w} = -\,\mathbf{b}(\mathbf{y})\,. \tag{19}$$

Da die Bedingungsgleichungen meist nicht linear sind, soll nach *Taylor* an den Stellen der Meßwerte y entwickelt und nach dem linearen Glied abgebrochen werden:

$$\mathbf{b}(x) = \mathbf{b}(y) + \frac{\partial \mathbf{b}}{\partial \mathbf{x}} v = \mathbf{b}(y) + \mathbf{B}(y)\, v = 0\,. \tag{20}$$

$\mathbf{B}(y)$ ist die Funktionalmatrix für die Werte y (siehe Anhang S. 231)

$$\mathbf{B}(y) = \left(\frac{\partial \mathbf{b}}{\partial x_1}, \frac{\partial \mathbf{b}}{\partial x_2}, \ldots, \frac{\partial \mathbf{b}}{\partial x_n}\right)_{x=y} = (b_{ik})\,, \tag{20.1}$$

wobei

$$b_{ik} = \left.\frac{\partial b_i}{\partial x_k}\right|_{x=y}\,.$$

Es ist also

$$w = \mathbf{B}(y)\, v\,. \tag{21}$$

Die Minimalforderung $\mathbf{v}'\mathbf{v}$ wird wegen der p Nebenbedingungen erweitert durch Einführung der Lagrangeschen Multiplikatoren $2\boldsymbol{l} = 2(l_1, \ldots, l_p)$

$$\Psi = v'v - 2\boldsymbol{l}'b(x) \overset{!}{=} \text{Min}$$

$$= v'(x - y) - 2\boldsymbol{l}'\,(\mathbf{b}(y) + \mathbf{B}(y)\mathbf{v}).$$

Für das Minimum muß gelten:

$$\frac{\partial \Psi}{\partial x_i} = 2\, v' e_i - 2\boldsymbol{l}'\, \mathbf{B}(y) e_i = 0\,, \qquad i = 1, \ldots, n\,. \tag{22}$$

Zusammengefaßt für alle Beobachtungen ergibt sich:

$$\begin{aligned} v' - \boldsymbol{l}'\mathbf{B}(y) &= \mathbf{0}\,,\\ v &= \mathbf{B}'(y)\boldsymbol{l}\,. \end{aligned} \tag{23}$$

Diese Beziehungen der Fehler v_i, ausgedrückt durch eine von den Beobachtungswerten abhängige Linearkombination der Lagrangeschen Multiplikatoren, wird oft *Korrelatengleichung* genannt. Es ist wegen Gl. (21)

$$\mathbf{B}(y)\mathbf{B}'(y)\boldsymbol{l} = w \tag{24}$$

Da $\mathbf{w}$ und $\mathbf{B}(y)$ bekannt sind, kann man $\boldsymbol{l}$ (die sogenannten Korrelaten) ermitteln und daraus v und $\mathbf{x}$.

Die Summe der Fehlerquadrate ist

$$v'v = \boldsymbol{l}'\mathbf{B}\mathbf{B}'\boldsymbol{l} = \boldsymbol{l}'w = w'\boldsymbol{l}. \tag{25}$$

Ähnlich der Gaußschen Transformationen wird hier die Gleichung

$$v = \mathbf{B}'\boldsymbol{l}$$

von links mit $\mathbf{B}$ multipliziert:

$$\mathbf{B}v = \mathbf{B}\mathbf{B}'\boldsymbol{l} = w$$

und liefert damit die „Normalgleichungen" für die Korrelaten.

Beispiel 24: Ausgleichung der Dreieckswinkel (wie Beispiel 22)

$$v_1 = x_1 - y_1$$
$$v_2 = x_2 - y_2$$
$$v_3 = x_3 - y_3$$
$$-w = y_1 + y_2 + y_3 - 180° = b(y)\,,$$
$$b(x) = x_1 + x_2 + x_3 - 180°\,,$$
$$\mathbf{B} = (1, 1, 1) = \mathbf{e}'\,,$$
$$\mathbf{B}\mathbf{B}' = \mathbf{e}'\mathbf{e} = 3$$
$$3\boldsymbol{l} = -(y_1 + y_2 + y_3 - 180°)$$
$$\boldsymbol{l} = -\frac{1}{3}(y_1 + y_2 + y_3 - 180°)$$
$$\mathbf{v} = \mathbf{B}'\boldsymbol{l} = -\frac{1}{3}(y_1 + y_2 + y_3 - 180°)\begin{pmatrix}1\\1\\1\end{pmatrix},$$

wie bereits im Beispiel 22 gezeigt wurde.

Beispiel 25: Ohmsches Gesetz

In einem Stromkreis sind Strom I, Spannung U und Widerstand R gemessen. Diese drei Meßwerte sind so auszugleichen, daß sie dem Ohmschen Gesetz gegnügen: $U = IR$.

Gemessen sind also $y_1 = I$, $y_2 = U$, $y_3 = R$.

Gesucht sind die entsprechenden x_i.

Die Fehlergleichungen lauten:

$$v_i = x_i - y_i\,; \qquad i = 1, 2, 3\,.$$

Es ist

$$n = 3, \quad p = 1\,;$$
$$b(x) = x_2 - x_1 x_3 = 0\,,$$
$$w = -y_2 + y_1 y_3\,,$$
$$b(x) = b(y) + \mathbf{B}(y)\,v$$
$$\mathbf{B} = \left(\frac{\partial b}{\partial x_1}, \frac{\partial b}{\partial x_2}, \frac{\partial b}{\partial x_3}\right)\bigg|_{x=y} = (-y_3,\ 1,\ -y_1)\,,$$
$$\mathbf{B}\mathbf{B}' = y_3^2 + 1 + y_1^2$$
$$w = (y_3^2 + 1 + y_1^2)\boldsymbol{l}\,,$$

d.h.

$$\boldsymbol{l} = \frac{w}{y_3^2 + 1 + y_1^2} \quad ,$$

$$v = \mathbf{B}'\boldsymbol{l} = \begin{pmatrix} -y_3 \\ 1 \\ -y_1 \end{pmatrix} \frac{w}{y_3^2 + 1 + y_1^2} \quad .$$

Zahlenbeispiel: I = 5,7 (A), U = 14,5 (V), R = 2,5 (Ω) .

$$y_1 = 5{,}7$$

$$y_2 = 14{,}5 \qquad w = -14{,}5 + 5{,}7 - 2{,}5 = -0{,}25$$

$$y_3 = 2{,}5$$

$$\mathbf{BB}' = 2{,}5^2 + 1 + 5{,}7^2 = 39{,}74$$

$$\boldsymbol{l} = -\frac{0{,}25}{39{,}74} = -6{,}3 \cdot 10^{-3}$$

$$v = -\begin{pmatrix} -2{,}5 \\ 1 \\ -5{,}7 \end{pmatrix} 6{,}3 \cdot 10^{-3} = \begin{pmatrix} 15{,}8 \\ -6{,}3 \\ 35{,}9 \end{pmatrix} \cdot 10^{-3} \; .$$

Ausgeglichene Werte:

$$x_1 = 5{,}7 + 0{,}015\,8 = 5{,}716 \text{ (A)} ,$$

$$x_2 = 14{,}5 - 0{,}006\,3 = 14{,}494 \text{ (V)} ,$$

$$x_3 = 2{,}5 + 0{,}035\,9 = 2{,}536 \; (\Omega) .$$

Probe:

IR = 5,716 · 2,536 = 14,496 = U [1]) .

Beispiel 26: Ohmsches Gesetz und elektrische Leistung

Außer den im Beispiel 25 gemessenen Größen soll jetzt noch die Leistung W als Meßwert dazu kommen. Als zweite Bedingungsgleichung muß daher die Gleichung W = UI erfüllt werden.

Da

$$n = 4, \qquad p = 2$$

1) Die Angabe von drei Dezimalen erfolgt nur um die rechnerische Genauigkeit zu zeigen, sie ist natürlich nicht physikalisch sinnvoll! (Ähnliches gilt auch für andere Beispiele.)

gilt:

$$\text{(I)}\; b_1 = x_2 - x_1 x_3 = 0\,,$$
$$\text{(II)}\; b_2 = x_4 - x_1 x_2 = 0\,.$$

$$\mathbf{b}(\mathbf{x}) = \begin{pmatrix} x_2 - x_1 x_3 \\ x_4 - x_1 x_2 \end{pmatrix}, \qquad \mathbf{w} = -\begin{pmatrix} y_2 - y_1 y_3 \\ y_4 - y_1 y_2 \end{pmatrix},$$

$$\mathbf{B} = \frac{\partial \mathbf{b}}{\partial \mathbf{x}}\bigg|_{\mathbf{x}=\mathbf{y}} = \begin{pmatrix} -y_3 & 1 & -y_1 & 0 \\ -y_2 & -y_1 & 0 & 1 \end{pmatrix}.$$

Zahlenbeispiel: Es kommt als Meßwert hinzu L = 82,5 (W)

$y_4 = 82{,}5$

$$\mathbf{w} = -\begin{pmatrix} 14{,}5 - 5{,}7 \cdot 2{,}5 \\ 82{,}5 - 5{,}7 \cdot 14{,}5 \end{pmatrix} = \begin{pmatrix} -0{,}25 \\ 0{,}15 \end{pmatrix},$$

$$\mathbf{B} = \begin{pmatrix} -2{,}5 & 1 & -5{,}7 & 0 \\ -14{,}5 & -5{,}7 & 0 & 1 \end{pmatrix},$$

				B′		
				− 2,5	− 14,5	
				1	− 5,7	
				− 5,7	0	
B				0	1	
− 2,5	1	−5,7	0	39,74	30,55	**BB′**
−14,5	−5,7	0	1	30,55	293,74	
−17,0	−4,7	−5,7	1	70,29	274,29	

Daraus folgt das Gleichungssystem

$$39{,}74\, l_1 + \;30{,}55\, l_2 = 0{,}25$$
$$30{,}55\, l_1 + 243{,}74\, l_2 = 0{,}15$$

mit den Lösungen:

$$l_2 = \;1{,}554 \cdot 10^{-3}$$
$$l_1 = -7{,}485 \cdot 10^{-3}$$

also:

$$\boldsymbol{l} = \begin{pmatrix} -7{,}485 \\ 1{,}554 \end{pmatrix} \cdot 10^{-3}$$

$$\mathbf{v} = \mathbf{B}'\boldsymbol{l} = \begin{pmatrix} -2{,}5 & -14{,}5 \\ 1 & -5{,}7 \\ -5{,}7 & 0 \\ 0 & 1 \end{pmatrix} \cdot \begin{pmatrix} -7{,}485 \\ 1{,}554 \end{pmatrix} \cdot 10^{-3}$$

$$= 10^{-3} \begin{pmatrix} -3{,}82 \\ -16{,}34 \\ 42{,}67 \\ 1{,}554 \end{pmatrix}$$

	Kontrolle der Bedingungsgleichungen
$x_1 = 5{,}7 - 0{,}003\,8 = 5{,}696\,2$	$5{,}696\,2 \cdot 2{,}542\,7 = \underline{14{,}483\,7}$
$x_2 = 14{,}5 - 0{,}016\,3 = 14{,}483\,7$	
$x_3 = 2{,}5 + 0{,}042\,7 = 2{,}542\,7$	
$x_4 = 82{,}5 + 0{,}001\,6 = 82{,}501\,6$	$5{,}696\,2 \cdot 14{,}4837 = \underline{82{,}502\,0}$

(Zur Kontrolle der Genauigkeit mit vier Dezimalen angegeben!)

4.6. Direkte Beobachtungen ungleicher Genauigkeit mit Bedingungsgleichungen

Sind die einzelnen Beobachtungswerte y_i Mittelwerte aus einer Beobachtungsreihe, so ist jedem Wert ein mittlerer Fehler m_i zugeordnet. In gleicher Weise wie in Abschnitt 3.5 kann man jeder solcher Beobachtung dann ein Gewicht zuordnen:

$$p_i = \frac{m^2}{m_i^2} \quad , \tag{26}$$

wobei m^2 als beliebiger frei wählbarer Proportionalitätsfaktor zu betrachten ist. Anstelle von $\mathbf{v}'\mathbf{v} \stackrel{!}{=} \text{Min}$ tritt jetzt

$$\mathbf{v}'\mathbf{P}\,\mathbf{v} \stackrel{!}{=} \text{Min} \tag{27}$$

mit der in gleicher Weise wie in Abschnitt 3.5 eingeführten Diagonalmatrix der Gewichte. Die Bedingungsgleichungen bleiben dagegen erhalten. Es gilt somit:

$$\Psi = \mathbf{v}'\mathbf{P}\,\mathbf{v} - 2\boldsymbol{l}'\mathbf{b}(\mathbf{x}) \stackrel{!}{=} \text{Min} \tag{28}$$

$$\frac{\partial \Psi}{\partial x_i} = 2\,\mathbf{v}'\mathbf{P}\,\mathbf{e}_i - 2\boldsymbol{l}'\mathbf{B}(\mathbf{y})\mathbf{e}_i = 0\,, \qquad i = 1, \ldots, n \qquad (4)\;.$$

Für alle x_i gilt also:

$$\mathbf{v'P} - \boldsymbol{l}'\mathbf{B(y)} = 0$$

oder transponiert:

$$\mathbf{Pv} = \mathbf{B'(y)}\boldsymbol{l},$$

also

$$\mathbf{v} = \mathbf{P}^{-1}\mathbf{B'}\boldsymbol{l}\ ^{1)}. \tag{29}$$

Wegen Gl. (20) ist

$$\mathbf{w} = -\mathbf{b(y)} = \mathbf{B(y)v} = \mathbf{BP}^{-1}\mathbf{B'}\boldsymbol{l} \tag{30}$$

Zur Bestimmung der Korrelaten dient also Gl. (30).

Beispiel 27: Wie Beispiel 25, aber mit gegebenen mittleren Fehlern

Die drei Meßwerte sollen mit einem mittleren relativen Fehler von 5 % bestimmt worden sein.

Es ist also, wenn man $m^2 = 0{,}5$ wählt:

$$y_1 = 5{,}7, \quad m_1 = 0{,}285, \quad p_1 = \frac{0{,}5}{0{,}081\,2} \approx 6$$

$$y_2 = 14{,}5, \quad m_2 = 0{,}725, \quad p_2 = \frac{0{,}5}{0{,}525\,6} \approx 1$$

$$y_3 = 2{,}5, \quad m_3 = 0{,}125, \quad p_3 = \frac{0{,}5}{0{,}015\,6} \approx 32$$

(die Werte für p_i sind auf ganze Zahlen gerundet)

$$\mathbf{B} = (-y_3,\ 1,\ -y_1) = (-2{,}5;\ 1;\ -5{,}7)$$

$$\mathbf{P} = \begin{pmatrix} 6 & 0 & 0 \\ 0 & 1 & 0 \\ 0 & 0 & 32 \end{pmatrix}, \quad \mathbf{P}^{-1} = \begin{pmatrix} 1/6 & 0 & 0 \\ 0 & 1 & 0 \\ 0 & 0 & 1/32 \end{pmatrix},$$

$$\mathbf{P}^{-1}\mathbf{B'} = \begin{pmatrix} 1/6 & 0 & 0 \\ 0 & 1 & 0 \\ 0 & 0 & 1/32 \end{pmatrix} \begin{pmatrix} -2{,}5 \\ 1 \\ -5{,}7 \end{pmatrix} = \begin{pmatrix} -0{,}416\,7 \\ 1 \\ -0{,}178\,1 \end{pmatrix},$$

$$\mathbf{BP}^{-1}\mathbf{B'} = (-2{,}5;\ 1;\ -5{,}7) \begin{pmatrix} -0{,}416\,7 \\ 1 \\ -0{,}178\,1 \end{pmatrix} = 3{,}056\,92\,.$$

---

1) Wie man leicht nachrechnet, ist für die Diagonalmatrix

$$\mathbf{P} = \begin{pmatrix} p_1 & 0 & 0 \\ 0 & p_2 & 0 \\ 0 & 0 & p_3 \end{pmatrix} \quad \text{die inverse Matrix } \mathbf{P}^{-1} = \begin{pmatrix} p_1^{-1} & 0 & 0 \\ 0 & p_2^{-1} & 0 \\ 0 & 0 & p_3^{-1} \end{pmatrix}$$

Da

$$w = -0{,}25\,, \qquad \text{so ist} \qquad l = -8{,}18 \cdot 10^{-2}\,.$$

$$v = \mathbf{P}^{-1}\mathbf{B}'l = -8{,}18 \cdot 10^{-2}\begin{pmatrix} -0{,}4167 \\ 1 \\ -0{,}1781 \end{pmatrix} = 10^{-2}\begin{pmatrix} 3{,}41 \\ -8{,}18 \\ 0{,}146 \end{pmatrix}\,.$$

Die ausgeglichenen Werte lauten also:

$$x_1 = 5{,}7 + 0{,}0341 = \underline{5{,}734}\ (\mathrm{A})\,,$$
$$x_2 = 14{,}5 - 0{,}0818 = \underline{14{,}42}\ (\mathrm{V})\,,$$
$$x_3 = 2{,}5 + 0{,}0146 = \underline{2{,}515}\ (\Omega)\,.$$

Zur Kontrolle der Bedingungsgleichung erhält man:

$$IR \approx 5{,}734 \cdot 2{,}515 = 14{,}42 \approx U\,.$$

Beispiel 28: Spannungsabfall an einem Widerstand

An einem Widerstand $R = 100\ \mathrm{k}\Omega$ ($m_R = 1\,\%$) wird ein Spannungsabfall von $U = 120\ \mathrm{V}$ ($m_U = 0{,}1\ \mathrm{V}$) gemessen bei einem Stromdurchgang von $I = 1{,}25\ \mathrm{mA}$ ($m_I = 0{,}05\ \mathrm{mA}$). Die Ausgleichung soll so durchgeführt werden, daß das Ohmsche Gesetz $U = RI$ erfüllt wird.

$$y_1 = 1{,}25\,, \quad m_1 = 0{,}05\,, \quad p_1 = \frac{m^2}{m_1^2} = 400\,, \quad m^2 = 1\,,$$
$$y_2 = 120\,, \quad m_2 = 0{,}1\,, \quad p_2 = 100\,,$$
$$y_3 = 100\,, \quad m_3 = 1\,, \quad p_3 = 1\,.$$

$$w = -y_2 + y_1 y_3 = -120 + 1{,}25 \cdot 100 = 5\,,$$
$$\mathbf{B} = (-y_3;\ 1;\ -y_1) = (-100,\ 1,\ -1{,}25)\,,$$

$$\mathbf{P} = \begin{pmatrix} 400 & 0 & 0 \\ 0 & 100 & 0 \\ 0 & 0 & 1 \end{pmatrix}\,, \qquad \mathbf{P}^{-1} = \begin{pmatrix} 0{,}0025 & 0 & 0 \\ 0 & 0{,}01 & 0 \\ 0 & 0 & 1 \end{pmatrix}\,,$$

$$\mathbf{P}^{-1}\mathbf{B}' = \begin{pmatrix} -0{,}25 \\ 0{,}01 \\ -1{,}25 \end{pmatrix}\,, \qquad \mathbf{B}\,\mathbf{P}^{-1}\mathbf{B}' = 26{,}5725\,,$$

$$l = \frac{5}{26{,}5725} = 0{,}1882\,,$$

$$v = \mathbf{P}^{-1}\mathbf{B}'l = \begin{pmatrix} -0{,}04705 \\ 0{,}00188 \\ -0{,}23525 \end{pmatrix}\,.$$

Ausgeglichene Werte

$$x_1 = 1{,}25 - 0{,}047\,05 = 1{,}203 \text{ (mA)},$$
$$x_2 = 120 + 0{,}001\,88 = 120{,}0 \text{ (V)},$$
$$x_3 = 100 - 0{,}235\,25 = 99{,}76 \text{ (k}\Omega\text{)}.$$

Kontrolle der Bedingungsgleichung:

$$IR \approx 1{,}203 \cdot 99{,}76 = 120{,}01 \approx U.$$

4.7. Aufgaben

Aufgabe 4.1. In einem Viereck sind acht Winkel gemessen (siehe Bild 4.2). Man gleiche die Meßwerte so aus, daß in den entsprechenden Teildreiecken die Winkelsumme genau 180° beträgt.

Meßdaten: (Von einer Zeichnung am Kopf einer Zeichenmaschine abgelesen!)

i	1	2	3	4	5	6	7	8
α_i	36,8°	31,1°	84,5°	40,1°	24,0°	77,3°	38,6°	27,3°

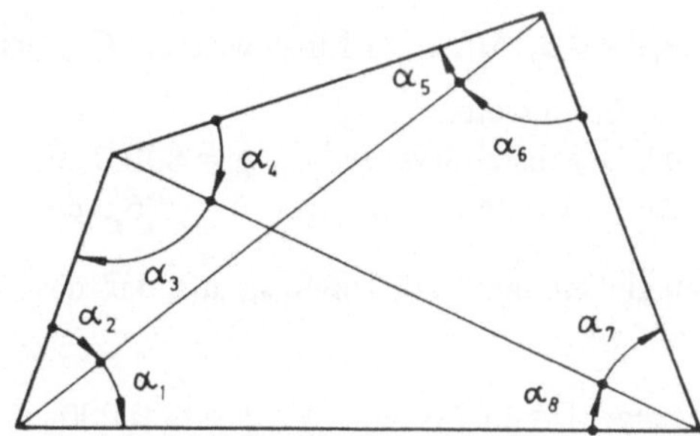

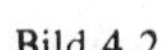
Bild 4.2

Anleitung: Für die Aufstellung der Bedingungsgleichungen kann die Winkelsumme in vier Dreiecken und dem Viereck benutzt werden. Man zeige, daß nur drei Gleichungen linear unabhängig sind.

Lösung: (2 Dezimalen)

α_i	36,84°	31,21°	84,61°	40,14°	24,04°	77,26°	38,56°	27,34°

Aufgabe 4.2. Gemessen werden die Höhenunterschiede zwischen fünf Punkten (siehe Bild 4.3). Diese sind so auszugleichen, daß in den vier Teildreiecken keine Widersprüche auftreten.

Meßwerte der Höhenunterschiede:

	DE	EB	DB	DC	BD	AE	AD	AC
h_i(m)	10,194	10,659	20,871	40,791	19,930	38,460	28,248	69,076

Lösung:

h_i(m)	10,200 5	10,666 7	20,867 2	40,801 1	19,933 9	38,461 3	28,260 8	69,061 9

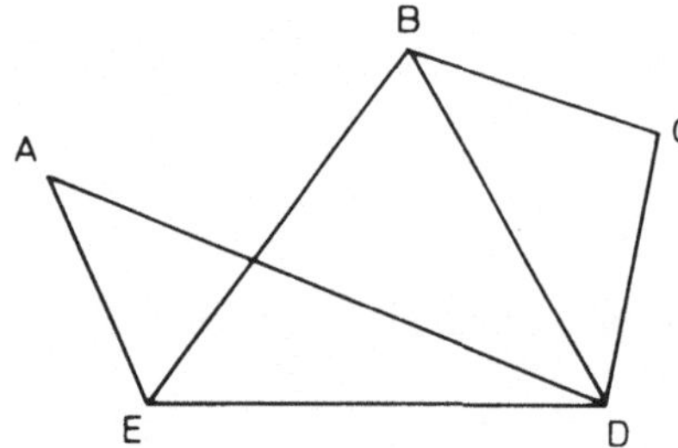

Bild 4.3. Grundriß

Aufgabe 4.3. Mit einer Linse wird ein Gegenstand abgebildet. Es werden gemessen:

die Brennweite $f = 25{,}0$ cm ,
die Gegenstandsweite $g = 800{,}0$ cm,
die Bildweite $b = 26{,}3$ cm.

Man gleiche die drei Größen so aus, daß die Linsengleichung der geometrischen Optik erfüllt wird.

Lösung: $f = 25{,}246$ cm, $g = 800{,}000$ cm, $b = 26{,}069$ cm.

Aufgabe 4.4. Für eine Linse der bekannten Brennweite $f = 20$ cm (als fehlerfrei zu betrachten) ist der Abstand L Gegenstand–Bild und die Gegenstandsweite g gemessen. Beide Meßwerte sind so auszugleichen, daß die Linsengleichung erfüllt ist.

Daten: $f = 20$ cm, $L = 400$ cm, $g = 379$ cm.

Lösung: $L = 400{,}06$ cm, $g = 378{,}94$ cm.

Aufgabe 4.5. In einem Dreiecksnetz (siehe Bild 4.4) wurde für P_1 die Höhe 111,223 m, durch Nivellieren zu den Punkten $P_2, \ldots, P_7$ die folgenden Höhendifferenzen gemessen (Pfeilrichtung = Fallrichtung):

$P_3P_1 = 2{,}983$ m	$P_4P_3 = 2{,}368$ m	$P_5P_2 = 4{,}731$ m	$P_7P_6 = 7{,}713$ m
$P_3P_2 = 0{,}611$ m	$P_4P_2 = 3{,}011$ m	$P_6P_5 = 3{,}110$ m	$P_7P_5 = 10{,}887$ m
$P_2P_1 = 2{,}392$ m	$P_5P_4 = 1{,}759$ m	$P_6P_4 = 4{,}841$ m	

Diese Höhendifferenzen sind so auszugleichen, daß für jedes der fünf Dreiecke die Summe bzw. Differenz der Höhendifferenzen Null ergibt.

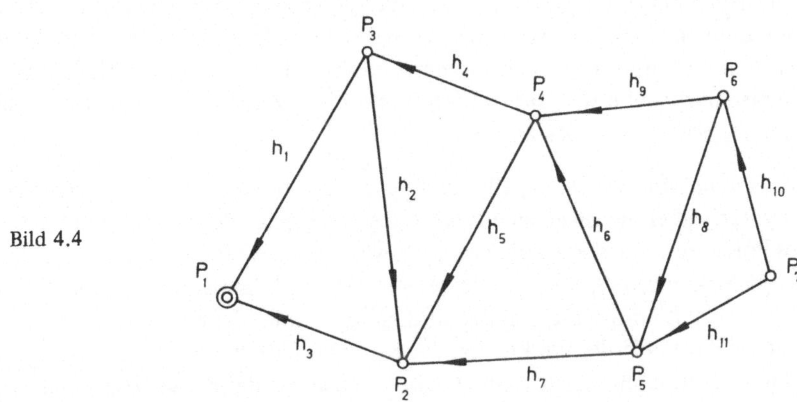

Bild 4.4

5. Ausgleichskurven

5.1. Allgemeines Prinzip

Bei physikalischen und technischen Beobachtungsreihen tritt sehr häufig der Fall auf, daß n Wertepaare (x_i, y_i) beobachtet werden, von denen man annimmt, daß sie auf einer glatten Kurve liegen. Wegen der unvermeidlichen, zufallsartigen Meßfehler kann eine formelmäßige Darstellung aber nicht streng erfüllt werden. Es kann einmal von vornherein eine Formel $y = f(x)$ für die Abhängigkeit der y von x bekannt sein. Zum anderen besteht oft der Wunsch, eine solche Punktreihe durch einen möglichst einfachen funktionalen Zusammenhang (z.B. einem quadratischen Polynom) darzustellen, weil etwa der bekannte funktionale Zusammenhang zu kompliziert oder überhaupt nicht bekannt ist.

Die *Interpolationsrechnung* gibt auch einen funktionalen Zusammenhang (meist ein Polynom), aber die gegebenen Punkte liegen stets auf der Kurve, sind *Stützstellen* des Polynoms. Für die Ausgleichskurve wird verlangt, daß nach einer gegebenen *Ausgleichsvorschrift,* die im allgemeinen stets ein Minimalprinzip sein wird, die Kurve so bestimmt wird, daß die Minimalforderung (die z.B. eine Aussage macht über die Abstände der Punkte von der Kurve) erfüllt wird und die Kurve glatt zwischen den Punkten verläuft, ohne daß sie selbst auf der Kurve liegen müssen. Man wird für eine solche Ausgleichsvorschrift die Forderungen stellen, daß

a) die Minimalbedingungen auf ein nicht zu kompliziertes Rechenverfahren führen und

b) der Aufbau der Ausgleichsfunktion so sein soll, daß das Gleichungssystem zur Bestimmung der Kurvenparameter sich nicht zu schwierig lösen läßt (also möglichst linear).

Zu diesem Zweck bildet man aus k gegebenen Funktionen

$$\varphi_1(x), \varphi_2(x), \ldots, \varphi_k(x)$$

eine Linearkombiantion

$$F_k(x) = a_1 \varphi_1(x) + a_2 \varphi_2(x) + \ldots + a_k \varphi_k(x) \qquad (1)$$

und bestimmt die Koeffizienten a_i, $i = 1, \ldots, k$ so, daß die Ausgleichsvorschrift erfüllt ist (lineare Ausgleichung). Die Bedingungen, die das Funktionssystem $\varphi_i(x)$ erfüllen muß (*lineare Unabhängigkeit*), ergeben sich später.

Man erhält also, wenn $n > k$ (wirkliche Ausgleichung) ist, zur Bestimmung der $a_1, \ldots, a_k$ ein überbestimmtes Gleichungssystem. Damit ist formal diese Problemstellung fast identisch mit der in 4.2 behandelten.

Das am häufigsten zur Anwendung gebrachte Ausgleichsprinzip ist auch hier wieder die *Gaußsche „Methode der kleinsten Quadrate"*. Über ein anderes Prinzip wird in Abschnitt 6 gesprochen werden. Man fordert also auch hier das Minimum der Summe der Abweichungsquadrate:

$$\Phi = \mathbf{v}'\mathbf{v} = \sum_{i=1}^{n} v_i^2 \overset{!}{=} \text{Min} . \tag{2}$$

Die Abweichungen v_i werden definiert durch

$$v_i = F_k(x_i) - y_i , \tag{3}$$

d.h. die Summe der Quadrate der *Ordinatendifferenzen* zwischen Kurve und Beobachtungspunkt soll minimal werden. Dabei setzt man eigentlich voraus, daß die zugehörigen x_i frei von Zufallsfehlern sind und gleicht nur in y-Richtung aus. Dieser Sachverhalt läßt sich aber auch anders erklären: man deutet die Ungenauigkeit in den x-Werten durch zusätzliche Fehler in y-Richtung. Macht man obigen linearen Ansatz, so ist

$$v_i = a_1 \varphi_1(x_i) + a_2 \varphi_2(x_i) + \ldots + a_k \varphi_k(x_i) - y_i \qquad i = 1, \ldots, n . \tag{4}$$

In Matrizenschreibweise ist

$$\mathbf{f}_i = \begin{pmatrix} \varphi_i(x_1) \\ \cdots\cdots \\ \varphi_i(x_n) \end{pmatrix} , \qquad \mathbf{a} = \begin{pmatrix} a_1 \\ \ldots \\ a_k \end{pmatrix} , \qquad \mathbf{F}_k = (\mathbf{f}_1, \mathbf{f}_2, \ldots, \mathbf{f}_k) . \tag{5}$$

Der Abweichungsvektor ist daher:

$$\mathbf{v} = a_1 \mathbf{f}_1 + a_2 \mathbf{f}_2 + \ldots + a_k \mathbf{f}_k - \mathbf{y} = \mathbf{F}_k \mathbf{a} - \mathbf{y} . \tag{6}$$

Wegen der Minimalforderung (2) ist

$$\frac{\partial \mathbf{v}}{\partial a_j} = \mathbf{f}_j , \quad j = 1, \ldots, k , \tag{7}$$

$$\frac{1}{2} \frac{\partial \Phi}{\partial a_j} = \mathbf{v}' \frac{\partial \mathbf{v}}{\partial a_j} = \mathbf{v}'\mathbf{f}_j = 0 ,$$

oder

$$(\mathbf{a}'\mathbf{F}_k' - \mathbf{y}')\mathbf{f}_j = 0 ,$$

bzw. transponiert

$$\mathbf{f}_j'(\mathbf{F}_k \mathbf{a} - \mathbf{y}) = 0 , \qquad j = 1, \ldots, k .$$

Diese k Gleichungen lassen sich zu einer Vektorgleichung zusammenfassen:

$$\mathbf{F}_k'(\mathbf{F}_k \mathbf{a} - \mathbf{y}) = \mathbf{0} .$$

$$\boxed{\mathbf{F}_k' \mathbf{F}_k \mathbf{a} = \mathbf{F}_k' \mathbf{y}} \tag{8}$$

ist ein lineares Gleichungssystem für die k Unbekannten a_i mit der symmetrischen Matrix

$$\mathbf{N} = \mathbf{F}_k' \mathbf{F}_k . \tag{9}$$

Man erhält also, wie in 4.2, die sogenannten *Gaußschen Normalgleichungen* durch die Gaußsche Transformation. Setzt man noch

$$y^* = \mathbf{F}_k' y , \tag{10}$$

so ist

$$\mathbf{N} a = y^* . \tag{11}$$

Aus Gl. (8) folgt

$$v' \mathbf{F}_k = 0 \tag{12}$$

als Rechenkontrolle. Die Komponenten der rechten Seiten von Gl. (11) sind

$$y^{*\prime} = (\mathbf{f}_1' \, y, \mathbf{f}_2' \, y, \ldots, \mathbf{f}_k' \, y) . \tag{13}$$

Für das Minimum von Gl. (2) kann man schreiben:

$$\Phi_{min} = v'v = v'(\mathbf{F}_k a - y) = (v'\mathbf{F}_k) a - v'y = -(a'\mathbf{F}_k' - y')y$$

$$\Phi_{min} = y'y - a'(\mathbf{F}_k' y) , \tag{14.1}$$

oder ausgeschrieben

$$\Phi_{min} = \sum_{i=1}^{n} y_i^2 - \sum_{p=1}^{k} a_p \left(\sum_{i=1}^{n} \varphi_p(x_i) y_i \right) = \sum_{i=1}^{n} y_i^2 - \sum_{p=1}^{k} a_p y_p^* . \tag{14.2}$$

Im allgemeinen setzt man voraus, daß $n > k$ ist. Aus den überbestimmten Gleichungen (6) erhält man durch die Gaußsche Transformation die Normalgleichungen, die im allgemeinen eindeutig die a_i bestimmen, wobei $\Phi_{min} \geqslant 0$ [1]). Ist $n = k$, so kann man die Kurve genau durch die Punkte legen *(Interpolationsaufgabe)* und es ist daher $\Phi_{min} = 0$. Die Ausgleichsaufgabe hat aber den Sinn, eine möglichst einfache Kurve zu bestimmen, d.h. man möchte mit wenigen Summanden von F_k auskommen und eine Kurve erhalten, die sich gut den gegebenen Punkten anpaßt. Man kann daher Φ_{min} als *Maß für die Güte der Ausgleichung* ansehen.

Die Matrix $\mathbf{F}_k$ ist eine (n, k) Matrix (n Zeilen, k Spalten). Sie hat dann den Rang k, (d.h. es gibt wenigstens eine nicht identisch verschwindende Determinante von k Reihen), wenn die $\varphi_i(x)$ *linear unabhängig* sind. Die $\varphi_i(x)$ sind linear abhängig, wenn eine Beziehung

$$\alpha_1 \varphi_1(x) + \alpha_2(x) + \ldots + \alpha_k \varphi_k(x) \equiv 0$$

für Zahlen $\alpha_1, \ldots, \alpha_k$ erfüllt ist, die nicht alle verschwinden.

---

1) Siehe auch Bemerkung c) zur Programmbeschreibung LINAUSGL 1 (siehe S. 98).

Sind nicht alle x_i verschieden (mehrfache Beobachtungen für dieselbe Abszisse), so werden gewisse Zeilen von $\mathbf{F}_k$ gleich. $\mathbf{F}_k$ ist dann vom Rang k, wenn mindestens k Abszissen x_i verschieden sind. Die Normalgleichungen sind dann *nicht singulär,* d.h.

$$\det \mathbf{N} = \det \mathbf{F}_k' \mathbf{F}_k \neq 0 ,$$

wenn $\mathbf{F}_k$ den Rang k hat [31].

Außerdem ist die Matrix **N** *positiv definit,* wenn $\mathbf{F}_k$ spaltenregulär ist [1]).

Will man die Ausgleichskurve an Zwischenstellen $x \neq x_i$ interpolieren, so können unerwünschte Abweichungen vorkommen. Φ_{Min} liefert definitionsgemäß keine Aussage über diese Abweichungen an den Zwischenargumenten. Je mehr Parameter zur Bestimmung der Ausgleichskurve herangezogen werden, desto bedeutungsvoller können diese Abweichungen sein. Dieselbe Erscheinung trifft man übrigens auch bei der Interpolationskurve an $(n = k)$. Daher muß man die Forderung stellen, mit einer möglichst einfachen Näherung, d.h. wenigen Parametern, auszukommen. Sind die $\varphi_i(x)$ etwa Polynome $(i-1)$-ten Grades, so wird bei k Parametern ein Ausgleichspolynom $(k-1)$-ter Ordnung gebildet, das $k-2$ reelle Extremwerte haben kann, die zu unangenehmen Abweichungen zwischen den gegebenen Werten führen können (siehe Beispiel 37, S. 125).

Die Lösung der Normalgleichungen, die hier im Gegensatz zu Abschnitt 4 aufwendiger werden kann, führt man am besten nach einem numerischen Verfahren durch, das die Symmetrie der Koeffizientenmatrix ausnutzt, etwa das Verfahren von *Cholesky* (siehe Anhang 2). Erhält man in speziellen Fällen

$$\mathbf{F}_k' \cdot \mathbf{F}_k = \mathbf{E} \quad \text{(Einheitsmatrix)}$$

oder

$$= \mathbf{D} \quad \text{(Diagonalmatrix)}, \tag{15}$$

so ist:

$$\mathbf{f}_i' \mathbf{f}_k = \begin{cases} 0 & i \neq k \\ 1 \text{ oder } d_k & i = k \end{cases} . \tag{16}$$

Funktionen, die solche Bedingungen erfüllen, heißen *Orthogonalfunktionen* bzw. *Orthonormalfunktionen,* wenn eine Normierungsbedingung

$$\mathbf{f}_i' \mathbf{f}_i = 1$$

besteht.

Das Gleichungssystem zur Bestimmung der Koeffizienten vereinfacht sich dann zu

$$\mathbf{a} = \mathbf{F}_k' \, \mathbf{y} \quad \text{bzw.} \quad \mathbf{D}\,\mathbf{a} = \mathbf{F}_k' \, \mathbf{y} .$$

---

[1]) [31] wie oben S. 143. Der Beweis folgt durch Betrachtung der quadratischen Form

$$Q = \mathbf{x}'\mathbf{A}\mathbf{x}, \quad \text{wobei} \quad \mathbf{A}' = \mathbf{A} .$$

A heißt dann positiv definit, wenn Q außer für $\mathbf{x} = \mathbf{O}$, nur positive Werte annehmen kann.

Die Koeffizienten erhält man dann ohne ein Gleichungssystem lösen zu müssen:

$$a_p = f_p' y \quad \text{bzw.} \quad a_p = \frac{1}{d_p} f_p' y , \quad p = 1, \ldots, k . \tag{17}$$

Für die Summe der Abweichungsquadrate ergibt sich:

$$\Phi_{min} = y'y - (a_1^2 + a_2^2 + \ldots + a_k^2)$$

bzw.

$$= y'y - (d_1 a_1^2 + d_2 a_2^2 + \ldots + d_k a_k^2) . \tag{18}$$

Auf diesen Fall soll in 5.6 ausführlich eingegangen werden.

5.2. Ausgleichung durch Polynome

Setzt man

$$\varphi_j(x) = x^{j-1} , \tag{1}$$

so ist die Ausgleichsfunktion ein Polynom (k - 1)-ten Grades:

$$F_k(x) = a_1 + a_2 x + \ldots + a_k x^{k-1} . \tag{2}$$

Es ist also

$$\mathbf{f}_j = \begin{pmatrix} x_1^{j-1} \\ x_2^{j-1} \\ \ldots \\ x_n^{j-1} \end{pmatrix} \qquad \mathbf{F}_k = \begin{pmatrix} 1 & x_1 & \ldots & x_1^{k-1} \\ 1 & x_2 & \ldots & x_2^{k-1} \\ \ldots & & & \ldots \\ 1 & x_n & \ldots & x_n^{k-1} \end{pmatrix} = (\mathbf{e}, \mathbf{x}, \mathbf{x}^{(2)}, \ldots, \mathbf{x}^{(k)}) \tag{3}$$

mit

$$\mathbf{x}^{(p)\prime} = (x_1^p, x_2^p, \ldots, x_n^p) .$$

Die Matrix des Normalgleichungssystems lautet ausgeschrieben:

$$\mathbf{N} = \mathbf{F}_k' \mathbf{F}_k = \begin{pmatrix} n & \Sigma x_i & \Sigma x_i^2 & \ldots & \Sigma x_i^{k-1} \\ \Sigma x_i & \Sigma x_i^3 & \Sigma x_i^4 & \ldots & \Sigma x_i^k \\ \ldots & \ldots & \ldots & \ldots & \ldots \\ \Sigma x_i^{k-1} & \Sigma x_i^k & \Sigma x_i^{k+1} & \ldots & \Sigma x_i^{2(k-1)} \end{pmatrix} \tag{4}$$

Die rechten Seiten sind entsprechend Gl. (10) in 5.1

$$\mathbf{y}^* = \mathbf{F}_k' \mathbf{y} .$$

Will man nach Berechnung der Koeffizienten a_i die ausgeglichenen Funktionswerte $\bar{y}(x_i) = F_k(x_i)$ oder die Funktionswerte an Zwischenstellen berechnen, so benutzt man dazu das *Hornersche Schema.* Man schreibt dazu die errechneten Koeffizienten auf, beginnend mit dem der höchsten x-Potenz

$$a_k \; a_{k-1} \; a_{k-2} \; \ldots \; a_2 \; a_1$$

und rechnet nach folgender Vorschrift

$$a'_p = a_p + x_0 a'_{p+1} , \qquad a'_k = a_k , \tag{5}$$

damit ist:

$$a'_1 = F_k(x_0) .$$

Beispiel: k = 5

	a_5	a_4	a_3	a_2	a_1
$x = x_0$	–	$x_0 a'_5$	$x_0 a'_4$	$x_0 a'_3$	$x_0 a'_2$
	$a'_5 = a_5$	a'_4	a'_3	a'_2	$a'_1 = F_5(x_0)$.

Beispiel 29: Windkanalmessungen (Quadratische Ausgleichung)

Für ein Flugzeug vom Typ Saab Skandia wurden durch Windkanalmessungen die aerodynamischen Beiwerte für Widerstand C_w und Auftrieb C_A gemessen [1]. Durch Ausgleichung ist eine Polare zu bestimmen, in der C_w als quadratisches Polynom in C_A dargestellt werden kann. Es wird angesetzt:

$$C_w = a_1 + a_2 C_A + a_3 C_A^2 \quad .$$

Für die Rechnung werden sieben Meßwerte zugrunde gelegt:

C_A	−0,36	−0,08	0,11	0,33	0,63	1,02	1,20
$10^2 C_w$	3,57	2,22	2,16	2,49	3,62	6,46	8,60

Setzt man $x = C_A$, $y = 10^2 C_w$, so erhält man für die Matrix **F**

$$\mathbf{F} = \begin{pmatrix} 1 & -0{,}36 & 0{,}1294 \\ 1 & -0{,}08 & 0{,}0064 \\ 1 & 0{,}11 & 0{,}0121 \\ 1 & 0{,}33 & 0{,}1089 \\ 1 & 0{,}63 & 0{,}3969 \\ 1 & 1{,}02 & 1{,}0404 \\ 1 & 1{,}20 & 1{,}4400 \end{pmatrix}$$

und daraus $\mathbf{N} = \mathbf{F}'\mathbf{F}$.

Rechenschema siehe folgende Seite!

Rechenschema zu Beispiel 29:

Die Normalgleichungen werden nach dem verketteten Gaußschen Algorithmus gelöst (siehe Anhang 2.1, S. 232).

	F'							F			y
								1	-0,36	0,129 6	3,57
								1	-0,08	0,006 4	2,22
								1	0,11	0,012 1	2,16
								1	0,33	0,108 9	2,49
								1	0,63	0,396 9	3,62
								1	1,02	1,040 4	6,46
								1	1,20	1,440 0	8,60
	1	1	1	1	1	1	1	7	2,85	3,134 3	29,12
	-0,36	-0,08	0,11	0,33	0,63	1,02	1,20	2,85	3,134 3	3,029 36	18,786 3
	0,129 6	0,006 4	0,012 1	0,108 9	0,396 9	1,040 4	1,440 0	3,134 3	3,029 36	3,342 41	21,315 9
Σ	0,769 6	0,926 4	1,122 1	1,438 9	2,026 9	3,060 4	3,640 0	12,984 3	9,013 66	9,506 07	69,222 2
								7	0,707 14	0,447 26	4,160 0
								2,85	1,973 95	0,888 20	3,510 9
								3,134 3	1,753 26	0,381 72	5,557 9
							Σ	12,984 3	3,727 23	0,381 65	0,000 6

Daraus: $a_1 = 2{,}251\,8$

$a_2 = -1{,}425\,7$

$a_3 = 5{,}557\,9$

Man erhält also folgende Gleichung für die Polare:

$$10^2 C_w = 2{,}252 - 1{,}426\, C_A + 5{,}558\, C_A^2 \ .$$

Die ausgeglichenen Werte sind mit dem Hornerschema berechnet:

C_A	−0,36	−0,08	0,11	0,33	0,63	1,02	1,20
$10^2 C_w$	3,486	2,402	2,162	2,387	3,560	6,580	8,545

Sonderfall: Ausgleichung durch eine gerade Linie

In der Praxis tritt sehr häufig der Fall auf, der daher besonders behandelt werden soll, daß eine beobachtete Punktreihe sich durch eine Gerade darstellen läßt. Es muß also gelten:

$$F_2(x) = a_1 + a_2 x$$

und

$$\mathbf{f}_1 = \mathbf{e}\ , \qquad \mathbf{f}_2 = \mathbf{x}\ , \qquad \mathbf{F}_2 = (\mathbf{e}, \mathbf{x})\ .$$

Für die Normalgleichungen ergibt sich dann:

$$\mathbf{N} = \mathbf{F}_2'\mathbf{F}_2 = \begin{pmatrix} \mathbf{e}'\mathbf{e} & \mathbf{e}'\mathbf{x} \\ \mathbf{e}'\mathbf{x} & \mathbf{x}'\mathbf{x} \end{pmatrix} = \begin{pmatrix} n & \Sigma x_i \\ \Sigma x_i & \Sigma x_i^2 \end{pmatrix}$$

und

$$\mathbf{F}_2'\mathbf{y} = \begin{pmatrix} \mathbf{e}'\mathbf{y} \\ \mathbf{x}'\mathbf{y} \end{pmatrix} = \begin{pmatrix} \Sigma y_i \\ \Sigma x_i y_i \end{pmatrix}$$

und damit das Gleichungssystem für die zwei Unbekannten a_1 und a_2:

$$\begin{aligned} a_1 n \quad + a_2 \Sigma x_i &= \Sigma y_i\ , \\ a_1 \Sigma x_i + a_2 \Sigma x_i^2 &= \Sigma x_i y_i\ . \end{aligned}$$

Diese Gleichungen sind durch Elimination leicht zu lösen. In dem folgenden Beispiel 30 soll eine geradlinige Ausgleichung in dem besonderen Fall durchgeführt werden, wo durch Transformation der beobachteten Ordinaten y_i:

$$\eta_i = g(y_i)$$

ein linearer Zusammenhang zwischen x_i und η_i entsteht, den man dann ausgleichen kann. Eventuell kann auch noch eine Transformation der Abszissen nötig sein:

$$\xi_i = h(x_i)\ .$$

Einen speziellen Fall einer solchen Transformation hat man vor sich, wenn man Beobachtungsdaten auf Logarithmenpapier darstellt, um einen linearen Zusammenhang zu erhalten.

In dem folgenden Beispiel besteht für die Beobachtungsdaten ein Zusammenhang durch ein physikalisches Gesetz (Gasgesetz), dem man durch Logarithmieren die Form einer Geradengleichung geben kann.

Beispiel 30: Geradlinige Ausgleichung für die logarithmierte Form der Zustandsgleichung

Von einer bestimmten Gasmasse sind Volumen und Druck gemessen. Man bestimme durch Ausgleichung die Konstanten κ und C für die adiabatische Zustandsänderung (Poissonsches Gesetz):

Durch Logarithmieren erhält man einen linearen Zusammenhang zwischen lg p und lg V in der Form:

$$\lg p + \kappa \lg V = \lg C .$$

Setzt man

$$x = \lg V ,$$
$$y = \lg p ,$$
$$c = \lg C ,$$

so ist

$$y = c - \kappa x = a_1 + a_2 x$$

mit

$$a_1 = c ,$$
$$a_2 = - \kappa .$$

Die Berechnung der Koeffizienten der Normalgleichungen in Tabellenform liefert:

i	V_i (inch^3)	p_i (lb/sq in)	$x_i = \lg V_i$	$y_i = \lg p_i$
1	54,3	61,2	1,734 8	1,786 8
2	61,8	49,5	1,791 0	1,694 6
3	72,4	37,6	1,859 7	1,575 2
4	88,7	28,4	1,947 9	1,453 3
5	118,6	19,2	2,074 1	1,283 3
6	194,0	10,1	2,287 8	1,004 3
Σ			11,695 3	8,797 5

Weiterhin ist

$$\Sigma x_i^2 = 23{,}005\,9$$
$$\Sigma x_i y_i = 16{,}854\,3$$
$$\Sigma y_i^2 = 13{,}313\,1 \quad \text{(Benötigt für Beispiel 32.)}$$

berechnet auf der Tischrechenmaschine als Produktsumme!

Die Normalgleichungen lauten also:

$$6\,a_1 + 11{,}695\,3\,a_2 = 8{,}797\,5$$
$$11{,}695\,3\,a_1 + 23{,}005\,9\,a_2 = 16{,}854\,3\,.$$

Man erhält daraus leicht:

$$a_1 = c = 4{,}205$$
$$-a_2 = \underline{\kappa = 1{,}405}\,.$$

Da

$$c = \lg C\,,$$

ist

$$\underline{C = 16\,030}\,.$$

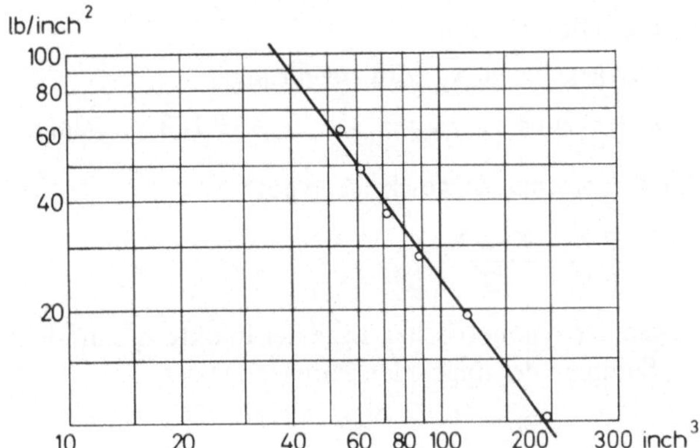

Bild 5.1
Logarithmische Auftragung

5.3. Äquidistante Argumentwerte

Sehr oft sind die Fälle anzutreffen, in denen die Beobachtungen y_i für äquidistante Argumentstellen durchgeführt wurden.

Es ist dann

$$x_k = x_1 + (k-1)h\,, \qquad k = 1, 2, \ldots, n\,, \tag{1}$$

mit

$$h = \frac{x_n - x_1}{n-1}\,, \tag{2}$$

oder

$$x_k = x_1 + \frac{k-1}{n-1}(x_n - x_1)\,.$$

Sind die Meßdaten graphisch aufgezeichnet (Registrierschrieb), so kann man leicht an äquidistanten Stellen Werte abnehmen. Zu wesentlichen Rechenvorteilen kommt man, wenn man den Ursprung des Koordinatensystems in die Mitte des Abszissen-Intervalles, also an die Stelle $(x_n - x_1)/2$ legt. Darüber hinaus kann man durch Änderung des Maßstabes ganzzahlige Abszissen einführen, und zwar gilt

a) n ungerade: $n = 2m + 1$.

Den gegebenen x_k wird zugeordnet:

$z_k = -m, \; -m+1, \ldots, -1, 0, 1, \ldots, m$.

Als Transformation geschrieben gilt:

$$z = \frac{1}{h}\left(x - \frac{x_1 + x_n}{2}\right). \tag{3}$$

b) n gerade: $n = 2m$.

Den gegebenen x_k wird zugeordnet:

$z_k = -2m + 1, \; -2m + 3, \ldots, -1, +1, 3, \ldots, 2m - 1$.

Als Transformation geschrieben gilt:

$$z = \frac{2}{h}\left(x - \frac{x_1 + x_n}{2}\right). \tag{4}$$

Wegen der symmetrischen Lage der Punkte z_k zum Koordinatenanfang verschwinden die Summen der ungeraden Potenzen von z_k:

$$S_{2p-1} = \sum_{k=1}^{n} z_k^{2p-1} = 0 \tag{5.1}$$

und für die Summen der geraden Potenzen erhält man:

$$S_{2p} = \sum_{k=1}^{n} z_k^{2p} = \begin{cases} 2 \sum\limits_{k=1}^{(n-1)/2} z_k^{2p}, & \text{wenn } n = 2m + 1 \\ 2 \sum\limits_{k=1}^{n/2} z_k^{2p}, & \text{wenn } n = 2m \end{cases} \tag{5.2}$$

Die Matrix der Normalgleichungen nimmt daher folgende Gestalt an:

$$\mathbf{N} = \begin{pmatrix} n & 0 & S_2 & 0 & \ldots \\ 0 & S_2 & 0 & S_4 & \ldots \\ S_2 & 0 & S_4 & 0 & \ldots \\ \ldots & \ldots & \ldots & \ldots & \ldots \end{pmatrix} \tag{6}$$

Die rechte Seite des Systems ist der Vektor mit den Komponenten

$$f'_p y = \sum_{j=1}^{n} y_j z_j^{(p-1)} = y' z^{(p-1)} \tag{7}$$

Dabei ist

$$z^{(p-1)} = \begin{pmatrix} z_1^{p-1} \\ \dots \\ z_n^{p-1} \end{pmatrix}$$

der Vektor der (p−1)-ten Potenzen der z_i. Wegen der speziellen Form der Matrix zerfällt das Gleichungssystem

$$N a = F' y$$

in zwei Gleichungssysteme:

$$N_1 a_1 = F'_1 y \qquad \text{und} \qquad N_2 a_2 = F'_2 y\,, \tag{8}$$

wobei:

$$N_1 = \begin{pmatrix} n & S_2 & \dots \\ S_2 & S_4 & \dots \\ \dots & \dots & \dots \end{pmatrix}, \quad a_1 = \begin{pmatrix} a_1 \\ a_3 \\ a_5 \\ \dots \end{pmatrix}, \quad F'_1 y = \begin{pmatrix} f'_1 y \\ f'_3 y \\ \dots \end{pmatrix}$$

$$N_2 = \begin{pmatrix} S_2 & S_4 & \dots \\ S_4 & S_6 & \dots \\ \dots & \dots & \dots \end{pmatrix}, \quad a_2 = \begin{pmatrix} a_2 \\ a_4 \\ \dots \end{pmatrix}, \quad F'_2 y = \begin{pmatrix} f'_2 y \\ f'_4 y \\ \dots \end{pmatrix}.$$

Man erhält daher z.B. bei quadratischer Ausgleichung:

$$\begin{pmatrix} n & S_2 \\ S_2 & S_4 \end{pmatrix} \begin{pmatrix} a_1 \\ a_3 \end{pmatrix} = \begin{pmatrix} \Sigma y_k \\ \Sigma y_k z_k^2 \end{pmatrix}; \quad S_2 a_2 = \Sigma y_k z_k\,.$$

Bei kubischer Ausgleichung bleibt das erste Gleichungssystem bestehen; das zweite System wird ersetzt durch

$$\begin{pmatrix} S_2 & S_4 \\ S_4 & S_6 \end{pmatrix} \begin{pmatrix} a_2 \\ a_4 \end{pmatrix} = \begin{pmatrix} \Sigma y_k z_k \\ \Sigma y_k z_k^3 \end{pmatrix},$$

d.h. die beiden Koeffizienten a_1 und a_3 sind bei quadratischer und kubischer Ausgleichung gleich. (Ähnliche Verhältnisse bestehen auch bei höheren p.)

Wie man sieht, sind die S_{2p} nur von n abhängig und können daher vorher tabelliert werden (unabhängig vom speziellen Problem). Für $2 \leqslant n < 20$ und $p = 1, 2, 3, 4$ sind in der folgenden Tabelle die S_{2p} angegeben, getrennt für ungerades und gerades n. Die Koeffizienten S_{2p} haben nur dann Sinn, wenn $n \geqslant p$.

Tabelle der S_p

n	S_2	S_4	S_6	S_8
3	2			
5	10	34	130	
7	28	196	1 588	13 636
9	60	708	9 780	144 708
11	110	1 958	41 030	925 958
13	182	4 550	134 342	4 285 190
15	280	9 352	369 640	15 814 792
17	408	17 544	893 928	49 369 224
19	570	30 666	1 956 810	135 462 666

n	S_2	S_4	S_6	S_8
2				
4	20	164		
6	70	1 414	32 710	$7{,}943\,740 \cdot 10^5$
8	168	6 216	268 008	$1{,}232\,398 \cdot 10^7$
10	330	19 338	1 330 890	$9{,}841\,742 \cdot 10^7$
12	572	48 620	4 874 012	$5{,}271\,352 \cdot 10^8$
14	910	105 742	$1{,}452\,763 \cdot 10^7$	$2{,}158\,597 \cdot 10^9$
16	1 360	206 992	$3{,}730\,888 \cdot 10^7$	$7{,}284\,379 \cdot 10^9$
18	1 938	374 034	$8{,}558\,402 \cdot 10^7$	$2{,}123\,589 \cdot 10^{10}$

Die Durchführung der Rechnung wird dadurch recht einfach. Geht es nur darum, die ausgeglichenen Funktionswerte an den gegebenen Stellen zu berechnen, so braucht man den Ordinaten nur die zugehörenden z_k-Werte zuzuordnen zur Berechnung der rechten Seiten der Normalgleichungen ohne die Transformation wirklich durchzuführen. Oftmals wird dieses Ausgleichsverfahren auch für statistisches Material angewandt, meist für Daten in Abhängigkeit von gewissen Zeitpunkten, um gewisse Tendenzen aufzuzeigen. Man spricht in diesem Zusammenhang von dem *Trend einer Zeitreihe.* In diesen Fällen ist eine Interpolation für Zwischenwerte sogar meist sinnlos, z.B. wenn man die jährliche Kraftfahrzeugproduktion für eine Reihe von Jahren betrachtet. Der Trend soll dann die Wachstumstendenz zeigen ohne die Zufallsschwankungen, die vielleicht durch die Konjunktur oder dergleichen bedingt sind.
Im folgenden Beispiel wäre eine Interpolation zwar möglich, aber ob die Antwort sinnvoll ist, scheint zweifelhaft, z.B. auf die Frage, wann die Bevölkerungszahl die 100-Mio-Grenze überschritten hat.

Beispiel 31: Bevölkerungswachstum in USA [3]

Die Größe der Bevölkerung in den Vereinigten Staaten von Amerika (USA) ist für die Jahre 1850–1950 in 10-Jahres-Abständen gegeben.

Man berechne einen quadratischen Trend.

n = 11

Jahr x_k	Bevölkerungszahl in Mio y_k	z_k	z_k^2	$y_k z_k$	$y_k z_k^2$	$\bar{y}_k$ (ausgegl. Werte in Mio)
1850	23,2	−5	25	−116,0	580,0	21,6
60	31,4	−4	16	−125,6	502,4	31,0
70	39,8	−3	9	−119,4	358,2	41,2
80	50,2	−2	4	−100,4	200,8	54,2
90	62,9	−1	1	− 62,9	62,9	64,0
1900	76,0	0	0	0	0	76,6
10	92,0	1	1	92,0	92,0	90,0
20	105,7	2	4	211,4	422,8	104,2
30	122,8	3	9	368,4	1 105,2	119,2
40	131,7	4	16	526,8	2 107,2	135,0
50	151,1	5	25	755,5	3 777,5	151,6
Σ	886,8			1 429,8	9 209,0	886,6

Mit den gegebenen Zahlen und den Zahlen für S_2, S_4, n = 11, aus der Tabelle (S. 92) erhält man mit der Transformation $z = 0{,}1\,(x - 1900)$ die Gleichungen

$$11a_1 + 110a_3 = 886{,}8\,,\qquad 110a_2 = 1\,429{,}8\,,$$
$$110a_1 + 1\,958a_3 = 9\,209{,}0\,,$$

daraus folgt:

$$a_1 = 76{,}644\,,$$
$$a_2 = 12{,}998\,,$$
$$a_3 = 0{,}397\,44\,.$$

Der quadratische Trend lautet also:

$$\bar{y}(z) = 76{,}64 + 13{,}00z + 0{,}397\,4\,z^2$$

oder durch die Jahreszahlen x ausgedrückt:

$$\bar{y}(x) = 76{,}64 + 1{,}300\,(x - 1900) + 0{,}003\,974\,(x - 1900)^2\,.$$

Die ausgeglichenen Werte sind in Spalte 7 eingetragen.

5.4. Mittlerer Fehler der Beobachtungswerte y_i $(i = 1, \ldots, n)$ und der Koeffizienten a_j $(j = 0, 1, \ldots, k)$

Unter den in 5.1 gemachten Voraussetzungen, daß sich die Fehler nur auf die y_i beziehen, alle Einzelmessungen von gleicher Genauigkeit sind, die x_i also als fehlerfrei betrachtet werden, kann man für die y_i einen mittleren Fehler m_y angeben zu

$$m_y = \sqrt{\frac{v'v}{n-k}}\,, \tag{1}$$

wobei im Nenner die Zahl der überschüssigen Messungen steht. Die mittleren Fehler m_{ai} der Koeffizienten a_i lassen sich in gleicher Weise wie in 4.2 bestimmen (Ausgleichung vermittelnder Beobachtungen für linearen funktionalen Zusammenhang). Mit der Normalmatrix

$$\mathbf{N} = \mathbf{F}'\mathbf{F}$$

ergibt sich das Gleichungssystem

$$\mathbf{N}\mathbf{a} = \mathbf{F}'\mathbf{y}\,,$$

und nach a formal aufgelöst:

$$\mathbf{a} = \mathbf{N}^{-1}\mathbf{F}'\mathbf{y} = \mathbf{Q}\mathbf{y}\,,$$

$$\mathbf{Q} = (q_{ij})\,, \qquad i = 1, \ldots, k\,; \qquad j = 1, \ldots, n \qquad (k,n)\text{-Matrix}\,.$$

Es ist also die i-te Komponente (skalares Produkt des i-ten Zeilenvektors von **Q** mit **y**):

$$a_i = q_{i1}y_1 + q_{i2}y_2 + \ldots + q_{in}y_n, \; i = 1, \ldots, n\,. \tag{2}$$

Durch Anwendung des Fehlerfortpflanzungsgesetzes (unter obigen Voraussetzungen) und da die q_{ik} nur von den x_j abhängen, ergibt sich:

$$m_{ai}^2 = m_y^2\,(q_{i2}^2 + q_{i2}^2 + \ldots + q_{in}^2) = m_y^2\,\mathbf{q}^{(i)}\cdot\mathbf{q}^{(i)\prime},$$

dabei ist $\mathbf{q}^{(i)}$ der i-te Zeilenvektor von **Q**.

Aus

$$\mathbf{Q} = \mathbf{N}^{-1}\mathbf{F}'$$

und

$$\mathbf{Q}' = \mathbf{F}\mathbf{N}^{-1}$$

folgt

$$\mathbf{Q}\mathbf{Q}' = \mathbf{N}^{-1}\mathbf{F}'\mathbf{F}\,\mathbf{N}^{-1} = \mathbf{N}^{-1} = (n_{ij})\,.$$

Also ist

$$q^{(i)} q^{(i)'} = n_{ii} \tag{3}$$

das i-te Diagonalelement der inversen Matrix $\mathbf{N}^{-1}$.

Daraus folgt

$$m_{ai} = m_y \sqrt{n_{ii}} \,. \tag{4}$$

Um also die mittleren Fehler der Koeffizienten a_i zu bestimmen, ist die Berechnung der Diagonalelemente der reziproken Matrix erforderlich.

Im Sonderfall der *Ausgleichung durch eine Gerade* (siehe S. 87) erhält man, da $k = 2$,

$$F_2(x) = a_1 + a_2 x \,,$$

und daher die Normalmatrix:

$$\mathbf{N} = \begin{pmatrix} n & \Sigma x_i \\ \Sigma x_i & \Sigma x_i^2 \end{pmatrix} \,. \tag{5}$$

Daraus errechnet sich leicht die Inverse:

$$\mathbf{N}^{-1} = \frac{1}{D} \begin{pmatrix} \Sigma x_i^2 & -\Sigma x_i \\ -\Sigma x_i & n \end{pmatrix} \,. \tag{6}$$

wobei

$$D = \det \mathbf{N} = n\, \Sigma x_i^2 - (\Sigma x_i)^2 \,.$$

Mit Hilfe der Hauptdiagonalelemente ergibt sich daraus

$$m_{a1} = m_y \sqrt{\frac{\Sigma x_i^2}{D}} \,, \qquad m_{a2} = m_y \sqrt{\frac{n}{D}} \,,$$

wobei

$$m_y = \sqrt{\frac{\Phi_{min}}{n-2}} \,.$$

Beispiel 32: Fortsetzung des Beispiels 30

Man berechnet hier:

$$\Phi_{min} = \Sigma y_i^2 - a_1 \Sigma y_i - a_2 \Sigma x_i y_i \,.$$

Mit den Zahlwerten von Beispiel 30 ist:

$$\Phi_{min} = 13{,}3131 - 4{,}205 \cdot 8{,}7975 + 1{,}405 \cdot 16{,}8543 = 0{,}00077\ ,$$

$$m_y^2 = \frac{0{,}00077}{4}\ , \qquad m_y = 0{,}01388$$

und

$$D = 6 \cdot 23{,}0059 - 11{,}6953^2 = 1{,}2550\ ,$$

$$m_{a1} = 0{,}01388\sqrt{\frac{23{,}0059}{1{,}2550}} = 0{,}0594\ ,$$

$$m_{a2} = 0{,}01388\sqrt{\frac{6}{1{,}2550}} = 0{,}0304\ .$$

Damit erhält man als Ergebnis:

$$c = 4{,}21 \pm 0{,}06\ ,$$
$$\kappa = 1{,}41 \pm 0{,}03\ .$$

Dem Bereich von c entspricht, da lg 1,15 $\approx$ 0,06 ein Bereich für C von

$$\frac{16\,030}{1{,}15} = 13\,900 \text{ bis } 16\,030 \cdot 1{,}15 = 18\,400\ .$$

Für den in 5.1, Gl. (16) angegebenen Sonderfall orthogonaler normierter Funktionen ist

$$\mathbf{N} = \mathbf{E}\ .$$

Da $\mathbf{QQ}' = \mathbf{N}^{-1} = \mathbf{E}$, sind also alle $n_{ii} = 1$ und man erhält

$$m_{ai} = m_y\ ,$$

d.h. durch die Normierung der Orthogonalfunktionen werden alle Koeffizienten so bestimmt, daß ihr mittlerer Fehler gleich dem der Funktionswerte ist. Weitere Beispiele siehe in 5.7.

5.5. Durchführung linearer Ausgleichung auf Datenverarbeitungsanlagen

Der Umfang des Rechenaufwandes zur Berechnung von Ausgleichskurven kann bei umfangreichem Datenmaterial sehr groß sein. Auch routinemäßige sich oft wiederholende Errechnung solcher Kurven erfordern die Benutzung elektronischer Rechenanlagen.

Die folgende ALGOL-Prozedur ist so allgemein gehalten, daß für beliebige k-gliedrige Funktionssysteme linear unabhängiger Funktionen

$$\varphi_1(x), \ldots, \varphi_k(x)$$

eine lineare Ausgleichung

$$\bar{y}(x) = a_1\varphi_1(x) + \ldots + a_k\varphi_k(x)$$

durchgeführt werden kann. Man kann damit also durch Polynome (k − 1)-ten Grades, periodische Funktionen und andere Funktionen ausgleichen.

Die Funktionen werden durch eine spezielle Prozedur eingeführt, die von Fall zu Fall ausgetauscht werden kann. Zur Auflösung der Normalgleichungen ist eine weitere Prozedur notwendig; es wird die in Anhang 2.3 und 2.5 aufgeführte für das Verfahren von *Cholesky* verwendet (LINGLS).

Prozedur LINAUSGL 1

Zweck: Für n gegebene Funktionswerte (x_i, y_i) wird nach der Methode der kleinsten Quadrate eine Ausgleichsfunktion

$$\bar{y}(x) = a_1\varphi_1(x) + \ldots + a_k\varphi_k(x)$$

durch Linearkombination von k vorgegebenen, linear unabhängigen Funktionen $\varphi_j(x)$ bestimmt. Berechnet werden die Koeffizienten a_j, die ausgeglichenen Funktionswerte $\bar{y}(x_i)$ an den n gegebenen Stellen x_i und die Summe der Fehlerquadrate Φ_{min}.

Vereinbarung: LINAUSGL 1 (N, X, Y, K, FKT, PHI, LINGLS, A, PHIMIN, Y1, AUSG);

Beschreibung der formalen Veränderlichen:

N — Anzahl n der gegebenen Funktionswerte
Typ: 'INTEGER'

X, Y — Felder für die Abszissen und Ordinaten der gegebenen Funktionswerte x_i und y_i
Typ: 'ARRAY', Indizes: [1 : N]

K — Anzahl k der gegebenen Funktionen $\varphi_j(x)$
Typ: 'INTEGER'

FKT Formale Prozedur zur Berechnung der Funktionen $\varphi_j(x)$, $j = 1, \ldots, k$. Die dafür aktuelle Prozedur muß im Hauptprogramm in der folgenden Form vereinbart werden:

```
'PROCEDURE' FKT (K, X, PHI);
        'VALUE' K, X;
        'REAL' X;  'INTEGER', K;  'ARRAY' PHI;
'BEGIN'   PHI [1]  := ... ;
          .................. .
          PHI [K]  := ... ;
'END' FKT;
```

A Feld der Koeffizienten a_j
Typ: 'ARRAY', Indizes: [1 : K, 1 : 1]

PHIMIN Summe der Fehlerquadrate
Typ: 'REAL'

Y1 Feld der ausgeglichenen Funktionswerte $\overline{y}(x_i)$ an den vorgegebenen Abszissen x_i
Typ: 'ARRAY', Indizes: [1 : N]

AUSG Fehlerausgang aus der Prozedur LINGLS bei fast singulärer Koeffizientenmatrix des Systems der Normalgleichungen

Bemerkung:

a) Es wird die Prozedur LINGLS aufgerufen (ALGOL-Prozedur 17, siehe S. 241. Sie muß daher im Hauptprogramm an geeigneter Stelle vereinbart werden.

b) Die Funktionen $\varphi_j(x)$, $j = 1, \ldots, k$ können beliebige, linear unabhängige Funktionen sein, also z.B. auch die Funktionen

$1, x, x^2, \ldots, x^{k-1}$

zur Ausgleichung durch ein Polynom (k−1)-ten Grades.

c) Voraussetzung: $n^* \geqslant k$, wobei n^* die Zahl der verschiedenen Abszissen x_i ist (wird vom Programm *nicht* kontrolliert). Mehrfache Abszissen sind zugelassen, sofern obige Bedingung erfüllt ist.

Programm:

```
'PROCEDURE' LINAUSGL1(N,X,Y,K,FKT,PHI,LINGLS)
                     RESULT:(A,PHIMIN,Y1,AUSG);
        'VALUE' N,K;
        'REAL' PHIMIN;
        'INTEGER' N,K;
        'ARRAY' X,Y,A,Y1,PHI;
        'PROCEDURE' FKT,LINGLS;
        'LABEL' AUSG;
```

```
'COMMENT' PROCEDURE 7
    LINEARE AUSGLEICHUNG DURCH K FUNKTIONEN PHI[J],
    GEGEBEN N FUNKTIONSWERTE X[I],Y[I],
    BERECHNET WERDEN DIE KOEFFIZIENTEN A[J],
    DIE FEHLERQUADRATSUMME PHIMIN,
    DIE AUSGEGLICHENEN FUNKTIONSWERTE Y1(X[I]);

'BEGIN' 'REAL' EPS;
        'INTEGER' I,J,L;
        'ARRAY' F[1:N,1:K],M[1:K,1:K+1],RS[1:K];
        'FOR' I:=1 'STEP' 1 'UNTIL' N 'DO'
        'BEGIN' FKT(K,X[I],PHI);
                'FOR' J:=1 'STEP' 1 'UNTIL' K 'DO'
                      F[I,J]:=PHI[J]
        'END';
        'FOR' J:=1 'STEP' 1 'UNTIL' K 'DO'
        'FOR' I:=1 'STEP' 1 'UNTIL' K 'DO'
        'BEGIN' M[I,J]:=0;
                'FOR' L:=1 'STEP' 1 'UNTIL' N 'DO'
                      M[I,J]:=M[I,J]+F[L,I]*F[L,J];
                M[J,I]:=M[I,J]
        'END';
        'FOR' I:=1 'STEP' 1 'UNTIL' K 'DO'
        'BEGIN' M[I,K+1]:=0;
                'FOR' L:=1 'STEP' 1 'UNTIL' N 'DO'
                      M[I,K+1]:=M[I,K+1]+F[L,I]*Y[L]
        'END';
        'FOR' I:=1 'STEP' 1 'UNTIL' K 'DO'
              RS[I]:=M[I,K+1];
        EPS:=₁₀-8;
        LINGLS(K,1,M,EPS,A,AUSG);
        PHIMIN:=0;
        'FOR' I:=1 'STEP' 1 'UNTIL' N 'DO'
              PHIMIN:=PHIMIN+Y[I]*Y[I];
        'FOR' I:=1 'STEP' 1 'UNTIL' K 'DO'
              PHIMIN:=PHIMIN-A[I,1]*RS[I];
        'IF' PHIMIN 'LESS' 0 'THEN'
              PHIMIN:=0;
        'FOR' I:=1 'STEP' 1 'UNTIL' N 'DO'
        'BEGIN' Y1[I]:=0;
                'FOR' J:=1 'STEP' 1 'UNTIL' K 'DO'
                      Y1[I]:=Y1[I]+A[J,1]*F[I,J]
        'END'
'END' LINAUSGL1;
```

Eine Variante der soeben angegebenen Prozedur LINAUSGL 1 soll noch angegeben werden, bei der zusätzlich noch die mittleren Fehler m_{ai} der Koeffizienten a_i berechnet werden. Wegen der erforderlichen Berechnung der Inversen N^{-1} der Normalmatrix **N** wird im Programm für den Aufruf der Prozedur LINGLS außer der bisher errechneten rechten Seite des Gleichungssystems noch die Einheitsmatrix **E** bereitgestellt.

Prozedur LINAUSGL 2 [1])

Zweck: Wie LINAUSGL 1, aber erweitert um die Berechnung der mittleren Fehler m_{ai} der Koeffizienten a_i.

Vereinbarung: LINAUSGL 2 (N, X, Y, K, FKT, PHI, LINGLS, A, PHIMIN, Y1, MA, AUSG);

Beschreibung der formalen Veränderlichen:

Wie bei LINAUSGL 1, dazu kommt:

MA Feld der mittleren Fehler m_{ai} der Koeffizienten a_i
Typ: 'ARRAY', Indizes: [1 : K]

Programm:

```
'PROCEDURE' LINAUSGL2(N,X,Y,K,FKT,PHI,LINGLS)
                     RESULT:(A,PHIMIN,Y1,MA,AUSG);
       'VALUE' N,K;
       'REAL' PHIMIN;
       'INTEGER' N,K;
       'ARRAY' X,Y,A,Y1,PHI,MA;
       'PROCEDURE' FKT,LINGLS;
       'LABEL' AUSG;

'COMMENT' PROCEDURE 7A
   LINEARE AUSGLEICHUNG DURCH K FUNKTIONEN PHI[J],
   GEGEBEN N FUNKTIONSWERTE X[I],Y[I],
   BERECHNET WERDEN DIE KOEFFIZIENTEN A[J],
   DIE FEHLERQUADRATSUMME PHIMIN,
   DIE AUSGEGLICHENEN FUNKTIONSWERTE Y1(X[I])
   UND DIE MITTLEREN FEHLER MA[I] DER KOEFFIZIENTEN;

'BEGIN' 'REAL' MPHI,EPS;
       'INTEGER' I,J,L;
       'ARRAY' F[1:N,1:K],M[1:K,1:2*K+1],RS[1:K];
       'FOR' I:=1 'STEP' 1 'UNTIL' N 'DO'
       'BEGIN' FKT(K,X[I],PHI);
               'FOR' J:=1 'STEP' 1 'UNTIL' K 'DO'
                     F[I,J]:=PHI[J]
       'END';
       'FOR' J:=1 'STEP' 1 'UNTIL' K 'DO'
       'FOR' I:=1 'STEP' 1 'UNTIL' K 'DO'
       'BEGIN' M[I,J]:=0;
               'FOR' L:=1 'STEP' 1 'UNTIL' N 'DO'
                     M[I,J]:=M[I,J]+F[L,I]*F[L,J];
               M[J,I]:=M[I,J]
       'END';
       'FOR' I:=1 'STEP' 1 'UNTIL' K 'DO'
```

[1]) Da diese beiden Prozeduren nicht gleichzeitig in einem Hauptprogramm vorkommen, sind die beiden von der Maschine nicht unterscheidbaren Prozedurnamen LINAUSGL 1 und LINAUSGL 2 als zulässig angesehen worden.

```
        'BEGIN' M[I,K+1]:=0;
                'FOR' L:=1 'STEP' 1 'UNTIL' N 'DO'
                      M[I,K+1]:=M[I,K+1]+F[L,I]*Y[L]
        'END';
        'FOR' I:=1 'STEP' 1 'UNTIL' K 'DO'
              RS[I]:=M[I,K+1];
        'FOR' I:=1 'STEP' 1 'UNTIL' K 'DO'
        'FOR' J:=1 'STEP' 1 'UNTIL' K 'DO'
              M[I,K+J+1]:=0;
        'FOR' I:=1 'STEP' 1 'UNTIL' K 'DO'
              M[I,K+I+1]:=1;
        EPS:=₁₀-8;
        LINGLS(K,K+1,M,EPS,A,AUSG);
        PHIMIN:=0;
        'FOR' I:=1 'STEP' 1 'UNTIL' N 'DO'
              PHIMIN:=PHIMIN+Y[I]*Y[I];
        'FOR' I:=1 'STEP' 1 'UNTIL' K 'DO'
              PHIMIN:=PHIMIN-A[I,1]*RS[I];
        'IF' PHIMIN 'LESS' 0 'THEN'
              PHIMIN:=0;
        MPHI:='IF' N-K 'EQUAL' 0 'THEN' 0   'ELSE'
               SQRT(ABS(PHIMIN/(N-K)));
        'FOR' I:=1 'STEP' 1 'UNTIL' K 'DO'
              MA[I]:=MPHI*SQRT(ABS(A[I,I+1]));
        'FOR' I:=1 'STEP' 1 'UNTIL' N 'DO'
        'BEGIN' Y1[I]:=0;
                'FOR' J:=1 'STEP' 1 'UNTIL' K 'DO'
                      Y1[I]:=Y1[I]+A[J,1]*F[I,J]
        'END'
'END' LINAUSGL2;
```

In den beiden vorangehenden Prozeduren 7 und 7A, LINAUSGL 1 und LINAUSGL 2, wird die Prozedur FKT zur Berechnung der Ausgleichsfunktionen $\varphi_1(x), \varphi_2(x), \ldots, \varphi_k(x)$ benötigt. Sie wird mit dem gemeinsamen Kopf für die folgenden drei Fälle angegeben:

a) zur Berechnung von Ausgleichspolynomen in der Form:

$\bar{y}(x) = a_1 + a_2 x + \ldots + a_k x^{k-1}$,

b) für den speziellen Fall, wie er in Beispiel 37 (siehe S. 125) verwendet wird:

$$\bar{y}(x) = \frac{a_1}{1-x} + a_2 + a_3 x + a_4 x^2 ,$$

c) für eine harmonische Analyse (siehe 5.10) als lineare Ausgleichung mit der Grund- und ersten Oberschwingung:

$\bar{y}(x) = a_1 + a_2 \cos x + a_3 \cos 2x + a_4 \sin x + a_5 \sin 2x$,

dabei ist x in Winkelgraden gegeben.

Weitere Arten linearer Ausgleichungen lassen sich leicht durch Austausch der entsprechenden Anweisungen zur Berechnung von $\varphi_1(x), \ldots, \varphi_k(x)$ herstellen.

Prozedur FKT

Zweck: Berechnung der Funktionswerte $\varphi_1(x), \ldots, \varphi_k(x)$

Vereinbarung: FKT (K, X, PHI);

Beschreibung der formalen Veränderlichen:

K	Anzahl k der Funktionen $\varphi_i(x)$ Typ: 'INTEGER'
X	Argument x Typ: 'REAL'
PHI	Feld der Funktionswerte $\varphi_i(x)$ Typ: 'ARRAY', Indizes: [1 : K]

Programm:

```
'PROCEDURE' FKT(K,X,PHI);
           'VALUE' X,K;
           'REAL' X;
           'INTEGER' K;
           'ARRAY' PHI;

'COMMENT' PROCEDURE 8
     BERECHNUNG DER K FUNKTIONEN PHI[J];

'COMMENT' BERECHNUNG DER POTENZEN FUER POLYNOM-
     AUSGLEICHUNG (K-1)-TER ORDNUNG;
___________________________________________________

'BEGIN' 'INTEGER' I;
           PHI[1]:=1;
           'FOR' I:=2 'STEP' 1 'UNTIL' K 'DO'
                  PHI[I]:=PHI[I-1]*X
'END' FKT;

'COMMENT' AUSGLEICHSFUNKTIONEN 1/(1-X), 1, X, X*X;
___________________________________________________

'BEGIN' PHI[1]:=1/(1-X);
           PHI[2]:=1;
           PHI[3]:=X;
           PHI[4]:=X*X
'END' FKT;

'COMMENT' HARMONISCHE ANALYSE BIS ZUR 2. OBERSCHWINGUNG;
___________________________________________________

'BEGIN' X:=X*0.0174532925;
           PHI[1]:=1;
           PHI[2]:=COS(X);
           PHI[3]:=COS(2*X);
           PHI[4]:=SIN(X);
           PHI[5]:=SIN(2*X)
'END' FKT;
```

Um bei Polynomen für beliebige Argumente bequem die Funktionswerte zu berechnen, benutzt man das Hornerschema (siehe 5.1, Gl.(5)), für das eine ALGOL-Funktionsprozedur angegeben werden soll. Sie wird außerdem in der Prozudur 16 (siehe S. 198) benötigt.

Funktionsprozedur HORNER

Zweck: Berechnung des Polynomwertes $y(x) = a_0 + a_1 x + \ldots + a_n x^n$

Vereinbarung: 'REAL' 'PROCEDURE' HORNER (N, A, X);

Beschreibung der formalen Veränderlichen :

N	Grad n des Polynoms Typ : 'INTEGER'
A	Feld der Koeffizienten a_i Typ : 'ARRAY', Indizes : [0 : N]
X	Argument x Typ : 'REAL'
HORNER	Funktionswert y(x) des Polynoms Typ : 'REAL'

Programm:

```
'REAL' 'PROCEDURE' HORNER(N,A,X);
        'VALUE' N,X;
        'REAL' X;
        'INTEGER' N;
        'ARRAY' A;

'COMMENT' PROCEDURE 9
    FUNKTIONSWERT EINES POLYNOMS VOM GRAD N MIT
    DEN KOEFFIZIENTEN A[I] FUER DAS ARGUMENT X;

'BEGIN' 'REAL' S;
        'INTEGER' I;
        S:=A[N];
        'FOR' I:=N-1 'STEP' -1 'UNTIL' 0 'DO'
              S:=S*X+A[I];
        HORNER:=S
'END' HORNER;
```

5.6. Ausgleichung durch Orthogonalfunktionen

5.6.1. Allgemeines

In 5.1 wurde darauf hingewiesen, daß sich besondere Vereinfachungen ergeben, wenn die vorgegebenen Funktionen $\varphi_i(x)$, $i = 0, 1, \ldots, k$, ein Orthonormalsystem bilden, wenn also nach Gl. (16) in 5.1 gilt:

$$\sum_{j=1}^{n} \varphi_p(x_j)\,\varphi_q(x_j) = \begin{cases} 0, & p \neq q, \\ 1, & p = q. \end{cases} \tag{1}$$

Die Normierung der Funktionen $\varphi_i(x)$ kann auch anders festgelegt werden ($= C_i$, d.h. eine von Index i abhängige Konstante). Nach Gl. (15) in 5.1 gilt dann

$$\mathbf{F'F} = \mathbf{E} \ ,$$

(bei anderer Normierung tritt an Stelle von **E** eine Diagonalmatrix **D**). Die Koeffizienten der Ausgleichsfunktionen

$$\bar{y}(x) = a_0\varphi_0(x) + a_1\varphi_1(x) + \ldots + a_k\,\varphi_k\,(x) \quad ^{1)} \tag{2}$$

sind dann

$$a_i = \sum_{j=1}^{n} \varphi_i(x_j)\, y_j \ , \qquad i = 0, 1, \ldots, k \ . \tag{3}$$

Es ist

$$\Phi_{min} = \sum_{j=1}^{n} y_j^2 - (a_0^2 + a_1^2 + \ldots + a_k^2) \ . \tag{4}$$

Der besondere Vorteil der Verwendung von Orthogonalfunktionen ist, daß man die Koeffizienten a_i direkt ohne Auflösung eines Gleichungssystems erhält. Da die a_i nur von $\varphi_i(x)$ abhängen, kann man die Darstellung (2) durch Hinzunahme einer weiteren Funktion $\varphi_{k+1}(x)$, die orthogonal zu allen $\varphi_i(x)$ ist, erweitern und a_{k+1} berechnen, ohne daß sich die übrigen a_i ändern. Die „Fehlerquadratsumme" verringert sich dann nur um a_{k+1}^2. Man kann dann leicht entscheiden, wenn man Φ_{Min} als Maß für die Güte der Ausgleichung ansieht, ob durch diese Erweiterung eine merkbare Verbesserung eingetreten ist.

Sind die beliebig angeordneten Argumente $x_1, x_2, \ldots, x_n$ vorgegeben, so müssen also dazu passende Orthogonalfunktionen aufgestellt werden, die Gl. (1) erfüllen. Bei äquidistanten Argumentstellen $x_k = x_1 + (k-1)h$, $k = 1, \ldots, n$, wird meist der Argumentbereich auf ein festes Intervall transformiert, etwa auf $-1, \ldots, +1$ oder wenn $n = 2m + 1$ auf $-m, -m + 1, \ldots, + m$. In diesen Fällen sind in Tabellenform die Funktionen vorausberechnet und veröffentlicht worden (siehe 5.6.4). Von Wichtigkeit sind besonders die Darstellung durch Orthogonalpolynome und durch ein Orthogonalsystem trigonometrischer Funktionen. Letzteres führt zu der *harmonischen Analyse* (siehe 5.10).

---

[1]) In Abweichung von 5.1 sollen wegen der Anwendung auf Polynome die Koeffizienten a_i und die Funktionen $\varphi_i(x)$ von 0 bis k indiziert werden.

5.6.2. Orthogonalpolynome für beliebige Argumente

Es soll zunächst ein allgemeines Verfahren angegeben werden, Orthogonalpolynome für beliebige Argumente $x_1, x_2, \ldots, x_n$ aufzustellen [4]. Für das vorgegebene Argumentsystem sollen Polynome $X_p(x)$ vom Grade p für $p = 0, 1, \ldots, k$ angegeben werden, für die Bedingungen entsprechend Gl. (1) gelten sollen.

Die $X_p(x)$ sind von der speziellen Wahl der x_j und damit auch von n abhängig, was aber nicht durch Indizierung besonders angezeigt wird.

Die Orthogonalitätsbedingungen sind:

$$(X_p, X_q) = \sum_{j=1}^{n} X_p(x_j)\,X_q(x_j) = \begin{cases} 0\,, & p \neq q\,. \\ n\,, & p = q\,. \end{cases} \tag{5}$$

Die Normierung ist abweichend von Gl. (1), bewährt sich hier aber. Die Berechnung der $X_p(x)$ kann rekursiv erfolgen. Dazu müssen zunächst die ersten beiden Polynome X_0 und $X_1(x)$ explizit berechnet werden. Es wird angesetzt

$$X_0 = c_{00} \qquad \text{und} \qquad X_1(x) = c_{01} + c_{11}x\,.$$

Nach Gl. (5) müssen dafür drei Bedingungen erfüllt werden:

$$(X_0, X_0) = \sum_{j=1}^{n} X_0^2 = nc_{00}^2 = n\,,$$

$$(X_1, X_1) = \sum_{j=1}^{n} X_1^2(x_j) = nc_{01}^2 + 2c_{01}c_{11} \sum_{j=1}^{n} x_j + c_{11}^2 \sum_{j=1}^{n} x_j^2 = n\,,$$

$$(X_0, X_1) = \sum_{j=1}^{n} X_0(x_j)X_1(x_j) = c_{00}\left(nc_{01} + c_{11} \sum_{j=1}^{n} x_j\right) = 0\,.$$

Daraus folgt:

$$\begin{aligned} c_{00} &= +1\,, \\ c_{01} &= -\frac{1}{N_1} \sum_{j=1}^{n} x_j\,, \\ c_{11} &= \frac{n}{N_1}\,, \end{aligned} \tag{6}$$

mit

$$N_1^2 = n \sum_{j=1}^{n} x_j^2 - \left[\sum_{j=1}^{n} x_j\right]^2.$$

Die Vorzeichenfestsetzung bei c_{00} und N_1 ist willkürlich wählbar. Alle folgenden Polynome $X_p(x)$, $p \geqslant 2$, lassen sich nach der folgenden Rekursionsformel berechnen:

$$\boxed{X_p(x) = (\alpha_{1p} x + \alpha_{2p}) X_{p-1}(x) + \alpha_{3p} X_{p-2}(x)} \quad . \tag{7}$$

(Die α_{ip} sind natürlich wie die $X_p(x)$ von den x_j und damit von n abhängig.) Wenn Gl. (7) gelten soll, so müssen nach Gl. (5) die drei Bedingungen

$$(X_p, X_{p-1}) = 0, \qquad (X_p, X_{p-2}) = 0\,, \qquad (X_p, X_p) = n$$

erfüllt sein. Dadurch können gerade die drei Koeffizienten berechnet werden.

Aus den zwei Bedingungen für die Orthogonalität folgt:

$$\alpha_{1p} \sum_{j=1}^{n} x_j X_{p-1}^2(x_j) + n\,\alpha_{2p} = 0\,,$$

$$\alpha_{1p} \sum_{j=1}^{n} x_j X_{p-1}(x_j) X_{p-2}(x_j) + n\,\alpha_{3p} = 0\,.$$

Aus der Normierungsbedingung ergibt sich:

$$\alpha_{1p}^2 \sum_{j=1}^{n} x_j^2 X_{p-1}^2(x_j) + 2\alpha_{1p}\alpha_{2p} \sum_{j=1}^{n} x_j X_{p-1}^2(x_j) + n\alpha_{2p}^2$$

$$+ 2\alpha_{1p}\alpha_{3p} \sum_{j=1}^{n} x_j X_{p-1}(x_j) X_{p-2}(x_j) + n\alpha_{3p}^2 = n\,.$$

Setzt man aus den ersten beiden Gleichungen in die dritte ein, so folgt:

$$\begin{aligned} \alpha_{1p} &= \frac{n}{N_p}\,, \\ \alpha_{2p} &= -\frac{1}{N_p} \sum_{j=1}^{n} x_j X_{p-1}^2(x_j)\,, \\ \alpha_{3p} &= -\frac{1}{N_p} \sum_{j=1}^{n} x_j X_{p-1}(x_j) X_{p-2}(x_j)\,, \end{aligned} \tag{8}$$

mit

$$N_p^2 = n \sum_{j=1}^{n} x_j^2 X_{p-1}^2(x_j) - \left(\sum_{j=1}^{n} x_j X_{p-1}^2(x_j) \right)^2 - \left(\sum_{j=1}^{n} x_j X_{p-1}(x_j) X_{p-2}(x_j) \right)^2 .$$

(Vorzeichen von N_p willkürlich wählbar.)

Durch vollständige Induktion läßt sich zeigen, daß dadurch alle Polynome $X_p(x)$ bestimmt sind.

Entsprechend Gl. (3) gilt für die Koeffizienten a_p des Ausgleichspolynoms

$$\bar{y}(x) = a_0 X_0 + a_1 X_1(x) + \ldots + a_k X_k(x),$$

$$a_p = \frac{1}{n} \sum_{j=1}^{n} y_j X_p(x_j), \qquad p = 0, 1, \ldots k. \tag{9}$$

und für Φ_{min}

$$\Phi_{min} = \sum_{j=1}^{n} y_j^2 - n\,(a_0^2 + a_1^2 + \ldots + a_k^2). \tag{10.1}$$

(Der Faktor n erklärt sich aus der Normierung.)

Da der Definition nach Φ als Quadratsumme stets positiv sein muß, gilt:

$$a_0^2 + a_1^2 + \ldots + a_k^2 \leqslant \frac{1}{n} \sum_{i=1}^{n} y_i^2. \tag{10.2}$$

Diese Beziehung wird als *Besselsche Ungleichung* bezeichnet. Geht man also von einem Ausgleichspolynom k-ten Grades zu einem solchen (k + 1)-ten Grades über, so ist nur a_{k+1} neu zu berechnen, Φ_{min} nimmt um na_{k+1}^2 ab:

$$\Phi_{min}^{(k+1)} = \Phi_{min}^{(k)} - n\,a_{k+1}^2 .$$

Eine Erweiterung dieses Verfahrens besteht darin, daß man jeder Abszisse x_j und damit den zugehörigen y_i ein Gewicht p_j zuordnet. Die verallgemeinerten Orthogonalitäts- und Normierungsbedingungen lauten dann:

$$\sum_{j=1}^{n} p_j X_r(x_j)\, X_s(x_j) = \begin{cases} 0, & r \neq s, \\ N, & r = s, \end{cases} \tag{11}$$

und

$$N = \sum_{j=1}^{n} p_j .$$

Handelt es sich nur darum, daß zu einer Abszisse x_j mehrere y_j beobachtet sind, so braucht man keine Gewichte einzuführen, man kann dann in den Polynomen einen Wert x_k mehrfach als $x_{k+1} = x_{k+2} = \ldots = x_{k+l} = x_k$ einführen, nur muß die Zahl der paarweise verschiedenen Abszissen um Eins größer sein als der Grad des Polynoms, da sonst die Matrix des Systems singulär wird.

Will man nur den ausgeglichenen Funktionswert an einer vorgegebenen Stelle x_j berechnen, so erhält man entsprechend Gl. (1)

$$\bar{y}(x_j) = a_0 X_0 + a_1 X_1(x_j) + \ldots + a_k X_k(x_j) \tag{12}$$

mit den durch die Rekursionsformel bereits berechneten $X_i(x_j)$.

Für die Berechnung der Funktionswerte y(x) an beliebigen Stellen x muß man das Ausgleichspolynom nach Potenzen von x ordnen in der Form:

$$\bar{y}(x) = C_0 + C_1 x + \ldots + C_k x^k . \tag{13}$$

Die Koeffizienten C_p sind dabei von n und k (und damit auch von den x_j abhängig. Aus der Darstellung des Ausgleichspolynoms geordnet nach Potenzen von x

$$X_p(x) = c_{0p} + c_{1p} x + \ldots + c_{pp} x^p = \sum_{i=0}^{p} c_{ip} x^i \tag{14}$$

folgt durch Anwendung der Rekursionsformel (7) und Koeffizientenvergleich folgendes Gleichungssystem:

$$\begin{aligned}
c_{0p} &= & \alpha_{2p}\, c_{0,p-1} &+ \alpha_{3p}\, c_{0,p-2} \,, \\
c_{1p} &= \alpha_{1p}\, c_{0,p-1} & + \alpha_{2p}\, c_{1,p-1} &+ \alpha_{3p}\, c_{1,p-2} \,, \\
&\ldots\ldots\ldots\ldots\ldots\ldots && , \\
c_{kp} &= \alpha_{1p}\, c_{k-1,p-1} & + \alpha_{2p}\, c_{k,p-1} &+ \alpha_{3p}\, c_{k,p-2} \,, \\
&\ldots\ldots\ldots\ldots\ldots\ldots && , \\
c_{p-2,p} &= \alpha_{1p}\, c_{p-3,p-1} & + \alpha_{2p}\, c_{p-2,p-1} &+ \alpha_{3p}\, c_{p-2,p-2} \,, \\
c_{p-1,p} &= \alpha_{1p}\, c_{p-2,p-1} & + \alpha_{2p}\, c_{p-1,p-1} &\,, \\
c_{p,p} &= \alpha_{1p}\, c_{p-1,p-1} & & .
\end{aligned} \tag{15}$$

Wegen Gl. (14) folgt durch Zusammenfassung der entsprechenden Glieder

$$C_p = \sum_{j=p}^{k} c_{pj} a_j . \tag{16}$$

Die Gln. (15) und (16) lassen sich in Matrizenschreibweise folgendermaßen zusammenfassen:

Der Koeffizientenvektor von $\mathbf{X}_p(x)$ ist

$$c_p = \begin{pmatrix} c_{0p} \\ \ldots \\ c_{pp} \end{pmatrix} \qquad \text{und} \qquad \vec{\alpha}_p = \begin{pmatrix} \alpha_{1p} \\ \alpha_{2p} \\ \alpha_{3p} \end{pmatrix} .$$

Aus den c_p und c_{p-1} bildet man die Matrix C_p

$$C_p = \begin{pmatrix} 0 & c_{p-1} & c_{p-2} \\ & & 0 \\ c_{p-1} & 0 & 0 \end{pmatrix} = \begin{pmatrix} 0 & c_{0,p-1} & c_{0,p-2} \\ c_{0,p-1} & c_{1,p-1} & c_{1,p-2} \\ \cdots & \cdots & \cdots \\ c_{p-2,p-1} & c_{p-1,p-1} & 0 \\ c_{p-1,p-1} & 0 & 0 \end{pmatrix} . \quad (15.1)$$

Dann berechnet sich der Vektor c_p zu

$$c_p = C_p \vec{\alpha}_p \quad . \quad (15.2)$$

Die Koeffizienten

$$C = \begin{pmatrix} C_o \\ \cdots \\ C_k \end{pmatrix} , \qquad a = \begin{pmatrix} a_0 \\ \cdots \\ a_k \end{pmatrix} \quad (16.1)$$

lassen sich mit der Dreiecksmatrix C^*

$$C^* = \begin{pmatrix} c_{00} & c_{01} & \cdots & c_{0k} \\ & c_{11} & \cdots & c_{1k} \\ & & & \cdots \\ 0 & & & c_{kk} \end{pmatrix} = \begin{pmatrix} c_0 & c_1 & \cdots & c_k \\ & & & \\ 0 & & & \end{pmatrix}$$

berechnen, die aus den Vektoren c_p gebildet wird:

$$C = C^* a \quad .$$

Das angegebene Verfahren ist vor allem geeignet für die automatische Rechnung auf einer Datenverarbeitungsanlage, bei dem die Polynome für die vorgegebenen x_i rekursiv berechnet werden können. In der folgenden ALGOL-Prozedur werden für n gegebene Wertepaare x_i, y_i die Koeffizienten C_i und die ausgeglichenen Funktionswerte $\bar{y}_i$ berechnet. Eine andere Prozedur siehe [32].

Prozedur ORTPOL

Zweck: Ausgleichung durch Orthogonalpolynome vom Grade g für n gegebene Funktionswerte x_i, y_i. Berechnung der ausgeglichenen Funktionswerte y_{1i} an den Stellen x_i, des Minimums der Summe der Fehlerquadrate Φ_{min} und der Koeffizienten C_p des Polynoms, geordnet nach Potenzen von $(x - x_o)$:

$$y_1(x) = \sum_{p=0}^{g} C_p (x - x_0)^p \; .$$

Vereinbarung: ORTPOL (N, G, X0, X, Y, Y1, PHI, C);

Beschreibung der formalen Veränderlichen:

N Anzahl n der gegebenen Funktionswerte
Typ: 'INTEGER'

G Grad g des Ausgleichspolynoms
Typ: 'INTEGER'

X0 Verschiebung der Abszissen um x_0 zur Darstellung des Polynoms geordnet nach Potenzen von $(x - x_0)$ (siehe Bemerkungen)
Typ: 'REAL'

X, Y Felder der gegebenen Beobachtungswerte x_i, y_i (Abszissen und Ordinaten)
Typ: 'ARRAY', Indizes: [1 : N]

Y1 Feld der ausgeglichenen Funktionswerte y_{1i}
Typ: 'ARRAY', Indizes: [1 : N]

PHI Minimum der Summe der Fehlerquadrate Φ_{min}
Typ: 'REAL'

C Feld der Koeffizienten C_p des Ausgleichspolynoms, geordnet nach Potenzen von $(x - x_0)$
Typ: 'ARRAY', Indizes: [0 : G]

Bemerkungen: Liegt der Mittelwert der Abszissen x_i nicht in der Nähe von Null, so empfiehlt es sich, zur Erhöhung der Rechengenauigkeit (sonst Auslöschung führender Stellen) einen Wert x_0 in der Nähe dieses Mittelwertes einzuführen und das Ausgleichspolynom in Potenzen von $(x - x_0)$ auszudrücken.

Soll die Verschiebung unterbleiben, so ist im Hauptprogramm X0 der Wert Null zuzuweisen.

Programm:

```
'PROCEDURE' ORTPOL(N,G,X0,X,Y)RESULT:(Y1,PHI,C);
        'VALUE' N,G,X0;
        'REAL' X0,PHI;
        'INTEGER' N,G;
        'ARRAY' X,Y,Y1,C;

'COMMENT' PROCEDURE 10
    AUSGLEICHUNG DURCH ORTHOGONALPOLYNOME VOM GRAD G
    FUER N GEGEBENE FUNKTIONSWERTE X[I],Y[I].
    BERECHNUNG DER AUSGEGLICHENEN FUNKTIONSWERTE Y1[I],
    DER SUMME DER FEHLERQUADRATE PHI UND DER
    KOEFFIZIENTEN C[I] DES POLYNOMS GEORDNET NACH
    POTENZEN VON (X-X0);
```

```
'BEGIN' 'REAL' S1,S2,NENN,ALFA1,ALFA2,ALFA3;
        'INTEGER' I,K;
        'ARRAY' A[0:G],C1[0:G,0:G],Z[0:G,1:N],
                D[1:G+1,1:3];
        'IF' X0 'NOTEQUAL' 0 'THEN'
        'FOR' I:=1 'STEP' 1 'UNTIL' N 'DO'
             X[I]:=X[I]-X0;
        'COMMENT' POLYNOME NULLTER UND ERSTER ORDNUNG;
        S1:=S2:=PHI:=A[0]:=A[1]:=0;
        'FOR' K:=1 'STEP' 1 'UNTIL' N 'DO'
        'BEGIN' S1:=S1+X[K];
                S2:=S2+X[K]*X[K];
                PHI:=PHI+Y[K]*Y[K]
        'END';
        C1[0,0]:=1;
        NENN:=SQRT(N*S2-S1*S1);
        C1[0,1]:=-S1/NENN;
        C1[1,1]:=N/NENN;
        'FOR' K:=1 'STEP' 1 'UNTIL' N 'DO'
        'BEGIN' Z[0,K]:=C1[0,0];
                Z[1,K]:=C1[0,1]+C1[1,1]*X[K];
                A[0]:=A[0]+Y[K];
                A[1]:=A[1]+Y[K]*Z[1,K]
        'END';
        A[0]:=A[0]/N;
        A[1]:=A[1]/N;
        PHI:=PHI-(A[0]*A[0]+A[1]*A[1])*N;
        'FOR' K:=1 'STEP' 1 'UNTIL' N 'DO'
             Y1[K]:=A[0]+A[1]*Z[1,K];
        C[0]:=A[0]*C1[0,0]+A[1]*C1[0,1];
        C[1]:=A[1]*C1[1,1];
        'COMMENT' POLYNOME ZWEITER BIS G-TER ORDNUNG;
        'IF' G 'NOTEQUAL' 1 'THEN'
        'BEGIN' 'FOR' I:=2 'STEP' 1 'UNTIL' G 'DO'
                'BEGIN' A[I]:=ALFA1:=ALFA2:=ALFA3:=C[I]:=0;
                        'FOR' K:=1 'STEP' 1 'UNTIL' N 'DO'
                        'BEGIN' ALFA1:=ALFA1+X[K]*X[K]
                                      *Z[I-1,K]*Z[I-1,K];
                                ALFA2:=ALFA2+X[K]*Z[I-1,K]
                                      *Z[I-1,K];
                                ALFA3:=ALFA3+X[K]*Z[I-1,K]
                                      *Z[I-2,K]
                        'END';

        NENN:=SQRT(N*ALFA1-ALFA2*ALFA2-
                   ALFA3*ALFA3);
        ALFA1:=N/NENN;
        ALFA2:=-ALFA2/NENN;
        ALFA3:=-ALFA3/NENN;
        'FOR' K:=1 'STEP' 1 'UNTIL' N 'DO'
        'BEGIN' Z[I K]:=(ALFA1*X[K]+ALFA2)
                        *Z[I-1,K]
                        +ALFA3*Z[I-2,K];
                A[I]:=A[I]+Y[K]*Z[I,K]
        'END';
```

```
                              A[I]:=A[I]/N;
                              'FOR' K:=1 'STEP' 1 'UNTIL' N 'DO'
                                   Y1[K]:=Y1[K]+A[I]*Z[I,K];
                              PHI:=PHI-N*A[I]*A[I];
                              'IF' PHI 'LESS' 0 'THEN'
                                   PHI:=0;
                              'FOR' K:=0 'STEP' 1 'UNTIL' I-1 'DO'
                              'BEGIN' D[K+2,1]:=D[K+1,2]
                                             :=C1[K,I-1];
                                      D[K+1,3]:=C1[K,I-2]
                              'END';
                              D[1,1]:=D[I+1,2]:=D[I,3]:=D[I+1,3]
                                   :=0;
                              'FOR' K:=0 'STEP' 1 'UNTIL' I 'DO'
                                  C1[K,I]:=ALFA1*D[K+1,1]+
                                           ALFA2*D[K+1,2]+
                                           ALFA3*D[K+1,3];
                              'FOR' K:=0 'STEP' 1 'UNTIL' I 'DO'
                                  C[K]:=C[K]+A[I]*C1[K,I]
                    'END'
        'END'
'END' ORTPOL;
```

5.6.3. Mittlerer Fehler der a_i bei Orthogonalfunktionen

Es ist wieder wie in 5.4

$$m_y = \sqrt{\frac{v'v}{n-(k+1)}}$$

Bei der speziellen Normierung

$$\sum_{i=1}^{n} \varphi_p(x_i)\varphi_q(x_i) = \begin{cases} 0, & p \neq q \\ d_q, & p = q \end{cases}$$

ist die Normalmatrix

$$\mathbf{N} = \mathbf{F}'\mathbf{F} = \begin{pmatrix} d_0 & & & 0 \\ & d_1 & & \\ & & \cdots & \\ 0 & & & d_k \end{pmatrix}$$

eine Diagonalmatrix und die Inverse $\mathbf{N}^{-1}$ lautet

$$\mathbf{N}^{-1} = \begin{pmatrix} 1/d_0 & & & 0 \\ & 1/d_1 & & \\ & & \cdots & \\ 0 & & & 1/d_k \end{pmatrix} .$$

Wegen

$$n_{ii} = \frac{1}{d_i}$$

folgt

$$m_{ai} = \frac{m_y}{\sqrt{d_i}} \; .$$

Sind speziell alle $d_i = 1$, so sind die

$$m_{ai} = m_y \; .$$

Bei den in 5.6.2 hergeleiteten Orthogonalpolynomen sind alle

$$d_i = n$$

und daher

$$m_{ai} = \frac{m_y}{\sqrt{n}} \; .$$

Für die nach Potenzen von x geordneten Polynome mit den Koeffizienten C_p von x^p bzw. $(x - x_0)^p$ gilt

$$C_p = c_{pp} a_p + c_{p,p+1} a_{p+1} + \ldots + c_{pk} a_k \; .$$

Da die c_{pq} nur von den x_i abhängen, kann man nach den gemachten Voraussetzungen diese als fehlerfrei betrachten. Der mittlere Fehler von C_p kann dann nach dem Fehlerfortpflanzungsgesetz (3.3) berechnet werden. Da

$$\frac{\partial C_p}{\partial a_q} = C_{pq} \, ,$$

so ist

$$m_{Cp} = \sqrt{(C_{pp} m_{ap})^2 + (C_{p,p+1} m_{a,p+1})^2 + \ldots + (C_{pk} m_{ak})^2}$$

oder

$$m_{Cp} = \frac{m_y}{\sqrt{n}} \sqrt{C_{pp}^2 + C_{p,p+1}^2 + \ldots + C_{pk}^2} \; .$$

5.6.4. Orthogonalpolynome für äquidistante Argumente

Bei beliebiger Anordnung der Argumente x_i, $i = 1, \ldots, n$, ist eine Vorausberechnung und Tabellierung der Polynomwerte $X_p(x_i)$ nicht sinnvoll. Bei äquidistanten Argumenten läßt sich erreichen, indem man eine Argumenttransformation auf ein festes Intervall durchführt, daß es sich lohnt, die Polynome zu tabellieren. Dadurch hat man für numerische Rechnung mit der Tischrechenmaschine diese Werte bereit und verringert beträchtlich den erforderlichen Rechenaufwand. Solche Polynome wurden zuerst von *Tschebyscheff* zum Zwecke der Interpolation eingeführt. Von Seiten der Statistik wurden Tabellen berechnet und zu Ausgleichszwecken verwendet, und zwar zuerst von *R. A. Fisher* [5] und *P. Lorenz* [6]. In der Folge sind zahlreiche derartige Tabellen veröffentlicht worden, siehe [5] bis [13].

Man wählt als Argumente

$$x_k = k - \frac{1}{2}(n+1), \qquad k = 1, 2, \ldots, n \ . \tag{1}$$

(Zuweilen wird bei geradzahligem n auch der Abszissenabstand zwei gewählt, also … −5, −3, −1, +1, 3, 5, ….)

Man setzt das Ausgleichspolynom an in der Form

$$\bar{y}(x) = A_0\Phi_0(x) + A_1\Phi_1(x) + \ldots + A_k\Phi_k(x) \tag{2}$$

mit

$$\Phi_p(x) = \sum_{i=0}^{p} c_{pi}x^i$$

und es gelten die Orthogonalitätsbedingungen:

$$\sum_{k=1}^{n} \Phi_p(x_k)\,\Phi_q(x_k) = 0 \qquad \text{für } p \neq q \ . \tag{3}$$

Über die Normierung

$$\sum_{k=1}^{n} \Phi_p^2(x_k) = S_p \ , \qquad p = 0, 1, \ldots, \tag{5}$$

kann in verschiedener Weise verfügt werden. Während *P. Lorenz* [2] $S_p = n$ wählt, läßt *R. A. Fisher* [5] diesen Wert frei und wählt ihn jeweils so, daß die Funktionswerte ganzzahlig werden. Außer der Möglichkeit, diese Polynome rekursiv zu berechnen (siehe 5.6.2), kann man auch für beliebiges n diese Polynome explizit angeben. Aus der Symmetrie der Argumente folgt wegen der Orthogonalität:

$$\begin{array}{lll} p = 2m+1 & \text{(ungerade)} & \Phi_{2m+1}(x_k) = -\Phi_{2m+1}(-x_k) \\ p = 2m & \text{(gerade)} & \Phi_{2m}(x_k) \;\;\; = \Phi_{2m}(-x_k) \end{array} \tag{4}$$

$$m = 0, 1, \ldots \qquad k = 1, \ldots, n \ .$$

Dadurch kann man auch die Tabellen verkürzen, da man nur die Funktionswerte für positives x_k anzugeben braucht. Bei der Art, wie *Fisher* normiert, müssen außerdem noch die Normwerte S_p tabelliert werden

Die Polynome lassen sich explizit angeben [4], dabei werden die λ_i so gewählt, daß die $\Phi_p(x_k)$ ganze Zahlen werden. Für $p = 0, \dots, 6$ ergibt sich:

$$\begin{aligned}
\Phi_0(x) &= 1 \,, \\
\Phi_1(x) &= \lambda_1 x \,, \\
\Phi_2(x) &= \lambda_2 \left[x^2 - \frac{n^2-1}{12} \right] , \\
\Phi_3(x) &= \lambda_3 \left[x^3 - \frac{3n^2-7}{20} x \right] , \\
\Phi_4(x) &= \lambda_4 \left[x^4 - \frac{3n^2-13}{14} x^2 + \frac{3}{560} (n^2-1)(n^2-9) \right] , \\
\Phi_5(x) &= \lambda_5 \left[x^5 - \frac{n^2-7}{18} x^3 + \frac{15n^4 - 230n^2 + 407}{1\,008} x \right] , \\
\Phi_6(x) &= \lambda_6 \left[x^6 - \frac{5}{44} (3n^2-31)x^4 + \frac{1}{176} (5n^4 - 110n^2 + 329)x^2 \right. \\
&\qquad \left. - \frac{5}{14\,784} (n^2-1)(n^2-9)(n^2-25) \right] .
\end{aligned} \tag{6}$$

Wählt man z.B. $n = 5$, so ist

$$\Phi_3(x) = \lambda_3 \left[x^3 - \frac{17}{5} x \right] ,$$

und für $\lambda_3 = \frac{5}{6}$ ist

$$\begin{aligned}
x_i &= -2, \ -1, \ 0, \ 1, \ 2 , \\
\Phi_3(x_i) &= -1, \ 2, \ 0, \ -2, \ 1 , \\
S_3 &= \sum_{i=1}^{5} \Phi_3^2(x_i) = 10 .
\end{aligned}$$

Zur Ausnützung der Symmetrie bzw. Antisymmetrie der Polynome gerader und ungerader Ordnung bildet man die Summe bzw. Differenzen der Ordinaten der gegebenen Funktionswerte der zum Ursprung symmetrisch gelegenen Abszissen *(Faltung der Ordinaten)*:

$n = 2m+1$:		$n = 2m$:	
$s_1 = y_1 + y_{2m+1}$,	$d_1 = y_1 - y_{2m+1}$	$s_1 = y_1 + y_{2m}$,	$d_1 = y_1 - y_{2m}$
$s_2 = y_2 + y_{2m}$,	$d_2 = y_2 - y_{2m}$	$s_2 = y_2 + y_{2m-1}$,	$d_2 = y_2 - y_{2m-1}$
....	....	....	....
$s_m = y_m + y_{m+2}$,	$d_m = y_m - y_{m+2}$	$s_m = y_m + y_{m+1}$,	$d_m = y_m - y_{m+1}$
$s_{m+1} = y_{m+1}$			

(8)

Die Koeffizienten A_p lauten

$$A_p = \frac{1}{S_p} \sum_{i=1}^{n} \Phi_p(x_i) y_i \,, \tag{9.1}$$

oder nach Faltung der Ordinaten für die Koeffizienten mit ungeradzahligem Index

$$A_{2q+1} = \frac{1}{S_{2q+1}} \sum_{i=1}^{m} \Phi_{2q+1}(x_i) d_i \tag{9.2}$$

und bei geradzahligem Index, wenn

$n = 2m + 1$ bzw. $n = 2m$

$$A_{2q} = \frac{1}{S_{2q}} \sum_{i=1}^{m+1} \Phi_{2q}(x_i) s_i \qquad A_{2q} = \frac{1}{S_{2q}} \sum_{i=1}^{m} \Phi_{2q}(x_i) s_i \,. \tag{9.3}$$

Im *Anhang 3* sind auszugsweise Tabellen für n = 3 (1) 20 und den Polynomgraden p = 1 (1) 6 angegeben (siehe S. 243).

Der Rechengang und die Benutzung der Tabellen sollen an einem einfachen Beispiel gezeigt werden.

Beispiel 33: Ausgleichung von 9 Funktionswerten für äquidistante Abszissen

Gegeben: $n = 9$,

$$y_i = -112, -58, -26, -10, -4, -2, 2, 14, 40 \,.$$

Ansatz: $\bar{y}(x) = \sum_{p=0}^{4} A_p \Phi_p(x)$ (Rechenschema siehe folgende Seite.)

Man erhält die Darstellung

$$\bar{y}(x) = -17{,}333\,33 + 14{,}8\,\Phi_1(x) - 0{,}666\,67\,\Phi_2 + 1{,}2\,\Phi_3(x) \,.$$

Es ist $A_4 = 0$, da die y_i exakt ein Polynom 3. Ordnung erfüllen.

Für Φ_{min} erhält man wegen der Normierung

$$\Phi_{min} = \sum_{i=1}^{m} y_i^2 - \sum_{k=1}^{p} A_k^2 S_k$$

$$= 18\,504 - \left[17{,}333\,33^2 \cdot 9 + 14{,}8^2 \cdot 60 + 0{,}666\,67^2 \cdot 2\,772 + 1{,}2^2 \cdot 990\right] = 0 \,,$$

d.h. das gefundene Polynom ist ein Interpolationspolynom 3. Ordnung, das die 9 Punkte als Stützstellen hat.

Rechenschema Beispiel 33:

p				0	2		4			1		3			
i		y_i		s_i	Φ_2	$s_i\Phi_2$	Φ_4	$s_i\Phi_4$	d_i	Φ_1	$d_i\Phi_1$	Φ_3	$d_i\Phi_3$	y_i^2	
1	9	- 112	40	- 72	28	- 2016	14	- 1008	- 152	- 4	608	- 14	2128	12544	1600
2	8	- 58	14	- 44	7	- 308	- 21	924	- 72	- 3	216	7	-504	3364	196
3	7	- 26	2	- 24	- 8	192	- 11	264	- 28	- 2	56	13	-364	676	4
4	6	- 10	-2	- 12	- 17	204	9	- 108	- 8	- 1	8	9	- 72	100	4
5	–	- 4	–	- 4	- 20	80	18	- 72	–	–	–	–	–	16	–
Σ		- 210	54	- 156		1848		0			888		1188	16700	1804
S_p					2772		2002			60		990		18504	

$$A_C = \frac{1}{n} \Sigma s_i = -156/9 = -17{,}33\,333$$

$$A_1 = 888/60 = 14{,}8$$

$$A_2 = 1848/2772 = 0{,}66\,667$$

$$A_3 = 1188/990 = 1{,}2$$

$$A_4 = 0$$

5.7. Beispiele

Dieser Abschnitt enthält vier Beispiele, die in verschiedener Weise gerechnet werden können, und zwar sowohl mit Tischrechenmaschinen als auch unter Zuhilfenahme der angegebenen Prozeduren mit einer DA. Bei elektronisch gerechneten Beispielen ist der Originalabdruck der Maschine wiedergegeben worden, wie er durch ein vollständiges Programm mit Ein- und Ausgabe angegeben wurde.

Beispiel 34: Ausgleichspolynom 5. Ordnung

Durch numerische Integration einer Differentialgleichung wurden die folgenden 10 Wertepaare erhalten. Durch ein Ausgleichspolynom 5. Ordnung soll eine formelmäßige Darstellung für den angegebenen Bereich gefunden werden [15].

Gegebene Funktionswerte:

x_i	0	0,3	0,6	0,9	1,2	1,5	1,8	2,1	2,4	2,7
y_i	1,300	1,245	1,095	0,855	0,514	0,037	-0,600	-1,295	-1,767	-1,914

Es wird die Ausgleichung für die Grade 1 ... 5 durchgeführt, wobei alle Zwischenstufen angegeben sind, damit man sehen kann, wie die Annäherung fortschreitet.

Es folgt das Maschinenprotokoll, das unter Zuhilfenahme der Prozedur ORTPOL mit einem Programm gerechnet wurde, das die entsprechenden Ein- und Ausgabeanweisungen enthält. Es bedeuten:

X, Y gegebene Daten,
Y1 ausgeglichene Funktionswerte,
Y − Y1 Unterschied zwischen gegebenen und ausgeglichene Funktionswerten,
PHI Summe der Fehlerquadrate,
C(I) Koeffizienten des nach Potenzen von x geordneten Polynoms.

Protokoll siehe folgende Seite [1])

Das Ausgleichspolynom 5. Grades lautet somit:

$$\bar{y}(x) = 1{,}303\,01 - 0{,}100\,61\,x - 0{,}459\,94x^2 + 0{,}254\,79x^3$$
$$- 0{,}318\,35x^4 + 0{,}085\,84x^5 \;,$$

wobei Φ_{min} von dem Wert 0,707 5 für die geradlinige Ausgleichung auf 0,005 8 für das Polynom 4. Grades und auf 0,002 4 für das Polynom 5. Grades abnimmt.

Bei der Berechnung desselben Beispiels mit Hilfe der Tabellen der Orthogonalpolynome in Anhang 3 für äquidistante Argumente ergibt sich das Schema auf S. 122

---

[1]) In den Tabellen sind die Ergebnisse in 4 Spalten für X, Y, Y1 und Y−Y1 angegeben. In dieser Weise sind die Überschriften X, Y, Y1, Y−Y1= zu deuten.

Als Ergebnis findet man:

$$\bar{y}(x) = 0{,}053\,00\,\Phi_0(x) + 0{,}202\,43\,\Phi_1(x) - 0{,}056\,80\,\Phi_2(x) - 0{,}004\,855\,\Phi_3(x) + 0{,}005\,075\,\Phi_4(x) - 0{,}002\,086\,\Phi_5(x)\,.$$

Dieses Ergebnis stimmt mit dem oben angegebenen überein, wie man leicht nachrechnen kann.

Rechenprotokoll Beispiel 34:

```
          AUSGLEICHSPOLYNOM

ZAHL DER FUNKTIONSWERTE = 10

GRAD DES POLYNOMS = 1

  X,   Y,   Y1,   Y-Y1 =

 0.0         1.3000        1.7689        -0.4689
 0.3         1.2450        1.3640        -0.1190
 0.6         1.0950        9.5915'-1      0.1358
 0.9         0.8550        5.5429'-1      0.3007
 1.2         0.5140        1.4943'-1      0.3646
 1.5         0.0370       -2.5543'-1      0.2924
 1.8        -0.6000       -6.6029'-1      0.0603
 2.1        -1.2950       -1.0652        -0.2298
 2.4        -1.7670       -1.4700        -0.2970
 2.7        -1.9140       -1.8749        -0.0391

PHI =   0.07075'1

C(I) =

 1.76887
-1.34954


GRAD DES POLYNOMS = 2

  X,   Y,   Y1,   Y-Y1 =

 0.0         1.3000        1.4281        -0.1281
 0.3         1.2450        1.2504        -0.0054
 0.6         1.0950        1.0159         0.0791
 0.9         0.8550        7.2468'-1      0.1303
 1.2         0.5140        3.7661'-1      0.1374
 1.5         0.0370       -2.8248'-2      0.0652
 1.8        -0.6000       -4.8990'-1     -0.1101
 2.1        -1.2950       -1.0084        -0.2866
 2.4        -1.7670       -1.5836        -0.1834
 2.7        -1.9140       -2.2156         0.3016
```

```
PHI = 0.02817'1

C(I) =

 1.42810
-0.49760
-3.15530'-1

GRAD DES POLYNOMS = 3

  X,   Y,   Y1,   Y-Y1 =

 0.0        1.3000        1.2242        0.0758
 0.3        1.2450        1.3184       -0.0734
 0.6        1.0950        1.1859       -0.0909
 0.9        0.8550        8.7519'-1    -0.0202
 1.2        0.5140        4.3488'-1     0.0791
 1.5        0.0370       -8.6513'-2     0.1235
 1.8       -0.6000       -6.4042'-1     0.0404
 2.1       -1.2950       -1.1783       -0.1167
 2.4       -1.7670       -1.6516       -0.1154
 2.7       -1.9140       -2.0117        0.0977

PHI = 0.00794'1

C(I) =

 1.22417
 0.74591
-1.52937
 2.99714'-1

GRAD DES POLYNOMS = 4

  X,   Y,   Y1,   Y-Y1 =

 0.0        1.3000        1.3155       -0.0155
 0.3        1.2450        1.2067        0.0383
 0.6        1.0950        1.0996       -0.0046
 0.9        0.8550        8.9042'-1    -0.0354
 1.2        0.5140        5.2623'-1    -0.0122
 1.5        0.0370        4.8403'-3     0.0322
 1.8       -0.6000       -6.2520'-1     0.0252
 2.1       -1.2950       -1.2646       -0.0304
 2.4       -1.7670       -1.7632       -0.0038
 2.7       -1.9140       -1.9204        0.0064

PHI = 0.00058'1

C(I) =

 1.31553
-0.52289
 0.84374
-1.11006
 2.61069'-1
```

```
GRAD DES POLYNOMS = 5

  X,   Y,   Y1,   Y-Y1 =

 0.0        1.3000         1.3030          -0.0030
 0.3        1.2450         1.2359           0.0091
 0.6        1.0950         1.0975          -0.0025
 0.9        0.8550         8.6747'-1       -0.0125
 1.2        0.5140         5.1371'-1        0.0003
 1.5        0.0370         1.7356'-2        0.0196
 1.8       -0.6000        -6.0225'-1        0.0023
 2.1       -1.2950        -1.2625          -0.0325
 2.4       -1.7670        -1.7924           0.0254
 2.7       -1.9140        -1.9079          -0.0061

PHI =   0.00024'1

C(I) =

 1.30301
-0.10061
-0.45994
 0.25479
-3.18348'-1
 8.58395'-2
```

Rechenschema für Beispiel 34 bei Benutzung der Tabelle siehe folgende Seite.

Beispiel 35: Statistik über den Luftverkehr

Für eine vorliegende Statistik über den Umfang des Zivilflugverkehrs (aller der ICAO angeschlossenen Staaten) in 10^9 Passagier-Kilometern für die Jahre 1945–1965 [16] soll ein Trend in Form eines Polynoms 5. Grades berechnet werden.

Gegebene Daten:

1945	1946	1947	1948	1949	1950	1951	1952	1953	1954	1955
8,0	16,5	19,0	21,0	24,0	28,5	35,0	40,0	46,0	52,0	61,0
1956	**1957**	**1958**	**1959**	**1960**	**1961**	**1962**	**1963**	**1964**	**1965**	
71,0	81,0	85,0	97,0	109,0	117,0	130,0	147,0	179,0	199,0 [1])	

Es ist N = 21. Berechnet wird ein Polynom nach Potenzen von x − 1955.

Durch diese Transformation werden weitgehend Differenzen fast gleichgroßer Zahlen vermieden, die Auslöschung führender Stellen verursachen können.

---

[1]) Schätzung aus anderen Quellen.

Rechenschema Beispiel 34 (Benutzung der Tabellen).

i	x		y		$s_i =$	$d_i =$	Φ_{oi}	Φ_{1i}	Φ_{2i}	Φ_{3i}	Φ_{4i}	Φ_{5i}	
	x_i	x_{n-i+1}	y_i	y_{n-i+1}	$y_i + y_{n-i+1}$	$y_i - y_{n-i+1}$	$\Sigma\Phi_{0i}s_i$	$\Sigma\Phi_{1i}d_i$	$\Sigma\Phi_{2i}s_i$	$\Sigma\Phi_{3i}s_i$	$\Sigma\Phi_{4i}s_i$	$\Sigma\Phi_{5i}d_i$	
1	0	2,7	1,300	-1,914	-0,614	3,214	1	9	6	42	18	6	
2	0,3	2,4	1,245	-1,767	-0,522	3,012	1	7	2	-14	-22	-14	
3	0,6	2,1	1,095	-1,295	-0,200	2,390	1	5	-1	-35	-17	1	
4	0,9	1,8	0,855	-0,600	0,255	1,455	1	3	-3	-31	3	11	
5	1,2	1,5	0,514	0,037	0,551	0,477	1	1	-4	-12	18	6	
Σ			5,009	-5,539	-0,530	10,548	10	330	132	8580	2860	780	$\Sigma\Phi_{pi}^2 = S_p$
							-0,530	66,802	-7,497	-41,659	14,515	-1,627	
						A_k	-0,0530	0,20243	-0,05680	-0,004855	0,005075	-0,002086	

Werte der $\Phi_k(x_i) = \Phi_{ki}$ aus Anhang 3 (S. 244)

Das Ergebnis ist:

$x - 1955$	$y(x_i)$	$\bar{y}(x_i)$	$y(x_i) - \bar{y}(x_i)$
-10	8,0	8,6878	-0,688
- 9	16,5	14,970	1,530
- 8	19,0	18,945	0,055
- 7	21,0	21,978	-0,978
- 6	24,0	25,039	-1,032
- 5	28,5	28,727	-0,227
- 4	35,0	33,397	1,603
- 3	40,0	39,148	0,852
- 2	46,0	45,913	0,087
- 1	52,0	53,512	-1,512
0	61,0	61,710	-0,710
1	71,0	70,271	0,729
2	81,0	79,018	1,982
3	85,0	87,890	-2,890
4	97,0	96,999	0,001
5	109,0	106,69	2,31
6	117,0	117,59	-0,59
7	130,0	130,67	-0,67
8	147,0	147,32	-0,32
9	170,0	169,37	0,63
10	199,0	199,18	-0,18

mit $\Phi_{min} = 30$

und den Polynomkoeffizienten:

k	0	1	2	3	4	5
A_k	61,710 1	8,415 70	0,179 094	-0,036 746 9	0,002 431 30	0,000 478 347

Beispiel 36: Quadratische Ausgleichung mehrfach beobachteter Funktionswerte an nicht äquidistanten Argumentstellen

Beobachtungsdaten:

x_i	y_i				
0,0	0,85	1,13			
0,5	0,18	0,13	0,10	0,08	0,14
1,0	-0,48	-0,52			
1,5	-0,88	-0,87			
2,0	-1,00	-1,00			
3,0	-0,47	-0,50	-0,53		
4,0	0,98	1,02			
5,0	3,48	3,53			

Es sind also 20 Funktionswerte gegeben. Durch Anwendung der Prozedur ORTPOL ergeben sich (mit 5 geltenden Ziffern):

x_i	$\bar{y}_i$
0,0	0,996 83
0,5	0,122 84
1,0	-0,501 24
1,5	-0,875 41
2,0	-0,999 68
3,0	-0,498 48
4,0	1,002 3
5,0	3,502 8

Es ist $\Phi_{min} = 0{,}0500$ und das Ausgleichspolynom lautet:

$$\bar{y}(x) = 0{,}996\,83 - 1{,}997\,9\,x + 0{,}499\,82\,x^2 \; .$$

Aus der Normalmatrix

$$\mathbf{N} = \begin{pmatrix} 20 & 38{,}5 & 125{,}75 \\ 38{,}5 & 125{,}75 & 484{,}375 \\ 125{,}75 & 484{,}375 & 2047{,}44 \end{pmatrix}$$

folgt die Inverse:

$$100\,\mathbf{N}^{-1} = \begin{pmatrix} 18{,}4692 & -14{,}4836 & 2{,}2921 \\ -14{,}4836 & 20{,}3199 & -3{,}9177 \\ 2{,}2921 & -3{,}9177 & 0{,}83488 \end{pmatrix} \; .$$

Weiterhin ist

$$\mathbf{v}'\mathbf{v} = \Sigma\, v_i^2 = 0{,}046\,67 \qquad \text{(nach den berechneten Werten)}$$

und daher

$$m_y = \sqrt{\frac{0{,}046\,67}{17}} = 0{,}0524 \; .$$

Die mittleren Fehler der Koeffizienten sind:

$$m_{a1} = 0{,}022\,5\,,$$
$$m_{a2} = 0{,}023\,6\,,$$
$$m_{a3} = 0{,}004\,8\,.$$

Die Koeffizienten des Polynoms können daher mit folgenden Fehlerschranken angegeben werden:

$$a_1 = 0{,}997 \pm 0{,}023\,,$$
$$a_2 = -1{,}998 \pm 0{,}024\,,$$
$$a_3 = 0{,}500 \pm 0{,}005$$

Beispiel 37: Ausgleichung einer Druckverteilungsmessung

In einem Windkanal werden Druckverteilungsmessungen an einem Tragflügelprofil gemessen. Gegeben sind 8 Meßpunkte, die über die Flügeltiefe verteilt sind:

x (Länge)	0	0,195 5	0,380 2	0,555 5	0,707 1	0,832 5	0,925 0	0,980 2
y (Druck)	0,599 1	0,610 7	0,655 0	0,738 0	0,850	1,030	1,350	2,420

Es soll eine „geeignete" Ausgleichung gefunden werden, die genügend glatt auch an den Zwischenstellen ist, um in sinnvoller Weise einen Differentialquotienten dy/dx bilden zu können.

a) Ein *Ausgleichspolynom 5. Grades* paßt sich zwar an den gegebenen Stützstellen verhältnismäßig gut an, die Abweichungen an den Zwischenwerten sind aber zu groß, der Differentialquotient wechselt dabei mehrmals das Vorzeichen (siehe Bild 5.2). In gleicher Weise verhält sich das Interpolationspolynom 7. Grades, das exakt die Meßpunkte erfüllt.

Ohne auf die Zwischenrechnung einzugehen, soll angegeben werden:

$$\bar{y}(x) + 0{,}595\,5 + 5{,}036\,2x - 47{,}591\,8x^2 + 151{,}388\,4x^3 - 193{,}826\,2x^4 + 87{,}197\,7x^5\,.$$

$$\Phi_{min} = 0{,}049\,36\,,$$

b) Aus der Gestalt der Kurve – sehr flach in der Nähe von $x = 0$, sehr steiler Anstieg in der Nähe von $x = 1$ – kann man schließen, daß ein Ansatz

$$\bar{y}(x) = \frac{a_1}{1-x} + a_2 + a_3 x + a_4 x^2$$

vorteilhaft sein kann. Außerdem ist dieser Ansatz auch physikalisch sinnvoll. Mit der Prozedur LINAUSGL1 ergibt sich (siehe auch Prozedur FKT, S. 102):

x_i	y_i	$\bar{y}_i$	$y_i - \bar{y}_i$
0	0,599 1	0,606 572	-0,007 472
0,195 5	0,610 7	0,601 765	0,008 935
0,380 2	0,655 0	0,646 618	0,008 382
0,555 5	0,738 0	0,737 976	0,000 024
0,707 1	0,850 0	0,866 151	-0,016 151
0,832 5	1,030 0	1,038 953	-0,008 953
0,925 0	1,350 0	1,331 757	0,018 243
0,980 2	2,420 0	2,423 997	-0,003 007

Koeffizienten:

$a_1 = 0{,}027\,800\,5$,
$a_2 = 0{,}578\,771$,
$a_3 = -0{,}185\,757$,
$a_4 = 0{,}647\,641$.

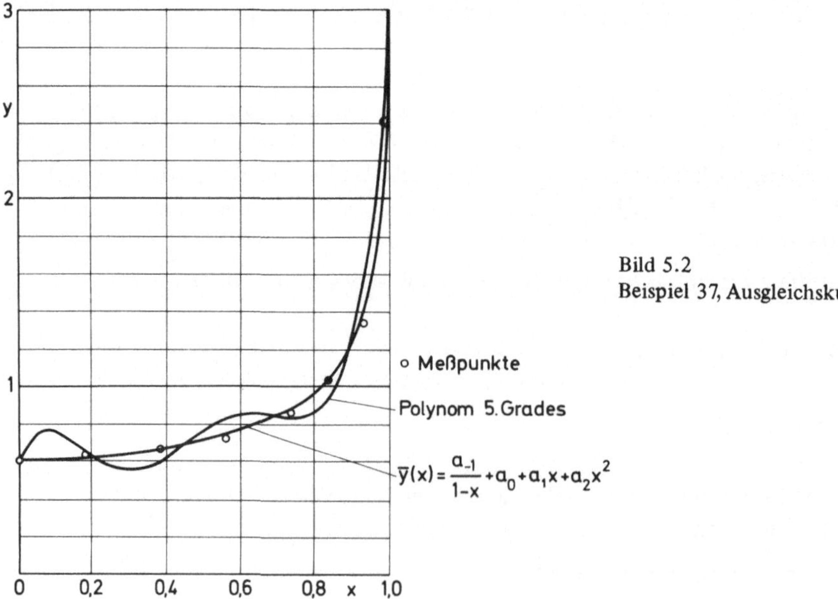

Bild 5.2
Beispiel 37, Ausgleichskurven

5.8. Glätten einer Beobachtungsreihe mit äquidistanten Abszissen

Oft hat man eine längere Reihe beobachteter Abszissen und Ordinaten (x_i, y_i) in einem Bereich $[a, b]$, die alle mit Zufallsfehlern behaftet sein können. Man möchte aber nicht den ganzen Funktionsverlauf im betrachteten Bereich durch eine analytische Formel, wie es bisher in diesem Abschnitt geschah, sondern nur die Ordinaten durch ein in der Folge zu beschreibendes Verfahren „glätten". Meist wird man ohnehin die Beobachtungen von sogenannten „Ausreißern" befreien, d.h. von solchen Funktionswerten, die offensichtlich mit groben Fehlern behaftet sind.

Nimmt man an wie in den letzten Abschnitten, daß die Zufallsfehler nur den Ordinaten y_i zugeschrieben werden, so kann man mit Vorteil ein Ausgleichspolynom niederer Ordnung durch wenige Punkte benutzen und an einer mittleren Argumentstelle die Ordinate des Ausgleichspolynoms als „geglättete" Ordinate benutzen. Indem man dieses Verfahren, da es nur wenige Funktionswerte benutzt, auf die um 1, 2,... verschobene Punktfolge anwendet, erhält man eine Folge geglätteter Ordinaten. Diese Verfahren kann man unter Umständen wiederholen, wenn die geglättete Folge nicht glatt genug erscheint. Zu beachten ist, daß man starke echte Schwankungen dadurch nicht zu sehr glättet.

Meist geht man von einer ungeraden Anzahl von Beobachtungspunkten aus, deren Abszissen äquidistant vorausgesetzt werden sollen. Ordnet man also wie in 5.3 den Ordinaten die Abszissen

$$z = -m, -m+1, \ldots, -1, 0, 1, \ldots, m$$

zu, so erhält man für ein Ausgleichspolynom nach der „Methode der kleinsten Quadrate"

$$\bar{y}(z) = a_1 + a_2 z + \ldots + a_k z^{k-1} \tag{1}$$

wegen der Symmetrie der Punkte zum Nullpunkt die Normalgleichungen

$$\begin{pmatrix} n & 0 & S_2 & 0 & \ldots \\ 0 & S_2 & 0 & S_4 & \ldots \\ S_2 & 0 & S_4 & 0 & \ldots \\ \ldots & \ldots & \ldots & \ldots & \ldots \end{pmatrix} \begin{pmatrix} a_1 \\ a_2 \\ a_3 \\ \ldots \end{pmatrix} = \begin{pmatrix} e'y \\ z'y \\ z^{(2)\prime}y \\ \ldots \end{pmatrix} \quad . \tag{2}$$

Für den geglätteten Punkt in der Mitte des Intervalls, $z = 0$, erhält man also

$$\bar{y}_0 = \bar{y}(0) = a_1 \quad . \tag{3}$$

Aus den Beziehungen (1) und (2) kann man folgende Glättungsformeln herleiten:

a) $k = 2$ (geradlinige Ausgleichung)

Es ist also

$$n a_1 = e'y$$

und daher

$$\bar{y}_0 = \frac{1}{n} \sum_{i=1}^{n} y_i \quad . \tag{4}$$

Wählt man speziell $n = 3$, so ist

$$\bar{y}_0 = \frac{1}{3} (y_{-1} + y_0 + y_1) \quad , \tag{4.1}$$

d.h. man bildet den Mittelwert dreier benachbarter Ordinaten und ordnet diesen Wert der mittleren Abszisse zu. Geometrisch (Bild 5.3) stellt dieser ausgeglichene Punkt $\bar{P}_0$ den Schwerpunkt des Dreiecks $P_{-1}P_0P_1$ dar; man erhält ihn als Drittelpunkt der Mittellinie Q_0P_0 der Dreiecksseite $P_{-1}P_1$.

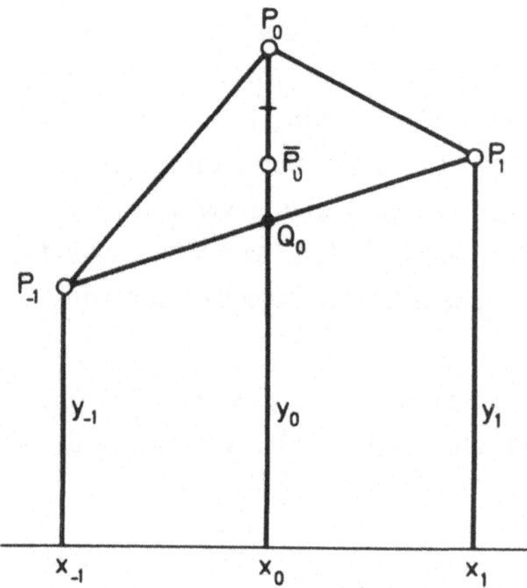

Bild 5.3

Beispiel 38: Zweimaliges Glätten einer Folge von 20 Punkten

Nach Gl. (4.1) erhält man bei zweimaligem Durchgang folgende Werte:

i	y_i	$\bar{y}_i$	$\bar{\bar{y}}_i$	i	y_i	$\bar{y}_i$	$\bar{\bar{y}}_i$
1	26,0			11	28,4	28,30	28,37
2	26,5	26,77		12	28,8	28,73	28,65
3	26,3	26,53	26,50	13	29,0	28,93	28,91
4	26,8	26,70	26,72	14	29,0	29,17	29,20
5	27,0	26,93	26,91	15	29,5	29,50	29,50
6	27,0	27,10	27,19	16	30,0	29,83	29,74
7	27,3	27,53	27,50	17	30,5	29,90	29,90
8	28,3	27,87	27,80	18	29,7	29,97	30,00
9	28,0	28,00	27,97	19	30,2	30,13	
10	27,7	28,03	28,11	20	30,5		

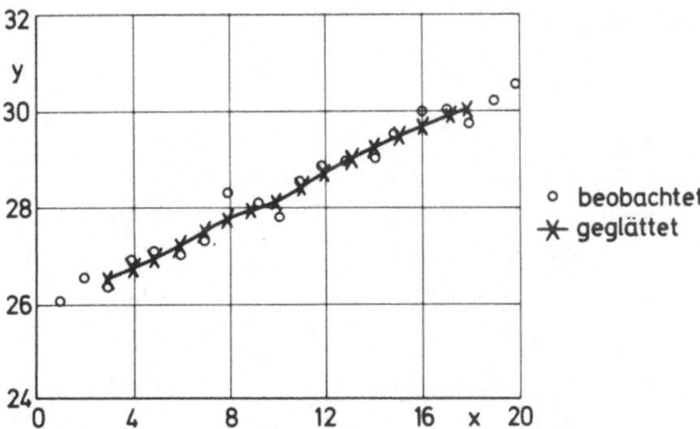

Bild 5.4
Beispiel 38, Geglätteter Funktionsverlauf

b) k = 4 (kubische Ausgleichung)

Da man nur den Koeffizienten a_1 benötigt, erhält man aus dem Gleichungssystem

$$n a_1 + S_2 a_3 = e'y ,$$
$$S_2 a_1 + S_4 a_3 = x^{(2)\prime} y ,$$

$$a_1 = \frac{S_4 \sum\limits_{i=1}^{n} y_i - S_2 \sum\limits_{i=1}^{n} x_i^2 y_i}{n S_4 - S_2^2} .$$

Für n = 5 (siehe Tabelle in 5.3, S. 92) ist

$$S_2 = 10 , \qquad S_4 = 34 , \qquad n S_4 - S_2^2 = 70 ,$$

$$\sum_{i=1}^{5} x_i^2 y_i = 4y_{-2} + y_{-1} + y_1 + 4y_2 .$$

Daraus folgt nach kurzer Zwischenrechnung:

$$\bar{y}_0 = a_1 = \frac{1}{35} [-3y_{-2} + 12y_{-1} + 17y_0 + 12y_1 - 3y_2] . \tag{4}$$

Für die praktische Rechnung zur Glättung längerer Tabellen kann man diese Formel folgendermaßen umformen:

$$\bar{y}_0 = y_0 - \frac{3}{35} [y_{-2} - 4y_{-1} - 6y_0 - 4y_1 + y_2] = y_0 - \frac{3}{35} \delta^4 y_0 . \tag{4.1}$$

Dabei bedeutet $\delta^4 y_0$ die vierte Differenz in dem Differenzenschema der gegebenen Funktionswerte (geschrieben als zentrale Differenz). Man benutzt, wie das folgende Schema zeigt, zur Glättung eines Funktionswertes die in *gleicher Zeile* stehende vierte Differenz.

Differenzenschema:

$$
\begin{array}{lllll}
y_{-2} & & & & \\
 & \delta y_{-3/2} & & & \\
y_{-1} & & \delta^2 y_{-1} & & \\
 & \delta y_{-1/2} & & \delta^3 y_{-1/2} & \\
y_0 & & \delta^2 y_0 & & \delta^4 y_0 \\
 & \delta y_{1/2} & & \delta^3 y_{1/2} & \\
y_1 & & \delta^2 y_1 & & \delta^4 y_1 \\
 & \delta y_{3/2} & & \delta^3 y_{3/2} & \\
y_2 & & \delta^2 y_2 & & \delta^4 y_2 \\
 & \delta y_{5/2} & & \delta^3 y_{5/2} & \\
y_3 & & \delta^2 y_3 & & \\
 & \delta y_{7/2} & & & \\
y_4 & & & &
\end{array}
$$

Wendet man das Verfahren wie angegeben an, so fallen am Anfang und Ende der gegebenen Wertereihe je zwei Punkte für das Glätten aus. Will man nicht auf diese Werte verzichten, so kann man durch eine unsymmetrische Ausgleichsformel 3. Ordnung für fünf Punkte geglättete Werte erhalten. Außer dem Wert a_1 aus obiger Gleichung muß man auch noch a_2 und a_3 berechnen. Durch Einsetzen ergibt sich:

$$
\begin{aligned}
\bar{y}_{-2} &= y_{-2} - \frac{1}{70}\delta^4 y_0 , & \bar{y}_{-1} &= y_{-1} + \frac{2}{35}\delta^4 y_0 , \\
\bar{y}_1 &= y_1 + \frac{2}{35}\delta^4 y_0 , & \bar{y}_2 &= y_2 - \frac{1}{70}\delta^4 y_0 .
\end{aligned} \qquad (5)
$$

Weitere Glättungsformeln gleicher Art lassen sich aufstellen durch Hinzunahme weiterer Punkte oder durch Benutzung von Polynomen höheren Grades.

Außer der Mittelwertformel (3), die sich auch auf 5 oder 7 Punkte erweitern läßt, sollen noch die folgenden Formeln angegeben werden:

$k = 3$, $n = 7$:

$$\bar{y}_0 = \frac{1}{21}[-2y_{-3} + 3y_{-2} + 6y_{-1} + 7y_0 + 6y_1 + 3y_2 - 2y_3]; \qquad (6)$$

$k = 5$, $n = 7$:

$$\bar{y}_0 = \frac{1}{231}[5y_{-3} - 30y_{-2} + 75y_{-1} + 131y_0 + 75y_1 - 30y_2 + 5y_3]; \qquad (7)$$

$k = 5$, $n = 9$:

$$\bar{y}_0 = \frac{1}{429}[15y_{-4} - 55y_{-3} + 30y_{-2} + 135y_{-1} + 179y_0 + 135y_1 + 30y_2 - 55y_3 + 15y_4]. \qquad (8)$$

Rechenschema Beispiel 39 (siehe folgende Seite)

i	$x = \sigma$	$y = \epsilon$	δy	$\delta^2 y$	$\delta^3 y$	$\delta^4 y$	Korrekturen	$\bar{y}$	$\delta \bar{y}$	$\delta^2 \bar{y}$	$\delta^3 \bar{y}$	$\delta^4 \bar{y}$	Korrekturen	$\bar{\bar{y}}$
1	900	5491					0,08	5491,1					0,02	5491,1
			103						102,6					
2	1000	5594		1			-0,34	5593,7		2,2			-0,06	5593,6
			104		5				104,8		2,3			
3	1100	5698		6		-6	0,51	5698,5		4,5		-1,1	0,09	5698,6
			110		-1				109,3		1,2			
4	1200	5808		5		2	-0,17	5807,8		5,7		-0,7	0,06	5807,9
			115		1				115,0		0,5			
5	1300	5923		6		2	-0,17	5922,8		6,2		1,6	-0,14	5922,7
			121		3				121,2		2,1			
6	1400	6044		9		0	0	6044,0		8,3		2,9	-0,25	6043,8
			130		3				129,5		5,0			
7	1500	6174		12		6	-0,51	6173,5		13,3		1,5	-0,13	6173,4
			142		9				142,8		6,5			
8	1600	6316		21			0,34	6316,3		19,8			0,08	6316,4
			163						162,6					
9	1700	6479					-0,08	6478,9					-0,02	6478,9

Beispiel 39: Glätten von Meßpunkten einer Hysteresisschleife [17]

Aus Untersuchungen der elastischen Hysteresisschleife von Flußstahlstäben findet man im Bereich des oberen Umkehrpunktes folgende neun Werte für die Spannungen σ und die Dehnungen ϵ. Dieser Funktionsverlauf soll durch Anwendung der 5-Punkte-Formel (4.1) und (5) zweimal geglättet werden.

Nach zweimaliger Durchführung dieses Verfahrens sind die Funktionswerte bis zur zweiten Differenz monoton steigend.

Rechenschema siehe S. 131.

Um das Glätten von empirischen Funktionswerten auf einer DA ausführen zu können, wird die folgende ALGOL-Prozedur angegeben, der die 5-Punkte-Formeln (4) und (5) zugrunde liegen.

Prozedur GLAETTEN

Zweck: Glätten einer Folge von n empirischen Funktionswerten y_i für äquidistante Abszissen bei m-maliger Wiederholung des Verfahrens (5-Punkte-Formel)

Vereinbarung: GLAETTEN (N, M, Y, Y1, L);

Beschreibung der formalen Veränderlichen:

N	Anzahl n der Beobachtungswerte Typ: 'INTEGER'
M	Anzahl m der Durchgänge bei wiederholtem Glätten ($m \geqslant 1$) Typ: 'INTEGER'
Y	Feld der gegebenen Funktionswerte y_i Typ: 'ARRAY', Indizes: [1 : N]
Y1	Feld der geglätteten Funktionswerte y_{1i} nach m-maliger Wiederholung der Glättung Typ: 'ARRAY', Indizes: [1 : N]
L	Marke als Fehlerausgang aus der Prozedur, wenn $n < 5$

Bemerkungen: Beim erstmaligen Glätten stehen die gegebenen Werte im Feld Y[I] und die geglätteten im Feld Y1[I], bei jeder Wiederholung wird das Feld Y1[I] mit Y[I] ausgetauscht, so daß am Ende der Rechnung die gegebenen Werte y_i nicht mehr zur Verfügung stehen, wenn $m > 1$. Im Feld Y[I] steht stattdessen das Feld der Funktionswerte der $(m-1)$-ten Glättung.

Programm

```
'PROCEDURE' GLAETTEN(N,M,Y)RESULT:(Y1,L);
        'VALUE' N,M;
        'INTEGER' N,M;
        'ARRAY' Y,Y1;
        'LABEL' L;

'COMMENT' PROCEDURE 11
   GLAETTEN VON N EMPIRISCHEN FUNKTIONSWERTEN Y
   BEI M-MALIGER WIEDERHOLUNG MIT 5-PUNKTE-FORMEL;

'BEGIN' 'REAL' D4;
        'INTEGER' I,M1;
        'IF' N 'LESS' 5 'THEN' 'GOTO' L;
        M1:=1;
ANF:    D4:=Y[1]+Y[5]-4*(Y[2]+Y[4])+6*Y[3];
        Y1[1]:=Y[1]-D4/70.0;
        Y1[2]:=Y[2]+D4/17.5;
        'FOR' I:=3 'STEP' 1 'UNTIL' N-2 'DO'
           Y1[I]:=(-3*(Y[I-2]+Y[I+2])+12*
                  (Y[I-1]+Y[I+1])+17*Y[I])/35.0;
        D4:=Y[N-4]+Y[N]-4*(Y[N-3]+Y[N-1])+6*Y[N-2];
        Y1[N-1]:=Y[N-1]+D4/17.5;
        Y1[N]:=Y[N]-D4/70.0;
        'IF' M1 'NOTEQUAL' M 'THEN'
        'BEGIN' M1:=M1+1;
                'FOR' I:=1 'STEP' 1 'UNTIL' N 'DO'
                    Y[I]:=Y1[I];        'GOTO' ANF
        'END'
'END' GLAETTEN;
```

5.9. Numerisches Differenzieren mittels Ausgleichsparabeln

Sind genau wie in 5.8 für n äquidistante Abszissen

$$x_k = x_1 + (k-1)h\,, \qquad k = 1, \ldots, n$$

die Ordinaten y_k gegeben, die mit Zufallsfehlern behaftet sind, so stellt die Praxis sehr oft die Forderung, sinnvolle Werte für den Differentialquotienten dy/dx an den Beobachtungsargumenten anzugeben (Existenz des Differentialquotienten vom physikalischen oder technischen Problem her vorausgesetzt, wie z.B. bei Weg und Geschwindigkeit). Die Zufallsfehler der Beobachtungswerte bewirken eine Aufrauhung der Kurve für den Differentialquotienten im Gegensatz zur Integration, die eine Glättung der Integralkurve hervorruft.

Es ist daher kaum möglich, in einfacher Weise einen Differenzenquotienten, wie etwa

$$\bar{y}'_0 = (y_1 - y_{-1})/2h$$

als Näherungswert des Differentialquotienten zu verwenden. Auch ein Interpolationspolynom, das also an den Stützstellen mit den gegebenen Funktionswerten übereinstimmt, ist im allgemeinen nicht brauchbar. Am besten ist es daher, ein Ausgleichspolynom durch wenige Punkte als Ersatzfunktion zu benutzen und dieses zu differenzieren. Dadurch wird eine Aufrauhung am besten vermieden.

Meist benutzt man eine ungerade Anzahl von Funktionswerten und betrachtet den Differentialquotienten im mittleren Punkt als den gesuchten. Geht man wie in 5.5 von einem Polynom 3. Grades, $\bar{y}(x) = a_1 + a_2x + a_3x^2 + a_4x^3$ aus, so ist für den mittleren Punkt

$$\bar{y}'_0 = a_2 .$$

Aus dem Ansatz in 5.3

$$S_2a_2 + S_4a_4 = \sum_i x_iy_i ,$$

$$S_4a_2 + S_6a_4 = \sum_i x_i^3y_i$$

folgt

$$a_2 = \frac{1}{S_2S_6 - S_4^2}\left[S_6\sum_i x_iy_i - S_4\sum_i x_i^3y_i\right].$$

Wählt man wieder n = 5, so findet man

$$\bar{y}'_0 = \frac{1}{12h}(y_{-2} - 8y_{-1} + 8y_1 - y_2) . \qquad (1)$$

Will man in gleicher Weise wie vorher für die beiden ersten und die beiden letzten Funktionswerte der Tabelle noch Differentialquotienten angeben, so muß man ebenso wie vorher verfahren und erhält folgende unsymmetrische Formeln:

$$\begin{aligned}
\bar{y}'_{-2} &= \frac{1}{84h}[-125y_{-2} + 136y_{-1} + 48y_0 - 88y_1 + 29y_2] ,\\
\bar{y}'_{-1} &= \frac{1}{84h}[-38y_{-2} - 2y_{-1} + 24y_0 + 26y_1 - 10y_2] ,\\
\bar{y}'_1 &= \frac{1}{84h}[10y_{-2} - 26y_{-1} - 24y_0 + 2y_1 + 38y_2] ,\\
\bar{y}'_2 &= \frac{1}{84h}[-29y_{-2} + 88y_{-1} - 48y_0 - 136y_1 + 125y_2] .
\end{aligned} \qquad (2)$$

Auch hier kann man durch Hinzunahme von mehr Punkten oder die Benutzung von Parabeln höherer Ordnung weitere Formeln angeben.

Eine sehr einfache Formel erhält man bei Benutzung einer quadratischen Ausgleichsparabel (5.3, Gl. (3.4)). Ohne Auflösung eines Gleichungssystems ergibt sich

$$a_2 = \frac{1}{S_1} \sum_{i=1}^{n} y_i x_i .$$

Daraus folgt für n = 5:

$$\bar{y}'_0 = \frac{1}{10h} \left[-2y_{-2} - y_{-1} + y_1 + 2y_2 \right], \tag{3}$$

eine Formel, die für eine numerische Rechnung besonders einfach zu handhaben ist.

Beispiel 40: Berechnung der Beschleunigung aus der Geschwindigkeit

Einem Geschwindigkeitsdiagramm in Abhängigkeit von der Zeit t sind die Geschwindigkeiten v in konstanten Zeitintervallen von 1 s entnommen. Man leite daraus die Beschleunigungen her [18].

Die Berechnung erfolgt nach den Formeln (1) und (2).

t (s) x_i	v (m/s) y_i	$8y_i$	b (m/s²) $\bar{y}'_i$	$\Delta\bar{y}_i$
0	0,00		2,661	-0,230
1	2,55	20,40	2,431	-0,265
2	4,85	38,80	2,166	-0,303
3	6,87	54,96	1,863	-0,325
4	8,57	68,56	1,538	-0,314
5	9,95	79,60	1,224	-0,291
6	11,03	88,24	0,933	-0,132
7	11,86	94,88	0,801	-0,084
8	12,65	101,20	0,717	-0,057
9	13,30	106,40	0,660	+0,075
10	14,00	112,00	0,735	-0,030
11	14,74	117,92	0,705	-0,241
12	15,35	122,80	0,464	-0,346
13	15,46	125,12	0,118	-0,175
14	15,63	125,04	-0,057	+0,021
15	15,68	124,44	-0,036	+0,105
16	15,55		+0,069	

Um die Berechnung nach Gl. (1) zu vereinfachen, sind in einer besonderen Spalte die 8fachen y_i-Werte aufgeführt. Man erhält einen ziemlich glatten Verlauf der Werte b(t), wie man aus den ersten Differenzen ersieht.

Es soll nun auch eine ALGOL-Prozedur angegeben werden zum Differenzieren von Beobachtungswerten nach den Formeln (1) und (2).

Prozedur DIFFQUO

Zweck: Differenzieren einer Folge von n Beobachtungswerte y_i für äquidistante Argumente der Schrittweite h (5-Punkte-Formel)

Vereinbarung: DIFFQUO (N, H, Y, YS, L);

Beschreibung der formalen Veränderlichen:

N	Anzahl n der Beobachtungswerte Typ: 'INTEGER'
H	Schrittweite h der äquidistanten Abszissen Typ: 'REAL'
Y	Feld der Beobachtungswerte y_i Typ: 'ARRAY', Indizes: [1 : N]
YS	Feld der ersten Differentialquotienten y'_i Typ: 'ARRAY', Indizes: [1 : N]
L	Marke als Fehlerausgang aus der Prozedur, wenn $n < 5$

Bemerkungen: Wegen der Aufrauhung beim numerischen Differenzieren empfiehlt es sich, die Beobachtungswerte vorher numerisch zu glätten (Prozedur GLAETTEN). Auch nach dem Differenzieren ist manchmal nochmaliges Glätten zu empfehlen, besonders bei nochmaliger Anwendung der Prozedur DIFFQUO zur Berechnung von y''_i.

Programm:

```
'PROCEDURE' DIFFQUO(N,H,Y)RESULT:(YS,L);
        'VALUE' N,H;
        'REAL' H;
        'INTEGER' N;
        'ARRAY' Y,YS;
        'LABEL' L;

'COMMENT' PROCEDURE 12
    DIFFERENZIEREN VON N FUNKTIONSWERTEN Y
    DURCH 5-PUNKTE-AUSGLEICHS-FORMEL;
```

```
'BEGIN' 'REAL' NENN1,NENN2;
        'INTEGER' I;
        'IF' N 'LESS' 5 'THEN' 'GOTO' L;
        NENN1:=84*H;
        NENN2:=12*H;
        YS[1]:=(-125*Y[1]+136*Y[2]+48*Y[3]-88*Y[4]
              +29*Y[5])/NENN1;
        YS[2]:=(-38*Y[1]-2*Y[2]+24*Y[3]+26*Y[4]
              -10*Y[5])/NENN1;
        'FOR' I:=3 'STEP' 1 'UNTIL' N-2 'DO'
             YS[I]:=(Y[I-2]-Y[I+2]-8*
                   (Y[I-1]-Y[I+1]))/NENN2;
        YS[N-1]:=(10*Y[N-4]-26*Y[N-3]-24*Y[N-2]
              +2*Y[N-1]+38*Y[N])/NENN1;
        YS[N]:=(-29*Y[N-4]+88*Y[N-3]-48*Y[N-2]
              -136*Y[N-1]+125*Y[N])/NENN1
'END' DIFFQUO;
```

Beispiel 41: Glätten und zweimaliges Differenzieren

Gegeben sind die Daten aus Beispiel 39. Hier ist

$$n = 9 \qquad \text{und} \qquad h = 100\,.$$

Die gegebenen Daten y_i sollen nach der Prozedur GLAETTEN bei 3maliger Verwendung geglättet, dann numerisch differenziert, wieder geglättet und nochmals differenziert werden (ohne bei den Tabellen auf eine sinnvolle Anzahl Dezimalstellen zu achten).

y_i	$\bar{y}_i$	$\bar{y}_i'$	$\bar{y}_i''$
5 491	5 491,099	1,016 63	$0{,}008\,38 \cdot 10^{-2}$
5 594	5 593,603	1,034 67	0,027 15
5 698	5 698,595	1,069 73	0,042 15
5 808	5 807,892	1,117 71	0,052 55
5 923	5 922,687	1,175 16	0,062 70
6 044	6 043,750	1,247 60	0,087 54
6 174	6 173,376	1,356 44	0,133 00
6 316	6 316,416	1,517 50	0,188 73
6 479	6 478,896	1,738 39	0,256 17

Zu beachten ist, daß das numerische Differenzieren nur dann sinnvoll ist, wenn die gegebenen Funktionswerte bereits einigermaßen glatt sind.

5.10. Numerische Fourier-Analyse

In der Praxis treten sehr oft periodische Vorgänge auf, z.B. mechanische oder elektrische Schwingungen. Nimmt man daher die Zeit t als unabhängige Veränderliche, so muß für eine periodische Funktion gelten:

$$f(t+T) = f(t) \tag{1}$$

bzw.

$$f(t+kT) = f(t)\,, \qquad k \text{ ganz}\,,$$

dabei ist T die Periodendauer. Aus Gl. (1) ist ersichtlich, daß man den Beginn einer Periode an beliebige Stelle legen kann. Zur Darstellung periodischer Funktionen wählt man eine Linearkombination periodischer, linear unabhängiger Funktionen. Meist wird man daher von den trigonometrischen Funktionen ausgehen:

$$\sin 2\pi\nu \frac{t}{T} = \sin \nu\omega t\,, \qquad \cos 2\pi\nu \frac{t}{T} = \cos \nu\omega t\,, \qquad \nu = 1, 2, \dots\,.$$

und folgenden Ansatz machen:

$$\begin{aligned} F(t) = a_0 &+ a_1 \cos \omega t + a_2 \cos 2\omega t + \dots + a_k \cos k\omega t \\ &+ b_1 \sin \omega t + b_2 \sin 2\omega t + \dots + b_k \sin k\omega t\,. \end{aligned} \tag{2}$$

Die Annäherung einer gegebenen Funktion $f(t)$ in der Form (2) nennt man *harmonische Analyse.* Die einzelnen Summanden stellen die Grund- und Oberschwingungen dar.

Während die formelmäßige Berechnung kurz in 6.5.3 behandelt wird, soll hier der Fall besprochen werden, daß die zu analysierende Funktion durch n Ordinatenwerte, die gleichmäßig über eine Periode verteilt sind, gegeben ist. Dabei muß n größer, mindestens aber gleich der Zahl der zu bestimmenden Koeffizienten sein. Wie in 5.1 bei der Behandlung linearer Ausgleichsprobleme – um ein solches handelt es sich hier – wendet man die „Methode der kleinsten Quadrate" an und setzt

$$\Phi = \sum_{i=1}^{N} \left[F(t_i) - t(t_i)\right]^2 \stackrel{!}{=} \text{Min}\,. \tag{3}$$

Transformiert man nun die Periodenlänge T auf die Strecke 2π, so ist

$$x = \frac{2\pi}{T}(t - t_0) = \omega(t - t_0)\,. \tag{4}$$

Unter der Voraussetzung äquidistanter Abszissen ist

$$\Delta x = \frac{2\pi}{N} \tag{5}$$

und die neuen Abszissen sind

$$x_i = i\,\Delta x\,, \qquad i = 0, 1, \dots, N-1\,. \tag{5.1}$$

Die zugehörigen Ordinaten werden mit y_i bezeichnet. Es ist also $y_0 = y_N$.

Aus den Minimalforderungen (3) folgt:

$$\frac{1}{2}\frac{\partial \Phi}{\partial a_0} = \sum_{i=1}^{N}\Big(F(x_i) - y_i\Big) = 0\,,$$

$$\frac{1}{2}\frac{\partial \Phi}{\partial a_j} = \sum_{i=1}^{N}\Big(F(x_i) - y_i\Big)\cos jx_i = 0\,, \tag{6}$$

$$\frac{1}{2}\frac{\partial \Phi}{\partial b_j} = \sum_{i=1}^{N}\Big(F(x_i) - y_i\Big)\sin jx_i = 0\,, \qquad j = 1, 2, \ldots, k\,.$$

Sind also N Werte gegeben und sollen $(2p + 1)$ Koeffizienten bestimmt werden, so muß

$$N \geqslant 2p + 1$$

sein.

Es läßt sich nun zeigen, daß die trigonometrischen Funktionen $\sin kx$ und $\cos kx$ Orthogonalfunktionen sind. Es gilt nämlich, wenn $N = 2m$ Teilpunkte der Periode vorausgesetzt werden:

$$\sum_i \cos\mu x_i \cos\nu x_i = \frac{1}{2}\Big[\sum_i \cos(\mu+\nu)x_i + \sum_i \cos(\mu-\nu)x_i\Big] = \begin{cases} 0, & \nu \neq \mu \\ m, & \nu = \mu \neq 0 \end{cases}$$

$$\sum_i \cos\mu x_i \sin\nu x_i = \frac{1}{2}\Big[\sum_i \sin(\mu+\nu)x_i - \sum_i \sin(\mu-\nu)x_i\Big] = 0\,, \qquad \nu \gtreqless \mu \tag{7}$$

$$\sum_i \sin\mu x_i \sin\nu x_i = \frac{1}{2}\Big[\sum_i \cos(\mu-\nu)x_i - \sum_i \cos(\mu+\nu)x_i\Big] = \begin{cases} 0, & \nu \neq \mu \\ m, & \nu = \mu \neq 0 \end{cases}$$

Daher ist:

$$a_k = \frac{2}{N}\sum_{i=0}^{N-1} y_i \cos kx_i\,,$$

$$b_k = \frac{2}{N}\sum_{i=0}^{N-1} y_i \sin kx_i\,, \qquad k = 1, 2, \ldots, \left(\frac{N}{2} - 1\right); \tag{8}$$

$$a_0 = \frac{1}{N}\sum_{i=0}^{N-1} y_i\,, \qquad a_{N/2} = \frac{1}{N}\sum_{i=0}^{N-1} (-1)^i y_i\,.$$

Außerdem gilt:

$$\Phi_{min} = \sum_{i=0}^{N-1} y_i^2 - \frac{N}{2}\,(2a_0^2 + a_1^2 + \ldots + b_1^2 + b_2^2 + \ldots)\ .$$

Dabei wird $\Phi_{min} = 0$, wenn alle N Koeffizienten bestimmt sind (trigonometrische Interpolation), das sind $a_0, a_1, \ldots, a_{N/2}, b_1, \ldots, b_{N/2-1}$. Der Koeffizient $b_{N/2}$ ist nicht mehr bestimmbar.

Praktische Durchführung der Rechnung nach Runge

Die trigonometrischen Funktionen nehmen innerhalb der vier Quadranten vom Vorzeichen abgesehen mehrmals dieselben Werte an. Daher wird sich die Rechnung besonders vereinfachen lassen, wenn die Zahl N durch 4 teilbar ist, also wählt man

$$N = 4p\ .$$

Man faßt nun die Ordinaten, die in den Summen (8) mit den gleichen positiven oder negativen Werten der trigonometrischen Funktionen multipliziert werden, zusammen. Man spricht dann von einer *Faltung* der Ordinaten.

$$s_k = y_k + y_{N-k}, \qquad d_k = y_k - y_{N-k}\ , \qquad k = 0, 1, \ldots N/2\ .$$

Durch Wiederholung entsteht eine *zweite Faltung*:

$$\begin{aligned} s_k' &= s_k + s_{N/2-k}\ , & d_k' &= s_k - s_{N/2-k}\ , \\ s_k'' &= d_k + d_{N/2-k}\ , & d_k'' &= d_k - d_{N/2-k}\ . \end{aligned} \qquad k = 0, 1, \ldots, N/4 = p\ . \qquad (9)$$

Dann ist:

$$a_0 = \frac{1}{N}\sum_0^p s_k'\ , \qquad a_{2p} = \frac{1}{N}\sum_0^p (-1)^k s_k'\ ,$$

$$a_n = \begin{cases} \dfrac{2}{N}\displaystyle\sum_0^p s_k' \cos nx_k\ , & n = 2, 4, \ldots, 2p-2\ , \\[2ex] \dfrac{2}{N}\displaystyle\sum_0^p d_k' \cos nx_k\ , & = 1, 3, \ldots, 2p-1\ ; \end{cases} \qquad (10)$$

$$b_n = \begin{cases} \dfrac{2}{N}\displaystyle\sum_1^p s_k'' \sin nx_k\ , & n = 1, 3, \ldots, 2p-1\ , \\[2ex] \dfrac{2}{N}\displaystyle\sum_1^p d_k'' \sin nx_k\ , & = 2, 4, \ldots, 2p-2\ . \end{cases}$$

Durch die Faltung der Ordinaten sind die Summen nur über $p = N/4$ bzw. $p + 1$ Summanden zu erstrecken.

Dieses hier ziemlich kurz zusammengefaßte Rechenverfahren wird in Rechenformularen verwendet, die für N = 12, 24, 36 und 72 Ordinaten ausgearbeitet worden sind. Das folgende Beispiel 42 ist auf einem solchen Formular durchgeführt. Unter den im Schrifttum veröffentlichten Tafeln sind von besonderem Interesse die Tafeln von *L. Zipperer* [24], bei denen man die Zahlwerte und Produkte in eine Grundtafel und farbige Decktafeln einträgt. Bei den Rechenschablonen von *Terebesi* [25] werden die Zahlen und Zwischenergebnisse auf einem Rechenblatt mit Hilfe einer Folge von abdeckenden Schablonen eingetragen, wobei stets nur gewisse Felder die Zahlen zeigen, mit denen zu rechnen ist und die Stelle, wo das Ergebnis eingetragen werden muß.

Beispiel 42: Numerische harmonische Analyse

Von einem Registrierstreifen werden 24 Ordinaten mit äquidistanten Abszissen entnommen (siehe Bild 5.5). Rechenschema siehe folgende Seite!

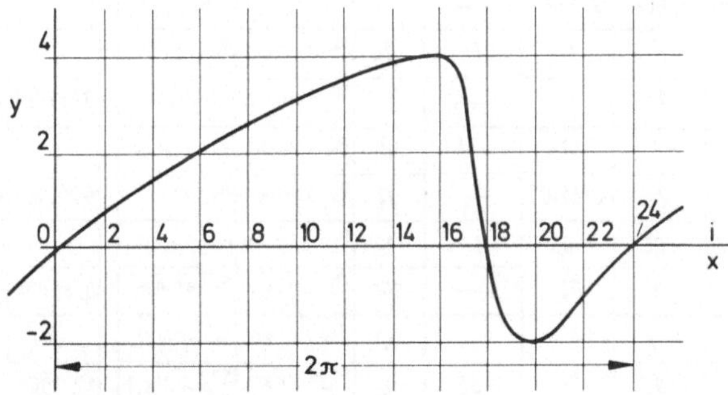

Bild 5.5
Beispiel 42, Gegebener Funktionsverlauf

Das besprochene Rechenverfahren von *Runge* ist auch besonders geeignet zur Durchführung auf einer DA. Die folgende ALGOL-Prozedur ist für beliebiges $N = 4p$ geeignet.

Prozedur FOURIER ANALYSE

Zweck: Für eine durch 4 teilbare Anzahl von Ordinaten für äquidistante Abszissen wird die Fourieranalyse nach Runge durchgeführt. Es ist

$$y(x) = \sum_{i=0}^{N/2} a_i \cos i \frac{2\pi}{p} x + \sum_{i=1}^{N/2-1} b_i \sin i \frac{2\pi}{p} x .$$

Berechnet werden die a_i und b_i [28].

Rechenschema Beispiel 42:

Rechenschema zur harmonischen Analyse für 24 Ordinaten

$$y(x) = a_0 + \sum_{k=1}^{12} a_k \cos kx + \sum_{k=1}^{11} b_k \sin kx$$

1. Schema der Ordinaten y_i

	y_0 0	y_1 0,23	y_2 0,71	y_3 1,06	y_4 1,36	y_5 1,68	y_6 1,99	y_7 2,27	y_8 2,55	y_9 2,83	y_{10} 3,08	y_{11} 3,31	y_{12} 3,53
	—	y_{23} -0,45	y_{22} -1,05	y_{21} -1,73	y_{20} -2,00	y_{19} -1,80	y_{18} 0,00	y_{17} 3,51	y_{16} 4,00	y_{15} 3,96	y_{14} 3,85	y_{13} 3,71	—
Summe	s_0 0	s_1 -0,07	s_2 -0,34	s_3 -0,67	s_4 -0,64	s_5 -0,12	s_6 1,99	s_7 5,78	s_8 6,55	s_9 6,79	s_{10} 6,93	s_{11} 7,02	s_{12} 3,53
Diff.	—	d_1 0,83	d_2 1,76	d_3 2,79	d_4 3,36	d_5 3,48	d_6 1,99	d_7 -1,24	d_8 -1,45	d_9 -1,13	d_{10} -0,77	d_{11} -0,40	—

2. Schema der Ordinatensummen s_i

	s_0 0,00	s_1 -0,07	s_2 -0,34	s_3 -0,67	s_4 -0,64	s_5 -0,12	s_6 1,99
	s_{12} 3,53	s_{11} 7,02	s_{10} 6,93	s_9 6,79	s_8 6,55	s_7 5,78	—
Summe	s'_0 3,53	s'_1 6,95	s'_2 6,59	s'_3 6,12	s'_4 5,91	s'_5 5,66	s'_6 1,99
Diff.	d'_0 -3,53	d'_1 -7,09	d'_2 -7,27	d'_3 -7,46	d'_4 -7,19	d'_5 -5,90	—

Schema der Ordinatendifferenzen d_i

d_1 0,83	d_2 1,76	d_3 2,79	d_4 3,36	d_5 3,48	d_6 1,99
d_{11} -0,40	d_{10} -0,77	d_9 -1,13	d_8 -1,45	d_7 -1,24	—
s''_1 0,43	s''_2 0,99	s''_3 1,66	s''_4 1,91	s''_5 2,16	s''_6 1,99
d''_1 1,23	d''_2 2,53	d''_3 3,92	d''_4 4,81	d''_5 4,72	—

3. Schema der Endrechnung

Cosinus-Glieder

3.1. Gerade a_n:

s'_0 3,53	s'_2 6,59	s'_4 5,91	s'_6 1,99		α_n	a_n
s'_1 6,95	s'_3 6,12	s'_5 5,66	—		α'_n	a_{12-n}
1	1	1	1	:24	α_0 0,750833	a_0 1,53125
1	1	1	—	:24	α'_0 0,780416	a_{12} -0,02958
1	0,5	−0,5	−1	:12	α_2 0,156666	a_2 0,24976
0,866025	0	-0,866025	—	:12	α'_2 0,093097	a_{10} 0,06357
1	−0,5	−0,5	1	:12	α_4 -0,060833	a_4 -0,04542
0,5	−1	0,5	—	:12	α'_4 0,015416	a_8 -0,07625
1	−1	1	−1	:12	α_6 0,071667	a_6 0,07167
3,5	−0,5	0,5	−0,5	:12	$\sum\alpha$ 0,918333	$\sum a = 2(\alpha_0 +$
1,866025	−0,5	0,133975	—	:12	$\sum\alpha'$ 0,888931	$+\alpha_2 + \alpha_4) + \alpha_6$

3.2. Ungerade a_n:

d'_0 -3,53	d'_2 -7,27	d'_4 -7,19		α_n	a_n
d'_1 -7,09	d'_3 -7,46	d'_5 -5,90		α'_n	a_{12-n}
1	0,866025	0,5	:12	α_1 -1,118416	a_1 -2,25595
0,965926	0,707107	0,258819	:12	α'_1 -1,137538	a_{11} 0,01912
1	0	−1	:12	α_3 0,305000	a_3 0,67446
0,707107	-0,707107	-0,707107	:12	α'_3 0,369463	a_9 -0,06446
1	-0,866025	0,5	:12	α_5 -0,069083	a_5 -0,25733
0,258819	-0,707107	0,965926	:12	α'_5 -0,188247	a_7 0,11916
3	0	0	:12	$\sum\alpha$ -0,882500	$\sum a = 2\sum\alpha$
1,931852	-0,707107	0,517638	:12	$\sum\alpha'$ -0,956323	

Sinus-Glieder

3.3. Ungerade b_n:

s''_1 0,43	s''_3 1,66	s''_5 2,16		β_n	b_n
s''_2 0,99	s''_4 1,91	s''_6 1,99		β'_n	b_{12-n}
0,258819	0,707107	0,965926	:12	β_1 0,287397	b_1 0,63232
0,5	0,866025	1	:12	β'_1 0,344925	b_{11} -0,05753
0,707107	0,707107	-0,707107	:12	β_3 -0,008839	b_3 -0,09217
1	0	−1	:12	β'_3 -0,083333	b_9 0,07450
0,965926	-0,707107	0,258819	:12	β_5 -0,014891	b_5 0,05435
0,5	-0,866025	1	:12	β'_5 0,069241	b_7 -0,08413
1,931852	0,707107	0,517638	:12	$\sum\beta$ 0,263666	$\sum b = 2\sum\beta$
2	0	1	:12	$\sum\beta'$ 0,330833	

3.4. Gerade b_n:

d''_1 1,23	d''_3 3,92	d''_5 4,72		β_n	b_n
d''_2 2,53	d''_4 4,81	—		β'_n	b_{12-n}
0,5	1	0,5	:12	β_2 0,574583	b_2 1,10430
0,866025	0,866025	—	:12	β'_2 0,529718	b_{10} 0,04487
0,866025	0	-0,866025	:12	β_4 -0,251868	b_4 -0,41641
0,866025	-0,866025	—	:12	β'_4 -0,164544	b_8 -0,08732
1	−1	1	:12	β_6 0,169167	b_6 0,16917
2,366025	0	0,633975	:12	$\sum\beta$ 0,491881	$\sum b = 2(\beta_2 +$
1,732050	0	—	:12	$\sum\beta'$ 0,365173	$+\beta_4) + \beta_6$

$$a_n = \alpha_n + \alpha'_n \qquad b_n = \beta_n + \beta'_n$$

$$a_{12-n} = \alpha_n - \alpha'_n \qquad b_{12-n} = \beta_n - \beta'_n$$

Vereinbarung: FOURIER ANALYSE (N, Y, A, B);

Beschreibung der formalen Veränderlichen:

N	Die durch 4 teilbare Anzahl N der Funktionswerte Typ: 'INTEGER'
Y	Feld der Funktionswerte y_i für äquidistante Abszissen Typ: 'ARRAY', Indizes: [0 : N − 1]
A	Feld der Koeffizienten a_i Typ: 'ARRAY', Indizes: [0 : N/2]
B	Feld der Koeffizienten b_i Typ: 'ARRAY', Indizes: [0 : N/2−1]

Programm:

```
'PROCEDURE' FOURIERANALYSE(N,Y)RESULT:(A,B);
        'VALUE' N;
        'INTEGER' N;
        'ARRAY' Y,A,B;

'COMMENT' PROCEDURE 13
    HARMONISCHE ANALYSE FUER N (DURCH 4 TEILBARE)
    ORDINATEN;

'BEGIN' 'REAL' DX,AL,BL,ALS,BLS;
        'INTEGER' I,J,K,L,P,Q;
        P:=ENTIER(0.5*N);
        Q:=ENTIER(0.5*P);
'BEGIN' 'ARRAY' S[0:P],D[1:P-1],SS,SD,DS,DD[0:Q],
                SN[0:N];
'INTEGER''PROCEDURE' MOD(I);
        'VALUE' I;
        'INTEGER' I;
        MOD:=ENTIER('IF' I 'NOTLESS' N 'THEN' I-N 'ELSE' I);
        DX:=6.283185308/N;
        S[0]:=Y[0];
        S[P]:=Y[P];
        'FOR' I:=1 'STEP' 1 'UNTIL' P-1 'DO'
        'BEGIN' S[I]:=Y[I]+Y[N-I];
                D[I]:=Y[I]-Y[N-I]
        'END';
        SS[Q]:=S[Q];
        DS[Q]:=D[Q];
        SD[Q]:=DD[Q]:=0;
        'FOR' I:=0 'STEP' 1 'UNTIL' Q-1 'DO'
        'BEGIN' SS[I]:=S[I]+S[P-I];
                DS[I]:=D[I]+D[P-I];
                SD[I]:=S[I]-S[P-I];
                DD[I]:=D[I]-D[P-I]
        'END';
```

```
AL:=ALS:=o;
'FOR' I:=o 'STEP' 2 'UNTIL' Q 'DO'
     AL:=AL+SS[I];
'FOR' I:=1 'STEP' 2 'UNTIL' Q 'DO'
     ALS:=ALS+SS[I];
A[o]:=(AL+ALS)/N;
A[P]:=(AL-ALS)/N;
'FOR' I:=o 'STEP' 1 'UNTIL' Q 'DO'
'BEGIN' SN[I]:=SN[P-I]:=SIN(I*DX);
        SN[P+I]:=SN[N-I]:=-SN[I]
'END';
'FOR' J:=1 'STEP' 2 'UNTIL' Q 'DO'
'BEGIN' AL:=BL:=ALS:=BLS:=o;
        L:=o;
        K:=Q;
        'FOR' I:=o 'STEP' 2 'UNTIL' Q 'DO'
        'BEGIN' AL:=AL+SD[I]*SN[K];
                BLS:=BLS+DS[I]*SN[L];
                L:=MOD(L+2*J);
                K:=MOD(K+2*J)
        'END';
        L:=J;
        K:=Q+J;
        'FOR' I:=1 'STEP' 2 'UNTIL' Q 'DO'
        'BEGIN' ALS:=ALS+SD[I]*SN[K];
                BL:=BL+DS[I]*SN[L];
                L:=MOD(L+2*J);
                K:=MOD(K+2*J)
        'END';
        A[J]:=(AL+ALS)/P;
        A[P-J]:=(AL-ALS)/P;
        B[J]:=(BL+BLS)/P;
        B[P-J]:=(BL-BLS)/P
'END';
'FOR' J:=2 'STEP' 2 'UNTIL' Q 'DO'
'BEGIN' AL:=ALS:=BL:=BLS:=o;
        L:=o;
        K:=Q;
        'FOR' I:=o 'STEP' 2 'UNTIL' Q 'DO'
        'BEGIN' AL:=AL+SS[I]*SN[K];
                BLS:=BLS+DD[I]*SN[L];
                L:=MOD(L+2*J);
                K:=MOD(K+2*J)
        'END';
        L:=J;
        K:=Q+J;
        'FOR' I:=1 'STEP' 2 'UNTIL' Q 'DO'
        'BEGIN' ALS:=ALS+SS[I]*SN[K];
                BL:=BL+DD[I]*SN[L];
                L:=MOD(L+2*J);
                K:=MOD(K+2*J)
         'END';
         A[J]:=(AL+ALS)/P;
         A[P-J]:=(AL-ALS)/P;
         B[J]:=(BL+BLS)/P;
         B[P-J]:=(BL-BLS)/P
  'END'
'END' FOURIERANALYSE;
```

5.11. Ein nichtlineares Ausgleichsproblem – Ausgleich durch Exponentialsummen

Eine Ansatzfunktion für eine Ausgleichsaufgabe enthält eine Anzahl von Parametern,

$$\bar{y}(x) = F(x, a_1, a_2, \ldots, a_k) .$$

Mit den Fehlergleichungen

$$v_i = F(x_i, a_1, \ldots, a_k) - y_i , \qquad i = 1, \ldots, n ,$$

folgt nach der „Methode der kleinsten Quadrate" für die Minimalbedingungen:

$$\sum_{i=1}^{n} v_i \frac{\partial v_i}{\partial a_p} = 0 , \qquad p = 1, \ldots, k .$$

Diese k Gleichungen bilden ein nichtlineares Gleichungssystem zur Bestimmung der Parameter $a_1, \ldots, a_k$, sofern man keinen linearen Ansatz wie in 5.1 macht. Derartige nichtlineare Gleichungssysteme sind im allgemeinen schwierig zu lösen und es lassen sich auch kaum allgemeine Aussagen über die Lösungsmannigfaltigkeit machen. Meist hilft man sich dadurch, daß man das Problem linearisiert.

Einen speziellen Fall stellt die Näherung von Funktionswerten durch Exponentialsummen dar. Solche Fälle können auftreten z.B. im Gebiet der Physik bei radioaktiven Zerfallserscheinungen, Entladungsvorgängen, Überlagerung periodischer Vorgänge mit Abklingerscheinungen.

Man wird daher mit 2m Parametern ansetzen:

$$\bar{y}(x) = a_1 e^{\alpha_1 x} + a_2 e^{\alpha_2 x} + \ldots + a_m e^{\alpha_m x} , \tag{1}$$

dabei können die α_j reell oder komplex sein.

Für den allgemeinen Fall beliebig vorgegebener Werte x_i ist diese Aufgabe schwierig zu lösen. Einen Weg für äquidistante x_i hat *Prony* [29] angegeben. Andere Verfahren siehe [33, 34, 35].

Die Beobachtungsdaten y_k liegen also vor für die Abszissen

$$x_k = x_1 + (k-1)h , \qquad k = 1, 2, \ldots, n . \tag{2}$$

Setzt man nun

$$c_j = a_j e^{\alpha_j x_1} , \quad v_j = e^{\alpha_j h} , \qquad j = 1, \ldots, m , \tag{3}$$

so ist

$$\bar{y}_k = c_1 v_1^{k-1} + c_2 v_2^{k-1} + \ldots + c_m v_m^{k-1} , \qquad k = 1, \ldots, n . \tag{4}$$

In dieser Gestalt besteht die Aufgabe darin, durch Ausgleichung die c_j und v_j zu bestimmen.

Der übersichtlicheren Herleitung wegen und da ohnehin meist nur wenige Glieder dieses Ansatzes benutzt werden, soll hier nur von zwei Gliedern ausgegangen werden:

$$\bar{y}_k = c_1 v_1^{k-1} + c_2 v_2^{k-1} , \qquad k = 1, \ldots, n . \tag{4.1}$$

Greift man aus den n gegebenen Punkten drei äquidistante heraus (etwa die ersten drei, oder die 1., 3., 5. usw.), so erhält man, indem man links die Beobachtungswerte einsetzt, mit den Faktoren s_2, s_1, s_0 multipliziert und die drei Gleichungen addiert:

$$\begin{array}{rcl|l}
\bar{y}_p & = & c_1 v_1^{p-1} + c_2 v_2^{p-1} & s_2 = v_1^\delta v_2{}^\delta \\
\bar{y}_{p+\delta} & = & c_1 v_1^{p+\delta-1} + c_2 v_2^{p+\delta-1} & s_1 = -(v_1^\delta + v_2^\delta) \\
\bar{y}_{p+2\delta} & = & c_1 v_1^{p+2\delta-1} + c_2 v_2^{p+2\delta-1} & s_0 = 1 \\
\hline
\end{array}$$

$$\bar{y}_p s_2 + \bar{y}_{p+\delta} s_1 + \bar{y}_{p+2\delta} = 0 \tag{5}$$

bzw. allgemein bei r-gliedrigem Ansatz:

$$\bar{y}_p s_r + \bar{y}_{p+\delta} s_{r-1} + \ldots + \bar{y}_{p+r\delta} = 0 .$$

Diese Gleichungen kann man für eine Anzahl p von Werten (p = 1, 2, ...) anschreiben und erhält damit ein lineares Ausgleichsproblem zur Bestimmung von s_1 und s_2 ... Die $s_1, s_2, \ldots$ sind die symmetrischen Grundfunktionen der Lösungen einer algebraischen Gleichung (Vietascher Wurzelsatz) und es gilt für die s_i:

$$v^{2\delta} + s_1 v^\delta + s_2 = 0 . \tag{6}$$

Allgemein erhält man bei r-gliedrigem Ansatz:

$$(v^{\delta r})^2 + s_1 v^{\delta(r-1)} + s_2 v^{\delta(r-2)} + \ldots + s_r = 0 .$$

Um die Gl. (5) auszugleichen, bildet man wie bei den linearen Ausgleichungen die folgenden Matrizen:

$$\mathbf{F} = \begin{pmatrix} y_1 & y_{1+\delta} \\ y_2 & y_{2+\delta} \\ y_3 & y_{3+\delta} \\ \ldots & \ldots\ldots \\ y_q & y_{q+\delta} \end{pmatrix}, \quad \mathbf{y^*} = \begin{pmatrix} y_{1+2\delta} \\ y_{2+2\delta} \\ y_{3+2\delta} \\ \ldots\ldots \\ y_{q+2\delta} \end{pmatrix}, \quad \mathbf{s} = \begin{pmatrix} s_2 \\ \\ s_1 \end{pmatrix}, \tag{7}$$

wobei etwa $y_{q+2\delta} = y_n$.

Man kann eventuell gewisse Gleichungen auslassen. Es gelten dann die Normalgleichungen:

$$\mathbf{F'F\,s = F'y^*} \,. \tag{8}$$

Die algebraische Gl. (6) liefert dann

$$v_1^\delta = e^{\alpha_1 \delta h} \,,$$

$$v_2^\delta = e^{\alpha_2 \delta h} \,,$$

allgemein gibt es r Werte v_i^δ, $i = 1, 2, \ldots, r$, und daraus

$$\alpha_1 = \frac{1}{\delta h} \ln v_1^\delta \,,$$

$$\alpha_2 = \frac{1}{\delta h} \ln v_2^\delta \,,$$

bzw. allgemein

$$\alpha_i = \frac{1}{\delta h} \ln v_i^\delta \,.$$

Nach Bestimmung der v_i bzw. α_i geht man wieder auf die Gl. (4) zurück und kann die Koeffizienten c_i nach der „Methode der kleinsten Quadrate" bestimmen, indem man die Fehlergleichungen ansetzt:

$$V_k = c_1 v_1^{k-1} + c_2 v_2^{k-1} - y_k$$

bei bekannten Werten v_1 und v_2. Dies ist ein lineares Ausgleichsproblem

$$\bar{y}(x) = c_1 \varphi_1(x) + c_2 \varphi_2(x) \,,$$

wie es in 5.3 behandelt wurde. Man hat daher noch einmal ein System von Normalgleichungen zu lösen.

Damit ist das gesamte Problem in zwei Schritten gelöst, allerdings nicht als gesamtes Problem im Sinne der „Methode der kleinsten Quadrate" (Näherungslösung!).

Beispiel 43: Leerlaufverlust eines Generators in Abhängigkeit von der Spannung [19]

Meßdaten:

Spannung U (V)	230	295	360	425	490	555	620
Verlust W (kW)	64,0	66,0	69,5	74,0	80,8	91,0	103,5

Es wird die unabhängige Veränderliche eingeführt:

$$x = \frac{U - 425}{195}$$

und angesetzt

$$\bar{y}(x) = a_1\, e^{\alpha_1 x} + a_2\, e^{\alpha_2 x} \quad .$$

Damit nimmt x die Werte an:

$$x_i = -1, \ -2/3, \ -1/3, \ 0, \ 1/3, \ 2/3, \ 1 \ .$$

Wählt man jetzt $h = 2/3$, so kann man drei Gleichungen aufstellen:

$$\begin{aligned} 64{,}0 s_2 + 69{,}5 s_1 + 80{,}8 &= 0 \ , \\ 66{,}0 s_2 + 74{,}0 s_1 + 91{,}0 &= 0 \ , \\ 69{,}5 s_2 + 80{,}8 s_1 + 103{,}5 &= 0 \ . \end{aligned}$$

Daraus folgt das Rechenschema zur Ausgleichung der Werte s_2 und s_1:

			64,0	69,5	- 80,8
			66,0	74,0	- 91,0
			69,5	80,8	- 103,5
64,0	66,0	69,5	13 282,25	14 947,60	-18 370,45
69,5	74,0	80,8	14 947,60	16 834,89	-20 712,40
Σ 133,5	140,0	150,3	28 229,85	31 782,49	-39 082,85

Die Auflösung des Normalgleichungssystems der beiden Unbekannten s_2 und s_1 erfolgt nach dem Schema (darin ist das Komma um drei Stellen nach links verschoben):

	13,282 25	14,947 60	-18,370 45
	14,947 60	16,834 89	-20,712 40
Σ	28,229 85	31,782 49	-39,082 85
	13,282 25	1,125 382	- 1,383 083
	14,947 60	0,013 130	- 2,942 041
Σ	28,229 85	0,013 125	- 0,000 010

also:

$$\begin{aligned} s_1 &= -2{,}942\,04 \ , \\ s_2 &= 1{,}927\,84 \ . \end{aligned}$$

Daraus folgt die quadratische Gleichung für die v_i ($\delta = 1$):

$$v^2 - 2{,}942\,04\, v + 1{,}927\,84 = 0 \ ,$$

$$\begin{aligned} v &= 1{,}471\,02 \pm \sqrt{1{,}471\,02^2 - 1{,}927\,84} \\ &= 1{,}471\,02 \pm 0{,}485\,866 \ , \end{aligned}$$

also

$v_1 = 1{,}956\,87$

$v_2 = 0{,}985\,15 \qquad \alpha_i = \ln v_i/h = 2{,}302\,585 \lg v_i/h$

$$\alpha_1 = \frac{3}{2} \cdot 0{,}291\,566 \cdot 2{,}302\,585 = 1{,}007\,032$$

$$\alpha_2 = -\frac{3}{2} \cdot 0{,}006\,502 \cdot 2{,}302\,585 = -0{,}022\,457$$

$$\bar{y}(x) = a_1\, e^{1{,}007\,032x} + a_2 e^{-0{,}022\,457x}$$

oder

$$y_k = c_1 \cdot 1{,}956\,886^{k-1} + c_2 \cdot 0{,}985\,154^{k-1} .$$

Die c_1 und c_2 werden dann in üblicher Weise aus den Normalgleichungen bestimmt. Man erhält:

$c_1 = 16{,}961$

$c_2 = 57{,}357$

und damit

$$\bar{y}(x) = 16{,}961 \exp\left(1{,}007\,03\,\frac{U-425}{195}\right) + 57{,}357 \exp\left(-0{,}022\,457\,\frac{U-425}{195}\right) .$$

Die ausgeglichenen Werte lauten:

U (V)	230	295	360	425	490	555	620
W (kW)	63,68	66,11	69,53	74,32	81,04	90,46	103,66

und es ist

$$\Phi_{min} = 0{,}59 .$$

5.12. Zweidimensionale Ausgleichung durch Polynome

Im dreidimensionalen Raum seien an den Stellen x_i, y_k der xy-Ebene die Ordinaten z_{ik} beobachtet, für die man voraussetzen kann, daß sie mit Zufallsfehlern behaftet sind. Unter der weiteren Voraussetzung, daß es für die fehlerfreien Werte eine einfache Fläche gibt, auf der diese Punkte liegen, kann man die Meßpunkte durch eine Funktion

$$\bar{z} = F(x,y)$$

ausgleichen. Als Ausgleichsprinzip werde die „Methode der kleinsten Quadrate" angewandt, also

$$\Phi = \sum_{i,k} \left(F(x_i, y_k) - z_{ik}\right)^2 \overset{!}{=} \text{Min} .$$

Will man wieder eine lineare Ausgleichung vornehmen, so kann man ansetzen:

$$F(x,y) = A_0\varphi_0(x,y) + \ldots + A_k\varphi_k(x,y) \ .$$

Hier soll nur die Ausgleichung durch Polynome behandelt werden. Außerdem wird vorausgesetzt, daß die gegebenen mn Punkte x_i, y_k in einem Rechtecknetz liegen,

$$\left.\begin{array}{ll} x_i \ , & i = 1, 2, \ldots, m \\ y_k \ , & k = 1, 2, \ldots, n \end{array}\right\} \quad z_{ik} = z(x_i, y_k) \ . \tag{1}$$

Äquidistanz der x_i- bzw. y_k-Werte braucht im allgemeinen nicht vorausgesetzt zu werden.

Ein Polynom zweiten Grades in zwei Veränderlichen ist also

$$F(x,y) = a_{00} + a_{10}x + a_{01}y + a_{20}x^2 + a_{11}xy + a_{02}y^2 \ . \tag{2}$$

Es hat sechs Konstanten. Man muß daher ein System der Normalgleichungen mit sechs Unbekannten lösen (bei einem Polynom 3. bzw. 4. Grades sind es bereits 10 bzw. 15 Unbekannte). Die Minimalgleichungen lauten:

$$\frac{1}{2}\frac{\partial\Phi}{\partial a_{pq}} = \sum_{i,k}^{m,n}\left(F(x_i, y_k) - z_{ik}\right) x_i^p y_k^q = 0 \ .$$

Da die Summationen über i und k wegen des Rechtecknetzes der x_i, y_k für die linken Seiten der Normalgleichungen unabhängig voneinander sind, kann man setzen

$$S_p = \sum_{i=1}^{m} x_i^p \ , \qquad T_q = \sum_{k=1}^{n} y_k^q$$

und erhält das Gleichungssystem

$$\mathbf{N}\,\mathbf{a} = \mathbf{b} \tag{4}$$

mit den Matrizen

$$\mathbf{N} = \begin{pmatrix} mn & S_1n & mT_1 & S_2n & S_1T_1 & mT_2 \\ S_1n & S_2n & S_1T_1 & S_3n & S_2T_1 & S_1T_2 \\ \cdots & \cdots & \cdots & \cdots & \cdots & \cdots \\ mT_2 & S_1T_2 & mT_3 & S_2T_2 & S_1T_3 & mT_4 \end{pmatrix} , \quad \mathbf{a} = \begin{pmatrix} a_{00} \\ a_{10} \\ \cdots \\ a_{02} \end{pmatrix} \tag{5}$$

$$\mathbf{b}' = \left(\sum_{i,k} z_{ik}, \ \sum_{i,k} z_{ik}x_i, \ldots, \ \sum_{i,k} z_{ik}y_k^2\right) \ . \tag{5.1}$$

Die Matrix ist als Normalmatrix auch hier wieder symmetrisch.

Bemerkung: Sind die in der xy-Ebene gegebenen Punkte nicht im Rechtecknetz gegeben,so empfiehlt es sich oft, die Punkte von 1 bis N durchzunummerieren und die Doppelsummen in Gl.(2) durch einfache Summen zu ersetzen, die von 1 bis N laufen.

Ausgleichung durch Orthogonalpolynome

Das in 5.7 dargestellte Verfahren, Orthogonalpolynome zu verwenden, läßt sich auch für den hier betrachteten Fall, daß die Punkte im Rechtecknetz angeordnet sind, mit Vorteil benützen, wie *P. Lorenz* [20, 36] gezeigt hat.

Man stellt nun sowohl für das gegebene System der x_i als auch für das der y_k Orthogonalpolynome $\varphi_p(x)$ bzw. $\psi_q(y)$ vom Grade p bzw. q auf, wobei die Orthogonalitätsrelationen gelten sollen:

$$\left.\begin{aligned} \sum_{i=1}^{m} \varphi_p(x_i)\varphi_q(x_i) &= \begin{cases} 0 \\ m \end{cases} \\ \sum_{k=1}^{n} \psi_p(y_k)\psi_q(y_k) &= \begin{cases} 0 \\ n \end{cases} \end{aligned}\right\} \quad \begin{matrix} p \neq q \\ p = q \end{matrix} \tag{6}$$

Die Wahl der x- und y-Achse sei so getroffen, daß für den höchsten Grad gilt

$$g_x \leqslant g_y \;, \tag{7}$$

also

$$\begin{aligned} &\varphi_p(x)\,, && p = 0, 1, \ldots, g_x \\ &\psi_q(y)\,, && q = 0, 1, \ldots, g_y \;. \end{aligned}$$

Als Ausgleichspolynom wird also angesetzt:

$$\begin{aligned} \bar{z}(x,y) = {} & a_{00}\varphi_0\psi_0 + a_{10}\varphi_1(x)\psi_0 + a_{01}\varphi_0\psi_1(y) + a_{20}\varphi_2(x)\psi_0 \\ & + a_{11}\varphi_1(x)\psi_1(y) + a_{02}\varphi_0\psi_2(y) + \ldots \end{aligned}$$

oder

$$\bar{z}(x,y) = \sum_{p,q} a_{pq}\varphi_p(x)\,\psi_q(y)\,, \tag{8.1}$$

wobei so über p und q zu summieren ist, daß

$$p + q \leqslant g_y$$

bleibt, damit ein Polynom höchstens vom Grade g_y entsteht.

Welche Potenzen auftreten können, zeigt das Diagramm Bild 5.6.1.

Bemerkung: Statt obiger Voraussetzung über den höchsten Polynomgrad kann man auch, ohne daß sich die folgenden Betrachtungen ändern, unabhängig die Polynome in x bis zum Grade g_x und die in y bis zum Grade g_y erstrecken. Dann ist obiges Diagramm durch Bild 5.6.2 zu ersetzen. Die höchste Potenz ist also in dem Summanden $\varphi_{gx}(x)\,\psi_{gy}(y)$ enthalten.

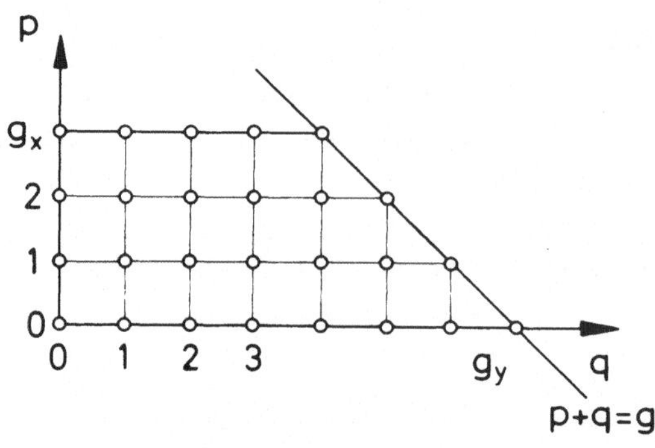

Bild 5.6.1

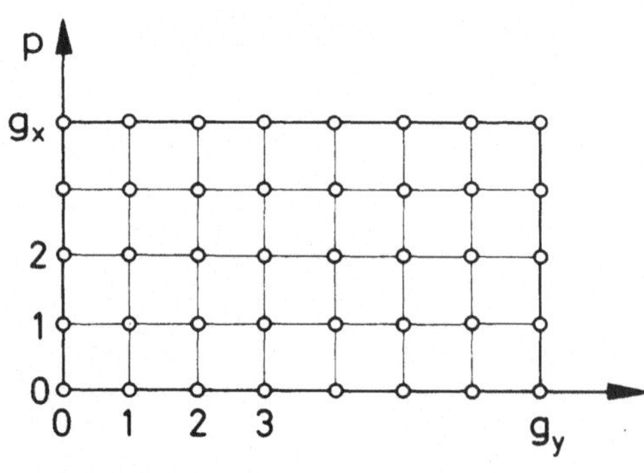

Bild 5.6.2

Entsprechend der Minimalforderung (2) ist hier zu setzen:

$$\frac{1}{2}\frac{\partial\Phi}{\partial a_{pq}} = \sum_{i,k}\left(\bar{z}(x_i, y_k) - z_{ik}\right)\varphi_p(x_i)\psi_q(y_k) = 0\,. \tag{9}$$

Daraus folgt:

$$\sum_{i,k}\left[\sum_{r,s} a_{rs}\varphi_r(x_i)\,\psi_s(y_k) - z_{ik}\right]\varphi_p(x_i)\psi_q(y_k)$$

$$= \sum_{r,s} a_{rs}\sum_i \varphi_r(x_i)\,\varphi_p(x_i)\left(\sum_k \psi_s(y_k)\psi_q(y_k)\right) - \sum_{i,k} z_{ik}\varphi_p(x_i)\psi_q(y_k) = 0\,,$$

oder wegen der Orthogonalitätsbedingungen:

$$a_{pq} = \frac{1}{mn}\sum_{i,k} z_{ik}\,\varphi_p(x_i)\,\psi_q(y_k)\,. \tag{10}$$

Die Doppelsumme läßt sich ersetzen durch

$$a_{pq} = \frac{1}{mn}\sum_{i=1}^{m}\varphi_p(x_i)\left(\sum_{k=1}^{n} z_{ik}\,\psi_q(y_k)\right) = \frac{1}{mn}\sum_{k=1}^{n}\psi_q(y_k)\left(\sum_{i=1}^{m} z_{ik}\varphi_p(x_i)\right)\,. \tag{10.1}$$

Für das Minimum der Quadratsumme gilt entsprechend früheren Rechnungen

$$\Phi_{min} = \sum_{i,k} z_{ik}^2 - mn\ (a_{00}^2 + a_{10}^2 + a_{01}^2 + a_{20}^2 + \ldots)\ . \tag{11}$$

Obwohl bei Anwendung der Orthogonalpolynome kein Gleichungssystem zu lösen ist, so ist der Rechenaufwand doch beträchtlich, da die Summen in Gl. (10) sich über mn Summanden erstrecken.

Im Fall äquidistanter x_i- und y_k-Werte, für die also

$$x_{i+1} - x_i = \Delta x$$
$$x_{k+1} - x_k = \Delta y$$

gilt, kann man durch affine Transformation wie in 5.7 den Ursprung in den Diagonalenschnittpunkt des Rechtecks verlegen und die Schrittweite in x- und y-Richtung ganzzahlig machen. Dann läßt sich die gerade bzw. ungerade Symmetrie der Polynome $\varphi_p(x)$ bzw. $\psi_q(y)$ bei der Berechnung der Koeffizienten a_{pq} – etwa nach Gl. (10.1) – ausnützen, so wie es im eindimensionalen Falle bereits durchgeführt wurde.

Wegen des Rechenaufwandes empfiehlt sich hier von vornherein die Benutzung einer DA. Es sei daher eine ALGOL-Prozedur angegeben, die auf der Berechnung der Orthogonalpolynome aufgebaut ist, wie sie in der Prozedur ORTPOL bereits errechnet wurden (siehe Prozedur 10, S. 109).

Prozedur ZWDIMAUSGL

Zweck: Zweidimensionale Ausgleichung gegebener Funktionswerte z_{ik} für Punkte x_i, y_k in einem Rechtecknetz ($i = 1, \ldots, m$; $k = 1, \ldots, n$) mit Hilfe von Orthogonalpolynomen in der Form:

$$\bar{z}(x,y) = a_{00}\varphi_0(x)\,\psi_0(y) + a_{10}\varphi_1(x)\psi_0(y) + \ldots$$

Vereinbarung: ZWDIMAUSGL (M, X, GX, N, Y, GY, Z, PHIMIN);

Beschreibung der formalen Veränderlichen:

M	Anzahl m der x_i-Werte Typ: 'INTEGER'
X	Feld der gegebenen x_i-Werte Typ: 'ARRAY', Indizes: [1 : M]
GX	Höchster Grad g_x der Polynome in x Typ: 'INTEGER'
N	Anzahl n der y_k-Werte Typ: 'INTEGER'

Y Feld der gegebenen y_k-Werte
Typ: 'ARRAY', Indizes: [1 : N]

GY Höchster Grad g_y der Polynome in y
Typ: 'INTEGER'

Z Feld der gegebenen Funktionswerte z_{ik} und zugleich *nach* der Ausgleichung das Feld der ausgeglichenen Funktionswerte $\bar{z}_{ik}$
Typ: 'ARRAY', Indizes: [1 : M, 1 : N]

PHIMIN Summe der Fehlerquadrate Φ_{min}
Typ: 'REAL'

Bemerkungen: Das vorher bereitgestellte Feld der Funktionswerte z_{ik} wird während der Rechnung von den ausgeglichenen Werten $\bar{z}_{ik}$ überschrieben, es steht also nach Verlassen der Prozedur *nicht* mehr zur Verfügung.

Es wird vorausgesetzt $g_x \leqslant g_y$.

Programm

```
'PROCEDURE' ZWDIMAUSGL(M,X,GX,N,Y,GY,Z,PHIMIN);
        'VALUE' M,N,GX,GY;
        'REAL' PHIMIN;
        'INTEGER' M,N,GX,GY;
        'ARRAY' X,Y,Z;

'COMMENT' PROCEDURE 14
    ZWEIDIMENSIONALE AUSGLEICHUNG IM
    RECHTECKNETZ DURCH ORTHOGONALPOLYNOME;

'BEGIN' 'INTEGER' I,K,P,Q;
        'ARRAY' A[0:GX,0:GY],PHI[0:GX,1:M],
                PSI[0:GY,1:N];
'PROCEDURE' POLYNOM(N,X,G,Z1);
        'VALUE' N,G;
        'INTEGER' N,G;
        'ARRAY' X,Z1;
'BEGIN' 'REAL' S1,S2,NENN,ALFA1,ALFA2,ALFA3;
        'INTEGER' I,K;
        'ARRAY' C1[0:G,0:G];
        S1:=S2:=0;
        'FOR' K:=1 'STEP' 1 'UNTIL' N 'DO'
        'BEGIN' S1:=S1+X[K];
                S2:=S2+X[K]*X[K]
        'END';
        C1[0,0]:=1;
        NENN:=SQRT(N*S2-S1*S1);
        C1[0,1]:=-S1/NENN;
        C1[1,1]:=N/NENN;
        'FOR' K:=1 'STEP' 1 'UNTIL' N 'DO'
        'BEGIN' Z1[0,K]:=C1[0,0];
                Z1[1,K]:=C1[0,1]+C1[1,1]*X[K]
        'END';
        'IF' G 'NOTEQUAL' 1 'THEN'
```

```
          'BEGIN' 'FOR' I:=2 'STEP' 1 'UNTIL' G 'DO'
                  'BEGIN' ALFA1:=ALFA2:=ALFA3:=0;
                          'FOR' K:=1 'STEP' 1 'UNTIL' N 'DO'
                          'BEGIN' ALFA1:=ALFA1+X[K]*X[K]*
                                         Z1[I-1,K]*Z1[I-1,K];
                                  ALFA2:=ALFA2+X[K]*
                                         Z1[I-1,K]*Z1[I-1,K];
                                  ALFA3:=ALFA3+X[K]*
                                         Z1[I-1,K]*Z1[I-2,K]
                          'END';
                          NENN:=SQRT(N*ALFA1-ALFA2*ALFA2-
                                     ALFA3*ALFA3);
                          ALFA1:=N/NENN;
                          ALFA2:=-ALFA2/NENN;
                          ALFA3:=-ALFA3/NENN;
                          'FOR' K:=1 'STEP' 1 'UNTIL' N 'DO'
                               Z1[I,K]:=(ALFA1*X[K]+ALFA2)*
                                        Z1[I-1,K]+ALFA3*
                                        Z1[I-2,K]
                  'END'
          'END'
'END';
          POLYNOM(M,X,GX,PHI);
          POLYNOM(N,Y,GY,PSI);
          'FOR' P:=0 'STEP' 1 'UNTIL' GX 'DO'
          'FOR' Q:=0 'STEP' 1 'UNTIL' GY-P 'DO'
          'BEGIN' A[P,Q]:=0;
                  'FOR' I:=1 'STEP' 1 'UNTIL' M 'DO'
                  'FOR' K:=1 'STEP' 1 'UNTIL' N 'DO'
                       A[P,Q]:=A[P,Q]+Z[I,K]*PHI[P,I]*PSI[Q,K];
                  A[P,Q]:=A[P,Q]/(M*N)
          'END';
          PHIMIN:=0;
          'FOR' P:=0 'STEP' 1 'UNTIL' GX 'DO'
          'FOR' Q:=0 'STEP' 1 'UNTIL' GY-P 'DO'
               PHIMIN:=PHIMIN-A[P,Q]*A[P,Q];
          PHIMIN:=PHIMIN*M*N;
          'FOR' I:=1 'STEP' 1 'UNTIL' M 'DO'
          'FOR' K:=1 'STEP' 1 'UNTIL' N 'DO'
               PHIMIN:=PHIMIN+Z[I,K]*Z[I,K];
          'IF' PHIMIN 'LESS' 0 'THEN'
               PHIMIN:=0;
          'FOR' I:=1 'STEP' 1 'UNTIL' M 'DO'
          'FOR' K:=1 'STEP' 1 'UNTIL' N 'DO'
          'BEGIN' Z[I,K]:=0;
                  'FOR' P:=0 'STEP' 1 'UNTIL' GX 'DO'
                  'FOR' Q:=0 'STEP' 1 'UNTIL' GY-P 'DO'
                       Z[I,K]:=Z[I,K]+A[P,Q]*PHI[P,I]*PSI[Q,K]
          'END'
 'END' ZWDIMAUSGL;
```

Beispiel 44: Hyperbolisches Paraboloid

In einem Quadrat sind an 4 x 4 äquidistanten Stellen die Funktionswerte gegeben. Es soll ein hyperbolisches Paraboloid bestimmt werden, das durch diese 16 Punkte geht.

Gegebene Daten z_{ik}:

x_i \ y_k	-3	-1	1	3	$\sum_k$
-3	-4	-2	0	2	-4
-1	-5	-2	1	4	-2
1	-6	-2	2	6	0
3	-7	-2	3	8	2
$\sum_i$	-22	-8	6	20	$\sum_{i,k} = -4$

Bemerkung: Die auf Parallelen zur xz- bzw. yz-Ebene gelegenen Punkte liegen auf den beiden Scharen der geradlinigen Erzeugenden eines Hyperboloides.

Die Ansatzfunktion lautet:

$$\bar{z}(x,y) = a_{00}\varphi_0\psi_0 + a_{10}\varphi_1(x)\psi_0 + a_{01}\varphi_0\psi_1(x)$$
$$+ a_{11}\varphi_1(x)\psi_1(x)\,.$$

Man berechnet nach den Methoden von 5.6.2

$$\varphi_0(x) = \psi_0(x) = 1$$

$$\varphi_1(x) = \frac{1}{\sqrt{5}}x \quad , \qquad \psi_1(y) = \frac{1}{\sqrt{5}}y\,.$$

Es ist m = n = 4 und damit

$$a_{00} = \frac{1}{mn}\sum_{i,k} z_{ik} = -\frac{1}{4}$$

$$a_{10} = \frac{1}{mn}\sum_{i,k} z_{ik}\varphi_1(x_i) = \frac{1}{mn}\sum_i \left(\varphi_1(x_i)\sum_k z_{ik}\right) = \frac{\sqrt{5}}{4}$$

$$a_{01} = \frac{1}{mn}\sum_{i,k} z_{ik}\psi_1(y_k) = \frac{1}{mn}\sum_k \left(\psi_1(y_k)\sum_i z_{ik}\right) = \frac{7\sqrt{5}}{4}$$

$$a_{11} = \frac{1}{mn}\sum_{i,k} z_{ik}\varphi_1(x_i)\psi_1(y_k) = \frac{5}{4}$$

und folglich:

$$\overline{z}(x, y) = -\frac{1}{4} + \frac{\sqrt{5}}{4}\frac{x}{\sqrt{5}} + \frac{7\sqrt{5}}{4}\frac{y}{\sqrt{5}} + \frac{5}{4}\frac{x}{\sqrt{5}}\frac{y}{\sqrt{5}}$$

$$= \frac{1}{4}(-1 + x + 7y + xy) \ .$$

Die gegebenen Daten erfüllen alle exakt die Gleichung des Hyperboloides. Es ist daher auch

$$\Phi_{min} = \sum z_{ik}^2 - mn \sum a_{pq}^2 = 276 - 16\,\frac{276}{16} = 0 \ .$$

Beispiel 45: Ausgleichung von Sterbehäufigkeiten in Abhängigkeit von Lebensalter und Versicherungsdauer [20]

Gegeben sind die Funktionswerte z_{ik} für 132 Argumentstellen, und zwar liegen sie äquidistant und es ist $m = 12$, $n = 11$. Die Ausgleichsfläche soll von 4. Ordnung sein. Die gegebenen Werte wurden vorher bereits geglättet. Die ausgeglichenen Werte wurden durch ein Programm unter Benutzung der Prozedur ZWDIMAUSGL auf einer DA berechnet. Es folgt nun die Gegenüberstellung der gegebenen und der berechneten Werte z_{ik} und $\overline{z}_{ik}$.
Schema der Zahlenwerte siehe folgende Seite.

5.13. Lineare Korrelationen

In der Statistik wird unter anderem die Frage gestellt, ob zwischen zwei einander zugeordneten Merkmalreihen x_i und y_i, $i = 1, \ldots, n$, eine Beziehung besteht, ob z.B. im Durchschnitt die y mit den x wachsen (wie etwa Körpergröße und Körpergewicht).

Der einfachste Fall ist ein linearer Zusammenhang und nur dieser soll hier behandelt werden. Man sagt dann, daß die y_i mit den x_i linear korreliert sind.

Im Bereich technischer und naturwissenschaftlicher Beobachtungen und Messungen hat man es meist mit funktionalen Zusammenhängen zu tun, wie sie in 5.1 behandelt wurden. Wir können uns aber auch auf diesem Gebiete zahlreiche Fälle denken, in denen zugeordnete Meßwerte x_i, y_i, $i = 1, \ldots, n$ vorliegen, deren Beziehung nicht von vornherein klar ist. Die Zuordnung kann etwa geschehen durch die Gleichzeitigkeit zweier Meßwerte. Als Beispiel diene der Fall, daß zur Produktionsüberwachung eine bestimmte Größe laufend gemessen wird. Man stellt zufallsartige Schwankungen fest. Gleichzeitig wird aber auch die Raumtemperatur registriert. Es wird nun die Frage gestellt, ob den eigentlichen zufälligen Schwankungen eine Beziehung zur Raumtemperatur überlagert ist. Gerade hier ist es sinnfällig, von einer linearen Beziehung auszugehen.

Schema der gegebenen und ausgeglichenen Werte (Beispiel 45):

k \ i	1	2	3	4	5	6	7	8	9	10	11
1	318,00	214,54	144,07	107,40	99,72	90,00	76,23	63,68	57,55	54,20	48,00
	315,11	214,42	150,21	112,12	91,41	81,03	75,57	71,26	66,01	59,37	52,54
2	271,43	172,94	114,36	84,24	77,20	69,60	60,48	53,62	50,64	52,88	46,68
	268,11	176,20	118,67	85,49	68,32	60,43	56,77	53,95	50,20	45,46	41,26
3	231,46	149,38	92,12	71,08	55,44	50,12	45,80	40,92	42,96	44,16	43,34
	232,22	148,61	97,29	68,58	54,49	48,65	46,37	44,60	41,95	38,69	36,72
4	200,38	124,88	82,04	56,00	46,40	39,48	37,00	35,76	35,52	38,60	39,16
	203,89	128,22	82,73	58,14	46,77	42,64	41,40	40,36	38,48	36,39	36,36
5	179,41	110,22	67,80	52,16	41,96	38,16	35,24	35,76	35,36	36,28	38,01
	180,32	112,29	72,38	51,63	42,75	40,08	39,64	39,09	37,77	36,63	38,32
6	163,86	100,06	63,64	47,36	41,72	38,24	38,60	37,00	38,88	38,46	38,67
	159,41	98,86	64,35	47,28	40,71	39,35	39,57	39,39	38,48	38,19	41,48
7	148,47	92,46	57,84	45,16	40,56	40,12	39,92	42,20	40,40	40,94	41,08
	139,80	86,63	57,45	43,99	39,68	39,58	40,41	40,56	40,05	40,57	45,46
8	127,87	80,64	52,92	42,40	40,52	41,44	44,04	43,72	44,88	42,46	44,58
	120,85	75,09	51,25	41,43	39,41	40,61	42,11	42,65	42,60	44,01	50,58
9	100,43	65,20	45,36	39,88	40,80	40,08	47,52	50,32	50,24	51,06	52,90
	102,66	64,41	46,03	39,98	40,38	43,03	45,34	46,42	47,00	49,47	57,90
10	73,75	48,46	38,60	39,48	42,64	47,72	52,64	57,00	60,40	62,10	66,38
	86,04	55,50	42,80	40,73	43,80	48,12	51,50	53,37	54,83	58,64	69,20
11	62,47	44,04	42,68	47,20	52,06	54,36	60,36	66,76	72,44	78,52	87,61
	72,52	50,01	43,29	45,53	51,57	57,91	62,69	65,71	68,41	73,92	86,99
12	71,00	58,44	57,17	63,63	66,92	68,33	72,50	80,66	89,51	100,60	115,00
	64,38	50,29	49,96	56,92	66,37	75,16	81,78	86,38	90,79	98,45	114,50

[1])

Die Fehlerquadratsumme ist

$\Phi_{min} = 2\,223$.

[1]) In der oberen Zeile stehen die gegebenen Werte, in der darunter stehenden die berechneten.

Für die um die Mittelwerte $\overline{x}$ und $\overline{y}$ schwankenden Meßwerte x_i und y_i wird zunächst eine erste lineare Beziehung angenommen:

$$y - \overline{y} = \gamma_1 (x - \overline{x}) \,. \tag{1}$$

Man denkt sich in der xy-Ebene die Punkte (x_i,y_i) aufgetragen, dann stellt Gl. (1) die sogenannte *erste Regressionsgerade* dar. Wegen der Zufallsschwankungen erfüllen die gegebenen Punkte diese Geradengleichung nicht, man bestimmt sie vielmehr durch Ausgleichung nach der „Methode der kleinsten Quadrate" und erhält die Minimalforderung:

$$\Phi_1 = \sum_{i=1}^{n} [(y_i - \overline{y}) - \gamma_1 (x_i - \overline{x})]^2 = \sum_{i=1}^{n} (v_{yi} - \gamma_1 v_{xi})^2 \overset{!}{=} \text{Min} \tag{2}$$

mit den Abweichungen vom Mittelwert

$$\begin{aligned} v_{xi} &= x_i - \overline{x} \,, \\ v_{yi} &= y_i - \overline{y} \,. \end{aligned} \tag{3}$$

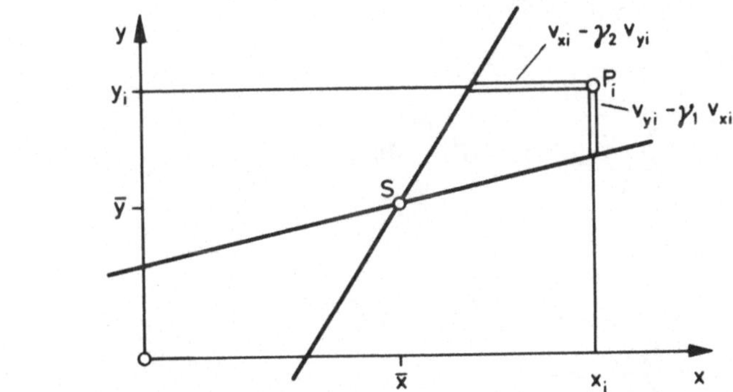

Bild 5.7

Bemerkung: Man könnte die Regressionsgerade auch in der Form

$$y = \gamma_1 x + b$$

ansetzen. Man erhielte dann das hier vorausgenommene Ergebnis, daß die Regressionsgerade durch den Schwerpunkt $(\overline{x},\overline{y})$ der Beobachtungspunkte geht.

Die Minimalbedingung lautet:

$$\sum_{i=1}^{n} (v_{yi} - \gamma_1 v_{xi}) v_{xi} = 0$$

daraus folgt

$$\gamma_1 = \frac{\sum\limits_{i=1}^{n} v_{xi} v_{yi}}{\sum\limits_{i=1}^{n} v_{xi}^2} \tag{4}$$

oder wenn man vektoriell schreibt

$$\mathbf{v}_x = \mathbf{x} - \bar{x}\mathbf{e}\,, \qquad \mathbf{v}_y = \mathbf{y} - \bar{y}\mathbf{e}\,,$$

so ist

$$\gamma_1 = \frac{\mathbf{v}_x' \mathbf{v}_y}{\mathbf{v}_x' \mathbf{v}_x}\quad . \tag{4.1}$$

Statt die Gerade so zu bestimmen, daß die Summe der Quadrate der Ordinatendifferenzen zum Minimum gemacht wird, kann man durch Vertauschen von x und y auch die Summe der Quadrate der Abszissendifferenzen zum Minimum machen, dies ergibt die *zweite Regressionsgerade.* Man setzt an:

$$x_i - \bar{x} = \gamma_2 (y_i - \bar{y}) \tag{5}$$

und bildet

$$\Phi_2 = \sum_{i=1}^{n} (v_{xi} - \gamma_2 v_{yi})^2 \stackrel{!}{=} \text{Min}\,. \tag{6}$$

Daraus folgt

$$\gamma_2 = \frac{\mathbf{v}_x' \mathbf{v}_y}{\mathbf{v}_y' \mathbf{v}_y} = \frac{\sum\limits_{i=1}^{n} v_{xi} v_{yi}}{\sum\limits_{i=1}^{n} v_{yi}^2}\quad . \tag{7}$$

Die beiden Größen γ_1 und γ_2 hängen eng mit der Streuung der beiden Beobachtungsreihen zusammen:

$$\begin{aligned} s_x^2 &= \frac{1}{n-1} \mathbf{v}_x' \mathbf{v}_x = \frac{1}{n-1} \sum_{i=1}^{n} (x_i - \bar{x})^2\,, \\ s_y^2 &= \frac{1}{n-1} \mathbf{v}_y' \mathbf{v}_y = \frac{1}{n-1} \sum_{i=1}^{n} (y_i - \bar{y})^2\quad . \end{aligned} \tag{8}$$

Bildet man noch

$$\frac{1}{n-1} v_x' v_y = s_x s_y r \quad , \tag{9}$$

so ist

$$\gamma_1 = \frac{s_y}{s_x} r$$
$$\gamma_2 = \frac{s_x}{s_y} r \tag{10}$$

und zur Kontrolle

$$\gamma_1 \gamma_2 = r^2 \quad . \tag{11}$$

Aus Gl. (9) folgt der *Korrelationskoeffizient* r

$$r = \frac{v_x' v_y}{\sqrt{v_x' v_x \cdot v_y' v_y}} = \frac{\sum_{i=1}^{n} v_{xi} v_{yi}}{\sqrt{\sum_{i=1}^{n} v_{xi}^2 \cdot \sum_{i=1}^{n} v_{yi}^2}} \quad . \tag{12}$$

r ist symmetrisch in den x_i und y_i Werten. Er ist als Maß für die Stärke der Korrelation beider Wertreihen anzusehen.

Um eine Aussage über die Größe von r zu erhalten, bildet man eine Streuung in Bezug auf eine Regressionsgerade

$$s_1^2 = \frac{1}{n-1} \sum_{i=1}^{n} (v_{yi} - \gamma_1 v_{xi})^2$$

und rechnet aus

$$s_1^2 = s_y^2 (1 - r^2) \quad . \tag{13}$$

Entsprechend ergibt sich in Bezug auf die andere Regressionsgerade

$$s_2^2 = \frac{1}{n-1} \sum_{i=1}^{n} (v_{xi} - \gamma_2 v_{yi})^2 = s_x^2 (1 - r^2) \, . \tag{14}$$

Da s_1^2 und s_2^2, ebenso wie s_x^2 und s_y^2 positiv sind, muß also

$$r^2 \leqslant 1$$

sein, also

$$-1 \leqslant r \leqslant +1 \quad . \tag{15}$$

Es bedeutet $r = 0$ keine Korrelation zwischen den x_i und den y_i,
$r = +1$ gleichsinnig strenge Korrelation und
$r = -1$ ungleichsinnig (entgegengesetzte) strenge Korrelation.

Man gibt die Korrelation r oft auch in Prozenten an. Je näher $|r|$ an Eins liegt, desto größer ist der Grad der Korrelation. Für $r = \pm 1$ fallen die beiden Regressionsgeraden zusammen, da alle Punkte auf der Geraden liegen.

Beispiel 46: Korrelation zwischen Längenmessung und Raumtemperatur

Bei einer Produktion werden laufend bestimmte Längen x_i gemessen. Dazu werden die einem Registrierschrieb entnommenen Raumtemperaturen y_i angegeben. Es soll untersucht werden, ob außer den Zufallsschwankungen eine Korrelation zwischen beiden Größen besteht.

Meßdaten:

i	x_i (mm)	y_i(°)	i	x_i(mm)	y_i(°)
1	137,42	22,2	7	136,41	20,8
2	136,96	21,6	8	136,45	21,2
3	136,87	21,1	9	136,87	21,5
4	136,91	20,7	10	136,95	21,8
5	136,54	20,6	11	137,15	22,1
6	136,32	20,7	12	137,38	22,5

Rechenschema:

i	$z_i = x_i - 136$	$\zeta_i = y_i - 20$	$10^2 v_{xi}$	$10^4 v_{xi}^2$	$10 v_{yi}$	$10^2 v_{yi}^2$	$10^3 v_{xi} v_{yi}$
1	1,42	2,2	57	3 249	8	64	456
2	0,96	1,6	11	121	2	4	22
3	0,87	1,1	2	4	-3	9	-6
4	0,91	0,7	6	36	-7	49	-42
5	0,54	0,6	-31	961	-8	64	248
6	0,32	0,7	-53	2 809	-7	49	371
7	0,41	0,8	-44	1 936	-6	36	264
8	0,45	1,2	-40	1 600	-2	4	80
9	0,87	1,5	2	4	1	1	2
10	0,95	1,8	10	100	4	16	40
11	1,15	2,1	30	900	7	49	210
12	1,38	2,5	53	2 809	11	121	583
Σ	10,23	16,8	3 [1]	14 529	0	466	2 228

[1]) Rundungsfehler.

Daraus folgen:

$$\bar{z} = 0{,}852\,5 \;, \qquad \bar{x} = 136{,}85 \;,$$
$$\bar{\zeta} = 1{,}40 \;, \qquad \bar{y} = \;\; 21{,}40 \;,$$
$$\gamma_1 = \frac{22\,280}{14\,529} = 1{,}533\,5 \;,$$
$$\gamma_2 = \frac{22\,280}{46\,600} = 0{,}478\,1 \;,$$
$$r = \sqrt{1{,}533\,5 \cdot 0{,}478\,1} = 0{,}856\,3 \;.$$

Die Gleichungen der beiden Regressionsgeraden lauten also:

$$y - \;\; 21{,}40 = 1{,}533\,5\,(x - \;\; 136{,}85) \;,$$
$$x - 136{,}85 = 0{,}478\,1\,(y - \;\; 21{,}40) \;.$$

(Siehe Bild 5.8.)

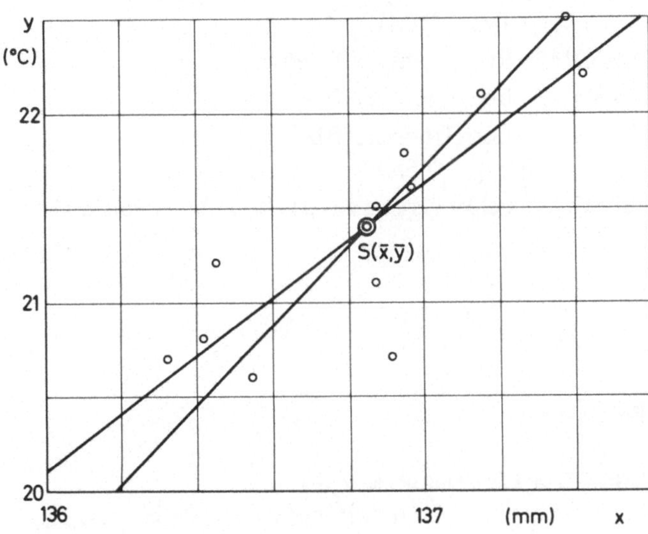

Bild 5.8

Man erhält also eine positive Korrelation von 85,6 %, d.h. die gemessenen Längen nehmen im Durchschnitt mit der Raumtemperatur zu. Testverfahren für den Korrelationskoeffizienten werden in der Statistik behandelt (siehe z.B. [26] und [30]).

Zur Berechnung der Regressionskoeffizienten und des Korrelationskoeffizienten mit einer DA kann die folgende Prozedur verwendet werden:

Prozedur LINKOR

Zweck: Für zwei zugeordnete Beobachtungsreihen x_i und y_i, $i = 1, \ldots, n$, soll die Korrelation untersucht werden. Dazu werden die Mittelwerte $\bar{x}$ und $\bar{y}$, die Regressionskoeffizienten γ_1 und γ_2 und der Korrelationskoeffizient r berechnet.

Vereinbarung: LINKOR (N, X, Y, XQUER, YQUER, GAMMA1, GAMMA2, R, AUSG);

Beschreibung der formalen Veränderlichen:

N	Anzahl n der Beobachtungswerte Typ: 'INTEGER'
X, Y	Felder der Beobachtungswerte x_i und y_i Typ: 'ARRAY', Indizes: [1 : N]
XQUER	Mittelwert $\bar{x}$ der Beobachtungswerte x_i Typ: 'REAL'
YQUER	Mittelwert $\bar{y}$ der Beobachtungswerte y_i Typ: 'REAL'
GAMMA1	Regressionskoeffizient γ_1
GAMMA2	Regressionskoeffizient γ_2
R	Korrelationskoeffizient r Typ: 'REAL'
AUSG	Fehlerausgang aus der Prozedur, wenn $n < 2$

Programm

```
'PROCEDURE' LINKOR(N,X,Y)
                    RESULT:(XQUER,YQUER,GAMMA1,GAMMA2,R,AUSG);
        'VALUE' N;
        'REAL' XQUER,YQUER,GAMMA1,GAMMA2,R;
        'INTEGER' N;
        'ARRAY' X,Y;
        'LABEL' AUSG;

'COMMENT' PROCEDURE 15
    FUER ZWEI ZUGEORDNETE BEOBACHTUNGSREIHEN X[I]
    UND Y[I] WERDEN DIE MITTELWERTE XQUER, YQUER,
    DIE REGRESSIONSKOEFFIZIENTEN GAMMA1 UND GAMMA2
    UND DER KORRELATIONSKOEFFIZIENT R BERECHNET;
```

```
'BEGIN' 'REAL' VX,VY,S1,S2,S3;
        'INTEGER' I;
        'IF' N 'LESS' 2 'THEN' 'GOTO' AUSG;
        XQUER:=YQUER:=S1:=S2:=S3:=0;
        'FOR' I:=1 'STEP' 1 'UNTIL' N 'DO'
        'BEGIN' XQUER:=XQUER+X[I];
                YQUER:=YQUER+Y[I]
        'END';
        XQUER:=XQUER/N;
        YQUER:=YQUER/N;
        'FOR' I:=1 'STEP' 1 'UNTIL' N 'DO'
        'BEGIN' VX:=X[I]-XQUER;
                VY:=Y[I]-YQUER;
                S1:=S1+VX*VX;
                S2:=S2+VY*VY;
                S3:=S3+VX*VY
        'END';
        GAMMA1:=S3/S1;
        GAMMA2:=S3/S2;
        R:=SQRT(S1*S2);
        R:=S3/R
'END' LINKOR;
```

5.14. Aufgaben

Aufgabe 5.1. Die Stahl-Produktion der USA in den Jahren 1946–1956 betrug (in Millionen short tons) [21]:

1946	66,6	1950	96,8	1954	88,3
1947	84,9	1951	105,2	1955	117,0
1948	88,6	1952	93,2	1956	115,2
1949	78,0	1953	111,6		

Gesucht wird ein linearer Trend.

Lösung:

$$\bar{y}(x) = 95{,}0 + 3{,}95\,(x - 1951)\,.$$

Aufgabe 5.2. In einer Versuchsreihe werden die Punkte einer Kurve (x_k, y_k) als Mittelwerte mit verschiedenen Häufigkeiten h_k bestimmt. Man gleiche die Punktfolge durch ein quadratisches Polynom aus, wobei die Häufigkeit der Versuche je Punkt als Gewicht eingeführt wird.

Daten:

x_i	y_i	h_i	x_i	y_i	h_i
16,6	3,400	5	17,8	3,445	1
16,8	3,500	1	18,0	3,459	4
17,0	3,415	2	18,2	3,505	5
17,2	3,380	3	18,4	3,515	4
17,4	3,395	4	18,6	3,550	1
17,6	3,450	4			

Anleitung: Die Ausgleichsvorschrift lautet

$$\Phi = \sum_{i=1}^{n} h_i \left(y(x_i) - y_i\right)^2 \overset{!}{=} \text{Min}\,.$$

Lösung:

$$\bar{y}(x) = 17{,}397 - 1{,}659\,8x + 0{,}049\,17x^2 \quad .$$

Aufgabe 5.3. Beobachtet wurde die Strecke d (m), die erforderlich ist, um ein Auto bei einer Geschwindigkeit V (km/h) zum Stoppen zu bringen [22].

Daten:

V (km/h)	32,2	48,3	64,4	80,5	96,6	112,7
d (m)	16,50	27,45	42,10	62,85	89,10	120,80

Man gleiche diese Beobachtungen durch ein quadratisches Polynom in V aus. Wie groß ist die Stoppstrecke für die Geschwindigkeiten 50, 100 und 125 km/h.

Anleitung: Man transformiere die V: $x = (V - 64{,}4)/16{,}1$.

Lösung:

V (km/h)	32,2	48,3	64,4	80,5	96,6	112,7	50,0	100,0
d (m)	15,37	27,13	43,40	64,17	89,45	119,24	30,64	95,36

Aufgabe 5.4. Von einem Schrieb eines Schwingungsvorganges werden 24 äquidistante Ordinaten abgelesen. Man führe eine harmonische Analyse durch.

Daten:

i	y_i	i	y_i	i	y_i	i	y_i
0	29,0	6	71,3	12	-30,1	18	4,0
1	40,4	7	63,0	13	-34,8	19	-4,4
2	57,8	8	53,9	14	-19,4	20	-10,5
3	72,1	9	42,4	15	-2,1	21	-5,1
4	78,8	10	-21,3	16	6,2	22	9,6
5	77,2	11	-6,0	17	7,7	23	19,7

Lösung:

$a_0 = 22{,}56$

$a_1 = 19{,}78$	$a_7 = -0{,}2453$	$b_1 = 38{,}45$	$b_7 = 0{,}2922$
$a_2 = -17{,}84$	$a_8 = 0{,}1292$	$b_2 = 7{,}052$	$b_8 = 0{,}0217$
$a_3 = 8{,}526$	$a_9 = -0{,}0422$	$b_3 = 3{,}786$	$b_9 = 0{,}1858$
$a_4 = -4{,}238$	$a_{10} = 0{,}1775$	$b_4 = -4{,}900$	$b_{10} = -0{,}0352$
$a_5 = 1{,}325$	$a_{11} = 0{,}2050$	$b_5 = -0{,}8570$	$b_{11} = 0{,}0459$
$a_6 = -1{,}4417$	$a_{12} = -1{,}283$	$b_6 = -1{,}158$	

(mit vier geltenden Ziffern)

Aufgabe 5.5. Für die in Bild 5.9 skizzierte periodische Funktion soll durch Entnahme von 24 Ordinaten die harmonische Analyse durchgeführt werden.

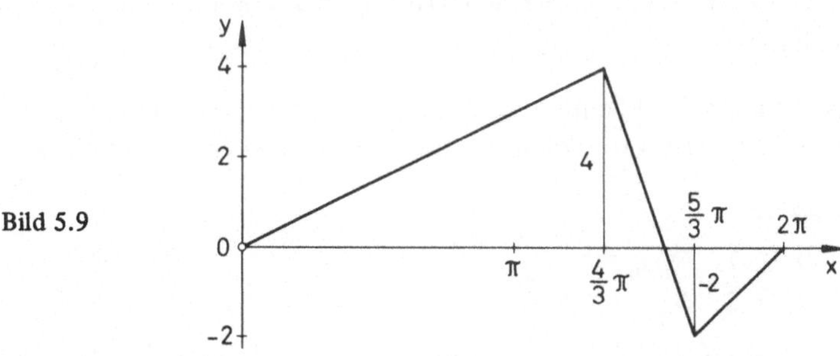

Bild 5.9

Lösung:

$a_0 = 1{,}333$

$a_1 = -1{,}987$	$a_7 = -0{,}0538$	$b_1 = 0{,}2647$	$b_7 = 0{,}00717$
$a_2 = 0{,}1166$	$a_8 = 0{,}0104$	$b_2 = 1{,}010$	$b_8 = 0{,}0902$
$a_3 = 0{,}5690$	$a_9 = 0{,}0976$	$b_3 = 0$	$b_9 = 0$
$a_4 = 0{,}0313$	$a_{10} = 0{,}0084$	$b_4 = -0{,}2706$	$b_{10} = -0{,}0725$
$a_5 = -0{,}0914$	$a_{11} = -0{,}0344$	$b_5 = -0{,}0122$	$b_{11} = -0{,}0046$
$a_6 = 0$		$b_6 = 0$	

Aufgabe 5.6. Für verschiedene Blechstärken s(mm) wurde die Schweißzeit t(s) für 1 m Schweißnaht gemessen [23]:

s (mm)	0,5	1,4	2,5	4,0	5,0
t (s/m)	3,6	6,1	8,0	10,7	11,7

Es soll eine Ausgleichskurve der Form

$$\bar{s}(t) = A\sqrt{s}$$

bestimmt werden.

Lösung:

$$\bar{s}(t) = 5{,}172\sqrt{s}\ .$$

Aufgabe 5.7. Bei der Aufnahme der Eichkurve eines Kraftmessers werden folgende Werte gemessen:

Teilstriche	17,3	28,3	39,2	49,1	58,7	68,3
Kraft (kp)	0	20	40	60	80	100

Durch Ausgleichung soll eine formelmäßige Darstellung der Eichkurve gegeben werden. Langt ein Polynom ersten Grades oder muß man ein quadratisches Glied hinzunehmen?

Anleitung: Man benutze Orthogonalpolynome, da man auf diese Weise am einfachsten beurteilen kann, ob das quadratische Glied eine sinnvolle Verbesserung bringt.

Lösung:

$$k = 1: \ \Phi_{min} = 8{,}5$$
$$k = 2: \ \Phi_{min} = 2{,}25$$

$$a_0 = 2{,}963\,3\ , \qquad a_1 = 1{,}638\,5\ , \qquad a_2 = 0{,}003\,92\ .$$

Aufgabe 5.8. An den Stellen x_i, y_i werden die Funktionswerte z_i, $i = 1, \ldots, 7$, beobachtet. Durch die Funktion

$$\bar{z}(x,y) = a_0 + a_1 x + a_2 y$$

soll eine Ebene bestimmt werden, die die Beobachtungen am besten darstellt [27].

Beobachtungswerte:

i	x_i	y_i	z_i
1	0	0	0
2	1	6	-56
3	2	2	28
4	3	5	0
5	4	3	56
6	5	4	56
7	6	1	112

Lösung:

$$z = 4 + 21x - 13y\ .$$

Ausgeglichene Funktionswerte:

$$\bar{z}_i = 4,\ -53,\ 20,\ 2,\ 49,\ 57,\ 117\ .$$

Aufgabe 5.9. Man berechne den Korrelationskoeffizienten für die folgende Meßreihe:

i	x	y	i	x	y	i	x	y
1	1,2	1,60	11	0,4	1,07	21	0,9	1,47
2	1,0	1,03	12	0,5	0,85	22	1,0	1,16
3	0,8	1,25	13	0,5	0,73	23	1,0	1,70
4	0,7	1,06	14	0,6	1,16	24	1,1	1,17
5	0,6	1,30	15	0,6	0,92	25	1,2	1,60
6	0,5	0,82	16	0,6	1,33	26	1,2	1,27
7	0,4	1,27	17	0,7	1,13	27	1,2	1,46
8	0,4	1,03	18	0,8	0,75	28	1,3	1,64
9	0,4	0,54	19	0,8	1,15	29	1,3	1,31
10	0,4	0,87	20	0,9	1,05	30	1,3	1,65

Lösung:

$$\bar{x} = 0{,}81\ , \qquad \bar{y} = 1{,}18$$

$$\gamma_1 = 0{,}6650$$

$$\gamma_2 = 0{,}7376$$

$$r = 70{,}0\,\%\ .$$

Aufgabe 5.10. Es werden 16 Funktionswerte z_{ik} beobachtet, die durch eine Ebene ausgeglichen werden sollen.

y_k \ x_i	-2	0	2	4
1	7,11	6,31	5,17	4,08
4	5,97	3,82	3,27	1,87
7	3,08	2,14	0,98	-0,13
10	0,88	0,24	-1,18	-1,96

Lösung:

$$\bar{z}(x,y) = 6{,}951\,7 - 0{,}547\,63x - 0{,}691\,08y \quad .$$

Anhang: Berechnung einer Gaußschen Normalverteilung für eine empirische Verteilung

In Abschnitt 2.3 wurde ausgeführt, wie durch ein graphisches Verfahren (Wahrscheinlichkeitspapier) eine empirische Verteilung geprüft werden kann, ob sie einer Normalverteilung entspricht. Die Zuordnung einer Normalverteilung zu einer empirischen Verteilung geschieht dadurch, daß man Mittelwert $\bar{x}$ und Streuung s^2 der empirischen Verteilung als *Schätzwerte* von Mittelwert μ und Varianz σ^2 einer Gaußverteilung auffaßt. Diese Problemstellung kann man auch als Ausgleichsproblem betrachten, bei dem man allerdings nicht unmittelbar nach einem Minimalprinzip vorgeht. Im weiteren Sinne besteht allerdings eine Verbindung zur Maximum-Likelihood-Methode.

Denkt man sich ein empirisches statistisches Material, bei dem die Merkmale zu Klassen der Breite b zusammengefaßt sind (b braucht nicht konstant zu sein). Den $(n+1)$ Klassenrändern $x_0, x_1, \dots x_n$ seien die Klassenmitten $x_i' = (x_i + x_{i-1})/2$ mit den Häufigkeiten h_i, $i = 1, \dots n$, zugeordnet. In bekannter Weise werden $\bar{x}$ und s^2 berechnet. Wegen der standardisierten Normalverteilung werden den Klassenrändern die standardisierten Variablenwerte

$$t_i = \frac{x_i - \bar{x}}{s} \ , \qquad i = 0, 1, \dots, n$$

zugeordnet und einer Tafel der Normalverteilung entnimmt man die Werte $\Phi(t_i)$ (z.B. [34, Tabelle 2]). Damit ergeben sich die berechneten Häufigkeiten:

$$h_i^{(ber)} = N\left(\Phi(t_i) - \Phi(t_{i-1})\right) \qquad i = 1, \dots, n \ .$$

Sind $\Phi(t_0)$ und $\Phi(t_n)$ nicht nahe Null bzw. Eins, so daß diese Unterschiede vernachlässigbar sind, so kann man noch zwei Randklassen bilden mit den Häufigkeiten

$$h_0^{(ber)} = N\,\Phi(t_0) \quad \text{für} \quad x \leqslant x_0$$

und

$$h_{n+1}^{(ber)} = N\,(1 - \Phi(t_n)) \quad \text{für} \quad x > x_n \;.$$

Statt die Gaußsche Summenfunktion $\Phi(t)$ an den Klassenrändern zu benutzen, kann man auch die Wahrscheinlichkeitsdichte $\varphi(t)$ an den Klassenmitten verwenden (besonders geeignet für Statistiken mit diskreten Merkmalen). Dann ist, wie man leicht zeigen kann:

$$h_i^{(ber)} = N\,\frac{b}{s}\,\varphi(t_i') \quad , \qquad i = 1, \ldots, n \;.$$

t_i' ist die standardisierte Variable für die Klassenmitten x_i'.

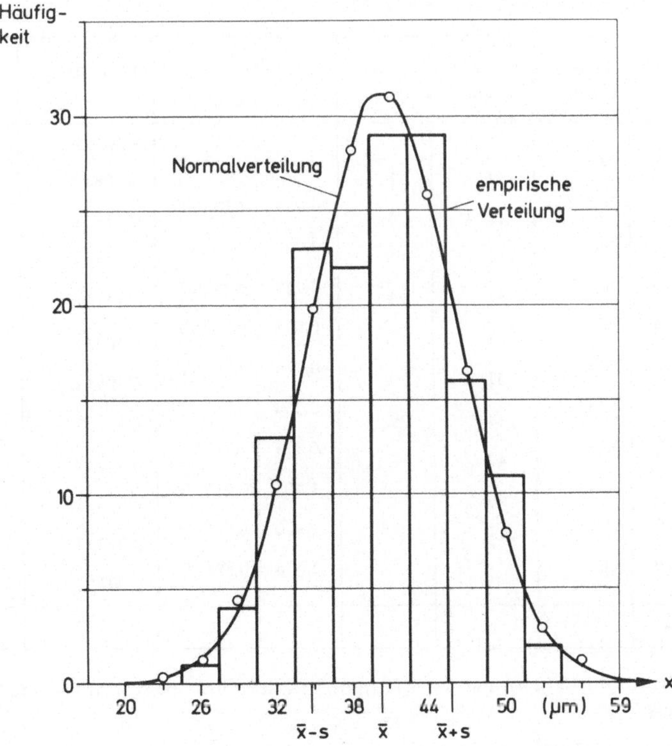

Bild 5.10
(siehe Beispiel folgende Seite)

Man erhält folgendes Rechenschema:

Klassen ränder	Klassen-mitten	Häufig-keiten	t_i	$\Phi(t_i)$	$h_i^{(ber)}$
					$h_0^{(ber)} = N\Phi(t_0)$
x_o			t_0	$\Phi(t_0)$	
	x'_1	h_1			$h_1^{(ber)} = N\left(\Phi(t_1) - \Phi(t_0)\right)$
x_1			t_1	$\Phi(t_1)$	
......	......	......	......	......	......
x_{n-1}			t_{n-1}	$\Phi(t_{n-1})$	
	x'_n	h_n			$h_n^{(ber)} = N\left(\Phi(t_n) - \Phi(t_{n-1})\right)$
x_n			t_n	$\Phi(t_n)$	
					$h_{n+1}^{(ber)} = N\left(1 - \Phi(t_n)\right)$
Σ		N			$\sum_{i=0}^{n+1} h_i^{(ber)} = N$

Fortsetzung von den Beispielen 1 und 6 (Seiten 12, 25) (Bild 5.10):

i	Klassen-ränder $x_i(\mu m)$	Klassen-mitten $x'_i(\mu m)$	Häufig-keiten h_i	t_i	$\Phi(t_i)$	$\Phi(t_i)-\Phi(t_{i-1})$	$h_i^{(ber)}$
						0,002 56	0,4
0	24,5			-2,799	0,002 56		
		26	1			0,008 92	1,3
1	27,5			-2,274	0,011 48		
		29	4			0,028 75	4,3
2	30,5			-1,748	0,040 23		
		32	13			0,070 44	10,6
3	33,5			-1,223	0,110 67		
		35	23			0,132 23	19,8
4	36,5			-0,697	0,242 90		
		38	22			0,188 82	28,3
5	39,5			-0,172	0,431 72		
		41	29			0,206 61	31,0
6	42,5			0,354	0,638 33		
		44	29			0,171 97	25,8
7	45,5			0,879	0,810 30		
		47	16			0,109 69	16,5
8	48,5			1,405	0,919 99		
		50	11			0,053 21	8,0
9	51,5			1,930	0,973 20		
		53	2			0,019 77	3,0
10	54,5			2,456	0,992 97		
						0,007 03	1,1
Σ			150			1,000 00	150,1

Da $\bar{x} = 40{,}48$ (μm) und $s = 5{,}71$ (μm), berechnet man die standardisierten Werte aus

$$t = \frac{x - 40{,}48}{5{,}71}$$

6. Approximation von Funktionen

6.1. Prinzipielle Möglichkeiten

Die in Abschnitt 5 behandelten Fälle der Berechnung von *Ausgleichsfunktionen* beziehen sich darauf, daß eine endliche Anzahl von Funktionswerten (Abszissen und Ordinaten) vorliegen, die im allgemeinen mit Zufallsfehlern behaftet sind, und für die eine formelmäßige (analytische) Darstellung einer Funktion gesucht wird, deren Parameter optimal bestimmt werden sollen. Bei gewissen statistischen Problemen genügt oft die Ersetzung des gegebenen Funktionswertes durch einen ausgeglichenen. Als Verfahren wird in diesen Fällen stets die „Methode der kleinsten Quadrate" verwendet, die sich aus der Theorie der Zufallsfehler herleitet.

In diesem Abschnitt soll jedoch der Fall behandelt werden, daß eine *Approximationsfunktion* $\bar{y}(x)$ bestimmt werden soll, die in einem abgeschlossenen Bereich $a \leqslant x \leqslant b$ eine andere, analytisch vorgegebene Funktion $y(x)$ durch Berechnung der Parameter der Funktion $\bar{y}(x)$ nach einer vorliegenden Optimierungsvorschrift annähert.

Die Aufgabenstellung entsteht dadurch, daß man wünscht, eine gegebene komplizierte Funktion für einen gewissen benötigten Argumentbereich durch eine einfachere zu ersetzen. Man möchte beispielsweise eine Funktion, z.B. eine trigonometrische Funktion, oder eine Funktion, die nur als Integral darstellbar ist, das sich nicht durch elementare Funktionen ausdrücken läßt, durch eine gegebene Funktion, z.B. ein Polynom, approximieren (siehe Beispiele 47 und 48). Dieser Problemkreis ist durch die Entwicklung der elektronischen Datenverarbeitungsanlagen ganz besonders aktuell geworden, da man hier vor dem Problem stand, zahlreiche Funktionen (wie etwa die trigonometrischen) durch eine einfache Rechenvorschrift zu ersetzen, die sie mit vorgegebener Genauigkeit annähert. Es wurden daher sehr bald solche Darstellungen veröffentlicht [1].

Das Prinzip, nach dem man eine solche Approximation vornehmen möchte, wird im allgemeinen eine Extremalforderung sein für den Unterschied $\bar{y}(x) - y(x)$, den Approximationsfehlern oder *Residuen*. Diese Fehler sind natürlich im allgemeinen nicht statistisch verteilt, wie dies bei Meßfehlern vorausgesetzt wurde (mit Ausnahme von Rundungsfehlern).

Als Methoden zur Berechnung einer Approximationsfunktion sind zu nennen:

a) Die Entwicklung einer gegebenen Funktion in der Umgebung einer Stelle x_0 in einer Taylorreihe. Durch Abbrechen nach dem Glied k-ter Ordnung entsteht ein Näherungspolynom.

b) Die Approximation nach der „Methode der kleinsten Quadrate", sie wird in diesem Zusammenhang oft auch Approximation im *quadratischen Mittel* oder einfach *Gaußsche* Approximation genannt.

c) Die *gleichmäßige* Approximation, auch *Tschebyscheffsche* Approximation genannt.

Man geht bei a) nicht von der Fehlerfunktion aus, sondern von der Übereinstimmung von Funktionswert und den Ableitungen an einer festen Stelle x_0, dabei ist die Differenzierbarkeit der gegebenen Funktion vorausgesetzt. Man erhält dann:

$$\bar{y}(x) = y_0 + \frac{x - x_0}{1!} y_0' + \frac{(x - x_0)^2}{2!} y_0'' + \ldots + \frac{(x - x_0)^k}{k!} y_0^{(k)} ,$$

dabei ist

$$y_0^{(r)} = \left. \frac{d^r y(x)}{dx^r} \right|_{x = x_0}$$

und das Restglied (den Fehler) kann man abschätzen durch:

$$\left| R_{k+1} \right| \leqslant \frac{|x - x_0|^{k+1}}{(k+1)!} \left| y^{(k+1)} (\xi) \right|$$

mit

$$\xi = x_0 + \vartheta(x - x_0) , \qquad 0 < \vartheta < 1 .$$

Dieser Fall soll jedoch hier nicht dargestellt werden, da er nicht eigentlich zu den Ausgleichsproblemen gehört, er wird in der Analysis ausführlich behandelt. Der Fehler nimmt dem Betrag nach im allgemeinen zu, je weiter man sich nach rechts oder links von der Stelle x_0 entfernt (siehe Beispiel 52). Die Taylorentwicklung kann jedoch oftmals einen wertvollen Hinweis geben, wie eine Polynomapproximation angesetzt werden kann, oder es kann eine Taylorentwicklung, die nach einem bestimmten Glied abgebrochen wurde, durch eine der Methoden b) oder c) verbessert werden.

In den nächsten Abschnitten sollen zunächst Approximationen nach der „Methode der kleinsten Quadrate" dargestellt werden. Dann werden einige Verfahren nach der Methode von *Tschebyscheff* behandelt, dabei wird noch einmal auf die Ausgleichung diskreter Funktionswerte, wie sie in Abschnitt 5 dargestellt wurde, zurückgegriffen.

Der Unterschied der beiden Methoden b) und c) liegt darin, daß bei der „Methode der kleinsten Quadrate" der Betrag des Fehlers an den Rändern meist stark zunimmt, dagegen gibt es bei dem Tschebyscheffschen Verfahren eine maximale Schranke des Fehlerbetrages, die innerhalb des vorgegebenen Bereiches $a \leqslant x \leqslant b$ mehrmals mit abwechselndem Vorzeichen erreicht wird und die kleiner ist als der betragsgrößte Fehler bei der Gaußschen Methode. Aus diesem Grunde spricht man auch von einer *gleichmäßigen* Approximation.

Für eine Approximation durch Polynome gilt speziell der *Weierstraßsche Approximationssatz* [17], der besagt, daß eine in [a,b] stetige Funktion f(x) gleichmäßig durch Polynome approximiert werden kann. Für eine beliebige kleine Fehlerschranke $\epsilon > 0$ läßt sich stets ein Polynom p(x) eines genügend hohen Grades angeben, für das im ganzen Intervall

$$|f(x) - p(x)| < \epsilon$$

erfüllt ist.

6.2. Die Approximation im quadratischen Mittel

Man geht davon aus, daß die gegebene Funktion y(x) in $a \leqslant x \leqslant b$ durch eine Funktion $\bar{y}(x)$ approximiert werden soll, indem die Parameter $a_1, \ldots a_k$ dieser Funktion optimal gewählt werden. Es gibt daher eine Fehlerfunktion

$$v(x) = \bar{y}(x) - y(x) \quad \text{in} \quad a \leqslant x \leqslant b \ . \tag{1}$$

Diese Fehler werden hier sehr oft auch *Residuen* genannt. Überträgt man das Prinzip der „Methode der kleinsten Quadrate" für eine diskrete Anzahl von Funktionswerten

$$\Phi = \sum_{i=1}^{n} v_i^2 = \sum_{i=1}^{n} [\bar{y}(x_i) - y_i]^2 \overset{!}{=} \text{Min}$$

auf das kontinuierliche Problem, so wird man die Summe durch folgendes Integral ersetzen:

$$\Phi = \frac{1}{b-a} \int_a^b v^2(x)\,dx = \frac{1}{b-a} \int_a^b \left(\bar{y}(x) - y(x)\right)^2 dx \overset{!}{=} \text{Min} \ . \tag{2}$$

Φ kann man auffassen als den quadratischen Mittelwert der Fehlerfunktion v(x). Der Faktor 1/(b - a) wird im allgemeinen weggelassen, er beeinflußt das Minimum nicht, da er eine positive Konstante ist. Er wurde aber zunächst eingeführt, da Φ in dieser Form invariant ist gegenüber einer linearen Argumenttransformation. Diese ist aber zuweilen erwünscht, wenn man spezielle Fälle auf ein festes Intervall, etwa $-1 \leqslant t \leqslant 1$, transformieren möchte.

Man kann darüber hinaus noch eine Gewichtsfunktion w(x) einführen, die den Fehler v(x) in Abhängigkeit von x mehr oder weniger in das Integral eingehen läßt. Man erhält dann ein gewogenes quadratisches Mittel:

$$\Phi = \frac{\int_a^b w(x) v^2(x)\,dx}{\int_a^b w(x)\,dx} \overset{!}{=} \text{Min} \ . \tag{2.1}$$

Auch hier kann der Nenner, da er konstant und unabhängig von $\bar{y}(x)$ ist, wegbleiben Dieser Fall wird in 6.5 für spezielle Polynomsystem noch eine Rolle spielen.

Beim Ansatz einer Approximationsfunktion $\bar{y}(x)$ geht man fast stets wieder von einem linearen Ansatz aus, d.h. von einer Linearkombination gegebener, linear unabhängiger Funktionen $\varphi_i(x)$, man setzt also ähnlich wie in (5.1) an:

$$\bar{y}(x) = a_1\varphi_1(x) + a_2\varphi_2(x) + \ldots + a_k\varphi_k(x) \tag{3}$$

(k-gliedriger Ansatz). Nur diese Fälle sollen hier behandelt werden. Die Minimalbedingungen sind unter Fortlassung des Faktors $1/(b-a)$:

$$\frac{1}{2}\frac{\partial\Phi}{\partial a_i} = \int_a^b \left(\bar{y}(x) - y(x)\right) \varphi_i(x)\,dx = 0 , \qquad i = 1, 2, \ldots, k . \tag{4}$$

Daraus erhält man wieder ein System von Normalgleichungen. Als Koeffizienten treten dabei folgende Integrale auf:

$$(\varphi_i,\varphi_j) = \int_a^b \varphi_i(x)\varphi_j(x)\,dx = (\varphi_j,\varphi_i)$$

und

$$(\varphi_i,y) = \int_a^b \varphi_i(x)y(x)\,dx \quad . \tag{5}$$

Diese Integrale bezeichnet man in Analogie zu den entsprechenden Summenausdrücken auch als *innere Produkte*. Die Normalmatrix lautet somit:

$$\mathbf{N} = \begin{pmatrix} (\varphi_1,\varphi_1) & (\varphi_1,\varphi_2) & \cdots & (\varphi_1,\varphi_k) \\ (\varphi_2,\varphi_1) & (\varphi_2,\varphi_2) & \cdots & (\varphi_2,\varphi_k) \\ \cdots & \cdots & \cdots & \cdots \\ (\varphi_k,\varphi_1) & (\varphi_k,\varphi_2) & \cdots & (\varphi_k,\varphi_k) \end{pmatrix} = \left((\varphi_i,\varphi_j)\right) \tag{6}$$

und die Vektoren sind:

$$\mathbf{a} = \begin{pmatrix} a_1 \\ \cdots \\ a_k \end{pmatrix} , \qquad \mathbf{y}^* = \begin{pmatrix} (\varphi_1,y) \\ \cdots \\ (\varphi_k,y) \end{pmatrix} . \tag{7}$$

Daher lautet das System der Normalgleichungen

$$\mathbf{N}\,\mathbf{a} = \mathbf{y}^* . \tag{8}$$

Die inneren Produkte (φ_i, φ_j) und (φ_i, y) können entweder formelmäßig oder, wenn dies nicht möglich ist, numerisch berechnet werden, wobei irgendein numerisches Integrationsverfahren, wie die Simpsonsche Regel, benutzt wird. Das symmetrische Gleichungssystem (8) kann in üblicher Weise durch Elimination gelöst werden (siehe Anhang 2).

Für den Minimalwert Φ_{min} ergibt sich entsprechend früheren Rechnungen:

$$\Phi_{min} = \frac{1}{b-a}\left[(y,y) - \left(a_1(\varphi_1, y) + a_2(\varphi_2, y) + \ldots + a_k(\varphi_k, y)\right)\right] . \qquad (9)$$

wobei

$$(y,y) = \int_a^b y^2(x)\,dx .$$

Man rechnet leicht nach:

$$\Phi_{min} = \frac{1}{b-a}\int_a^b v^2(x)\,dx = \frac{1}{b-a}\int_a^b \left(a_1\varphi_1(x) + \ldots + a_k\varphi_k(x) - y(x)\right)^2 dx$$

$$\begin{aligned} = \frac{1}{b-a}\Big\{ & a_1\left[a_1(\varphi_1,\varphi_1) + a_2(\varphi_1,\varphi_2) + \ldots + a_k(\varphi_1,\varphi_k) - (\varphi_1, y)\right] \\ & + \ldots\ldots\ldots\ldots\ldots\ldots\ldots\ldots\ldots\ldots \\ & + a_k\left[a_1(\varphi_k,\varphi_1) + a_2(\varphi_k,\varphi_2) + \ldots + a_k(\varphi_k,\varphi_k) - (\varphi_k, y)\right] \\ & - a_1(\varphi_1, y) - a_2(\varphi_2, y) - \ldots - a_k(\varphi_k, y) + (y,y)\Big\} . \end{aligned}$$

Die ersten k Zeilen verschwinden wegen der Normalgleichungen und es bleibt das angegebene Ergebnis stehen.

Es folgen nun zwei Beispiele für Polynomapproximationen, wobei im zweiten die Integrale der rechten Seiten numerisch ausgewertet werden müssen.

Beispiel 47: Approximation von sinx

Die Funktion $y = \sin x$ soll im Bereich $0 \leqslant x \leqslant 1$ durch ein Polynom ungerader Ordnung, das nur ungerade Potenzen enthält, approximiert werden. Man wähle drei Glieder.

Hinweis: Die Taylorreihe in der Umgebung des Nullpunktes enthält auch nur die ungeraden Potenzen:

$$\sin x = \frac{x}{1!} - \frac{x^3}{3!} + \frac{x^5}{5!} \mp \ldots .$$

Es wird daher angesetzt

$$\overline{y}(x) = a_1 x + a_3 x^3 + a_5 x^5$$

und die Fehlerfunktion lautet:

$$v(x) = a_1 x + a_3 x^3 + a_5 x^5 - \sin x \quad .$$

Aus der Minimalforderung

$$\Phi = \int_0^1 v^2(x)\,dx \overset{!}{=} \mathrm{Min} \quad .$$

folgen die Minimalbedingungen:

$$\frac{1}{2}\frac{\partial \Phi}{\partial a_1} = \int_0^1 v(x)\,x\,dx = 0 \,,$$

$$\frac{1}{2}\frac{\partial \Phi}{\partial a_3} = \int_0^1 v(x)\,x^3\,dx = 0 \,,$$

$$\frac{1}{2}\frac{\partial \Phi}{\partial a_5} = \int_0^1 v(x)\,x^5\,dx = 0 \,.$$

Daraus ergeben sich die Normalgleichungen:

$$\frac{1}{3}a_1 + \frac{1}{5}a_3 + \frac{1}{7}a_5 = \int_0^1 x \sin x\,dx = J_1 \,,$$

$$\frac{1}{5}a_1 + \frac{1}{7}a_3 + \frac{1}{9}a_5 = \int_0^1 x^3 \sin dx = J_3 \,,$$

$$\frac{1}{7}a_1 + \frac{1}{9}a_3 + \frac{1}{11}a_5 = \int_0^1 x^5 \sin x\,dx = J_5 \,.$$

Die Integrale der rechten Seiten kann man durch partielle Integration (eventuell wiederholt) berechnen.

$$J_1 = \int_0^1 x \sin x \, dx = -x \cos x \Big|_0^1 + \int_0^1 \cos x \, dx = -\cos 1 + \sin 1 ,$$

$$J_3 = \int_0^1 x^3 \sin x \, dx = -x^3 \cos x \Big|_0^1 + 3 \int_0^1 x^2 \cos x \, dx$$

$$= -\cos 1 + 3 \left[x^2 \sin x \Big|_0^1 - 2 \int_0^1 x \sin x \, dx \right] = 5 \cos 1 - 3 \sin 1 ,$$

$$J_5 = \int_0^1 x^5 \sin x \, dx = -x^5 \cos x \Big|_0^1 + 5 \int_0^1 x^4 \cos x \, dx$$

$$= -\cos 1 + 5 \left[x^4 \sin x \Big|_0^1 - 4 \int_0^1 x^3 \sin x \, dx \right] = -101 \cos 1 + 65 \sin 1 .$$

Wegen

$$\sin 1 = 0{,}841\,471\,0 ,$$
$$\cos 1 = 0{,}540\,302\,3$$

ist

$$J_1 = 0{,}301\,168\,7 ,$$
$$J_2 = 0{,}177\,098\,5 ,$$
$$J_3 = 0{,}125\,082\,7 .$$

Außerdem wird zur Berechnung von Φ_{min} benötigt:

$$\int_0^1 \sin^2 x \, dx = \frac{1}{2} \int_0^1 (1 - \cos 2x) \, dx = \frac{1}{2}(1 - \sin 2) = 0{,}272\,675\,7 .$$

Berechnung der minimalen Fehlersumme.

$$\Phi_{min} = \frac{1}{b-a} \int_a^b v^2(x) \, dx = \frac{1}{b-a} \left[(y,y) - (a_0(\varphi_0, y_0) + \ldots + a_k(\varphi_k, y) \right]$$

$$= \int_0^1 \sin^2 x \, dx - [a_1 J_1 + a_3 J_3 + a_5 J_5]$$

$$= 0{,}272\,675\,7 - 0{,}272\,675\,7 = 0$$

(durch die von den Rundungsfehlern verursachten Ungenauigkeiten!)

Rechenschema:

	0,333 333 3	0,200 000 0	0,142 857 1	0,301 168 7	
	0,200 000 0	0,142 857 1	0,111 111 1	0,177 098 5	
	0,142 857 1	0,111 111 1	0,090 909 1	0,125 082 7	Kontrolle:
Σ	0,676 190 4	0,453 968 2	0,344 877 3	0,603 349 9	0,603 349 85
	0,333 333 3	0,600 000 0	0,428 571 3	0,903 506 1	$a_1 =$ 1,000 290
	0,200 000 0	0,022 857 1	1,111 113 8	-0,157 622 7	$a_2 =$ -0,167 937
	0,142 857 1	0,025 396 8	0,001 459 8	0,009 282 7	$a_2 =$ 0,009 283
Σ	0,676 190 4	0,048 254 0	0,001 455 8	0,000 000 07	

Die Approximationsfunktion lautet also:

$$\bar{y}(x) = 1{,}00\,290x - 0{,}167\,937x^3 + 0{,}009\,283x^5 \quad .$$

Wegen dieser der Taylorreihe angepaßten Approximation erhält man folgende guten Näherungswerte (5stellig):

x	$\bar{y} = \sin x$	$\bar{y}(x)$	$10^5(y - \bar{y})$
0	0	0	0
0,1	0,099 83	0,099 86	-3
0,2	0,198 67	0,198 72	-5
0,3	0,295 52	0,295 58	-6
0,4	0,389 42	0,389 46	-4
0,5	0,479 43	0,479 44	-1
0,6	0,564 64	0,564 62	2
0,7	0,644 22	0,644 16	6
0,8	0,717 36	0,717 29	7
0,9	0,783 33	0,783 31	2
1,0	0,841 47	0,841 64	-17

Beispiel 48: Approximation des Gaußschen Fehlerintegrals

Das von der Normalverteilung her bekannte Gaußsche Fehlerintegral (siehe S. 9)

$$\Phi(x) = \frac{1}{\sqrt{2\pi}} \int_{-\infty}^{x} e^{-1/2\,t^2}\,dt = 0{,}5 + \frac{1}{\sqrt{2\pi}} \int_{0}^{x} e^{-1/2\,t^2}\,dt$$

soll im Bereich $0 \leqslant x \leqslant 1$ durch ein quadratisches Polynom approximiert werden:

$$\bar{y}(x) = a_0^* + a_1 x + a_2 x^2 \quad .$$

Die Fehlerfunktion kann man in der folgenden Form ansetzen, da die Ansatzfunktion einen konstanten Term enthält:

$$v(x) = a_0 + a_1 x + a_2 x^2 - \Phi^*(x) , \qquad \Phi^*(x) = \frac{1}{\sqrt{2\pi}} \int_0^x e^{-1/2\, t^2} dt .$$

Aus der Gaußschen Minimalforderung

$$\Psi = \int_0^1 v^2(x)\, dx \overset{!}{=} \text{Min}$$

folgen die Minimalbedingungen:

$$a_0 + \frac{1}{2} a_1 + \frac{1}{3} a_2 = \int_0^1 \Phi^*(x)\, dx = b_1 ,$$

$$\frac{1}{2} a_0 + \frac{1}{3} a_1 + \frac{1}{4} a_2 = \int_0^1 x\, \Phi^*(x)\, dx = b_2 ,$$

$$\frac{1}{3} a_0 + \frac{1}{4} a_1 + \frac{1}{5} a_2 = \int_0^1 x^2 \Phi^*(x)\, dx = b_3 .$$

Man erhält:

$$\begin{aligned} a_0 &= 9b_1 - 36b_2 + 30b_3 , \\ a_1 &= -36b_1 + 192b_2 - 180b_3 , \\ a_2 &= 30b_1 - 180b_2 + 180b_3 , \end{aligned}$$

was man durch Einsetzen leicht verifiziert.

Die Berechnung der Integrale ist nur numerisch möglich. Hier soll gezeigt werden, wie man durch Teilung in 20 Teile und Anwendung der Simpsonschen Regel

$$\int_a^b f(x)\, dx = \frac{h}{3} [f(a) + 4f(a+h) + 2f(a+2h) + 4f(a+3h) + \ldots + f(b)]$$

diese Integrale numerisch berechnen kann. Es ist demnach:

$$b_1 = \frac{1}{60} \sum_{i=0}^{20} k_i \Phi^*(x_i), \qquad b_2 = \frac{1}{60} \sum_{i=0}^{20} k_i x_i \Phi^*(x_i), \qquad b_3 = \frac{1}{60} \sum_{i=0}^{20} k_i x_i \Phi^*(x_i).$$

Die Funktionswerte $\Phi^*(x)$ für $x_i = 0\ (0{,}05)\ 1{,}0$ werden einer Tabelle entnommen, und mit den der Simpsonschen Regel entsprechenden Koeffizienten multipliziert und aufaddiert. In gleicher Weise verfährt man bei den beiden anderen Integralen, multipliziert aber die k_i vorher mit den x_i bzw. x_i^2.

Rechenschema:

x_i	$\Phi^*(x_i)$	k_i	$k_{2i} = x_i k_i$	$k_{3i} = x_i k_{2i}$	$\bar{y}(x_i)$	$10^3(\Phi^* - \bar{y})$
0,00	0,000 000	1	0	0	-0,002 40	2,40
5	0,019 938	4	0,2	0,01		
10	0,039 828	2	0,2	0,02	0,039 70	0,13
5	0,059 618	4	0,6	0,09		
20	0,079 260	2	0,4	0,08	0,080 13	-0,86
5	0,098 706	4	1,0	0,25		
30	0,117 911	2	0,6	0,18	0,118 87	-0,96
5	0,136 831	4	1,4	0,49		
40	0,155 422	2	0,8	0,32	0,155 94	-0,52
5	0,173 645	4	1,8	0,81		
50	0,191 462	2	1,0	0,50	0,191 33	0,13
5	0,208 840	4	2,2	1,21		
60	0,225 747	2	1,2	0,72	0,225 05	0,70
5	0,242 154	4	2,6	1,69		
70	0,258 036	2	1,4	0.98	0,257 08	0,95
5	0,273 373	4	3,0	2,25		
80	0,288 145	2	1,6	1,28	0,287 44	0,71
5	0,302 338	4	3,4	2,89		
90	0,315 940	2	1,8	1,62	0,316 11	-0,18
5	0,328 944	4	3,8	3,61		
1,00	0.341 345	1	1,0	1,00	0,343 12	-1,77
Σ		11,062 395	7,259 124	5,387 446		
b_i		0,184 373	0,120 985	0,089 791		
a_i		-0,002 403	0,429 429	-0,083 910		

Das Näherungspolynom für $\Phi(x)$ lautet demnach:

$$\bar{y}(x) = 0{,}497\,60 + 0{,}429\,43x - 0{,}083\,91x^2 .$$

Den Verlauf der Fehler zeigt Bild 6.1.

Diese Fehlerkurve ist typisch für die Ausgleichung nach der Methode der kleinsten Quadrate. An den Rändern des Bereiches treten die betragsgrößten Fehler auf.

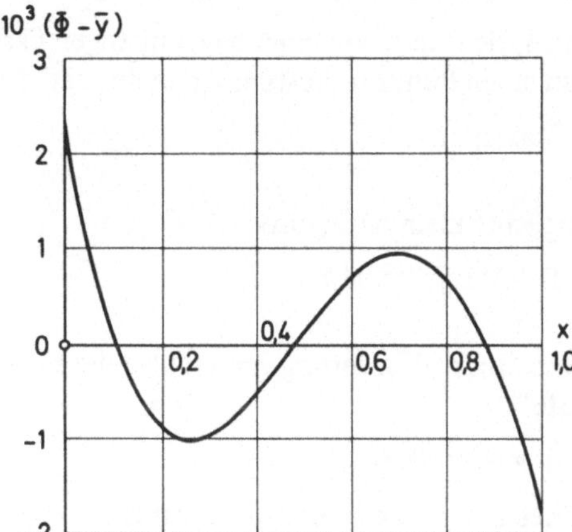

Bild 6.1

6.3. Gleichmäßige Approximation für diskrete Argumente

In Abschnitt 5.1 wurde der nahe Zusammenhang zwischen der Aufgabe der linearen vermittelnden Ausgleichung und der Bestimmung einer Ausgleichskurve durch lineare Ausgleichung aufgezeigt. Das Problem der gleichmäßigen Approximation soll nun zunächst an dem Problem der linearen vermittelnden Ausgleichung erläutert werden, da es hier möglich ist, von geometrischen Vorstellungen auszugehen.

Mit den gegebenen Koeffizienten a_{ij} und den Meßwerten y_i sollen die Unbekannten $z_1, \ldots, z_k$ aus den linearen Gleichungen

$$a_{i1}z_1 + a_{i2}z_2 + \ldots + a_{ik}z_k = y_i\,, \qquad i = 1, \ldots, n \tag{1}$$

bestimmt werden. In einem k-dimensionalen euklidischen Raum $R^{(k)}$ stellt jede solche Gleichung eine (Hyper)-Ebene E_i dar. Da diese n Ebenen im allgemeinen nicht durch einen Punkt gehen werden (überbestimmtes Gleichungssystem), ist es die Aufgabe der Ausgleichsrechnung, einen geeigneten Punkt zu suchen, der als ausgeglichene Lösung zu betrachten ist. Für die Gln. (1) soll vorausgesetzt werden, daß je k solcher Gleichungen eine eindeutige Lösung haben, d.h. je k Ebenen gehen durch einen Punkt (Rang k).

Setzt man die Koordinaten irgendeines Punktes $P(z_1, \dots, z_k)$ in (1) ein, so werden die Gleichungen im allgemeinen nicht erfüllt werden, es verbleibt vielmehr ein Rest *(Residuum):*

$$r_i = a_{i1} z_1 + a_{i2} z_2 + \dots + a_{ik} z_k - y_i \; . \tag{2}$$

Man spricht nun von einer gleichmäßigen (Tschebyscheff)-Approximation, wenn man einen Punkt so bestimmen kann, daß das betragsgrößte Residuum

$$\operatorname*{Max}_i |r_i| \; ,$$

möglichst klein wird, also

$$R = \operatorname*{Max}_i |r_i| \overset{!}{=} \text{Min} \; . \tag{3}$$

Diese Minimalforderung ersetzt also die Forderung der „Methode der kleinsten Quadrate"

$$\Phi = \mathbf{r}'\mathbf{r} \overset{!}{=} \text{Min} \; ,$$

wobei $\mathbf{r}$ der Vektor der Residuen ist.

Ein Normalvektor $\mathbf{n}_i$ der Ebene E_i wird gebildet durch die Koeffizienten a_{ij} von (1), also

$$\mathbf{n}_i' = (a_{i1}, a_{i2}, \dots, a_{ik}) \; . \tag{4}$$

Hat darüber hinaus der Vektor $\mathbf{n}_i$ noch die Länge 1,

$$|\mathbf{n}_i| = 1 \; ,$$

so stellt r_i den Abstand des eingesetzten Punktes von der Ebene dar (Hessesche Normalform). Für diesen Fall bedeutet Gl. (3), daß ein Punkt im Raum $R^{(k)}$ gesucht wird, dessen maximaler Abstand von den n verschiedenen Ebenen möglichst klein werden soll (Abstandsfall).

Lösungen dieser Aufgabe können in verschiedener Weise angegeben werden. Hier soll das besonders anschauliche *Austauschverfahren* von *Stiefel* [2, 3, 4] angegeben werden, ohne alle Einzelheiten herzuleiten.

Man wählt zunächst $(k + 1)$ unter den n Ebenen $E_1, \dots, E_n$ aus. Diese Auswahl wird als Referenz $[E_\sigma]$ bezeichnet. Dabei bedeutet der Index σ stets eine Auswahl von $(k + 1)$ Zahlen aus der Folge $1, 2, \dots, n$. Wegen der Voraussetzung, daß stets je k Ebenen durch einen Punkt gehen, besteht zwischen den Normalvektoren $\mathbf{n}$ der Referenz eine lineare Abhängigkeit

$$\sum_\sigma \lambda_\sigma \mathbf{n}_\sigma = \mathbf{0} \qquad \text{mit } \lambda_\sigma \neq 0 \qquad \text{für alle } \sigma \; . \tag{5}$$

Ein Punkt P heißt *Referenzpunkt*, wenn für die Referenz $[E_\sigma]$ gilt:

Entweder

$$\operatorname{sgn} r_\sigma = \operatorname{sgn} \lambda_\sigma \qquad \text{für } \textit{alle} \ \sigma \ ,$$

oder (6)

$$\operatorname{sgn} r_\sigma = -\operatorname{sgn} \lambda_\sigma \qquad \text{für } \textit{alle} \ \sigma \ .$$

Ein Punkt P heißt das *Zentrum der Referenz*, wenn alle Residuen vom gleichen Betrag r sind, also z.B.

$$r_\sigma = r \operatorname{sgn} \lambda_\sigma \ . \tag{7}$$

Man erhält r aus

$$r = -\frac{\sum\limits_\sigma \lambda_\sigma y_\sigma}{\Sigma |\lambda_\sigma|} \ . \tag{8}$$

Die Koordinaten des Zentrums der Referenz findet man durch Lösen des Gleichungssystems

$$a_{\sigma 1} z_1 + \ldots + a_{\sigma k} z_k - y_\sigma = r \operatorname{sgn} \lambda_\sigma \ . \tag{9}$$

Besonders einfach ist die geometrische Deutung für den Abstandsfall im zwei- und dreidimensionalen. Die Referenz besteht aus drei Geraden bzw. vier Ebenen. Das Zentrum der Referenz wird dann dargestellt durch den Mittelpunkt des Inkreises des Dreiecks bzw. der Inkugel des aus den Ebenen gebildeten Tetraeders (siehe Bild 6.2 für k = 2).

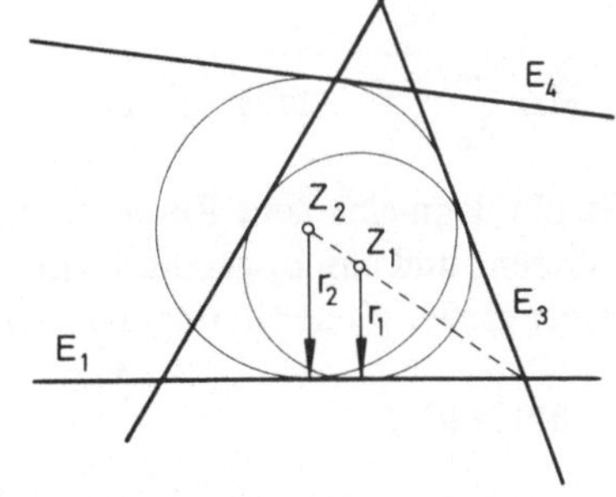

Bild 6.2

Um nach Gl. (3) nun das Minimum wirklich bestimmen zu können, muß man den sehr wichtigen *Austauschsatz* heranziehen. Das Verfahren kann folgendermaßen beschrieben werden:

Man geht aus von der vorliegenden Referenz $[E_\sigma]$ und dem Referenzpunkt P und nimmt nun eine weitere Ebene E_i hinzu, die nicht in $[E_\sigma]$ enthalten ist. Dann kann man mit k Ebenen aus $[E_\sigma]$ und E_i eine neue Referenz bilden, für die P wieder

Referenzpunkt ist. Im Drei-dimensionalen wird eine Referenz durch die vier Ebenen $[E_1, E_2, E_3, E_4]$ gebildet. Nach Gl. (5) besteht dann eine lineare Abhängigkeit zwischen den zugehörigen Normalen:

$$\lambda_1 \mathbf{n}_1 + \lambda_2 \mathbf{n}_2 + \lambda_3 \mathbf{n}_3 + \lambda_4 \mathbf{n}_4 = \mathbf{0} \qquad (10)$$

und da P Referenzpunkt sein soll, muß eine der Gln. (6) erfüllt sein, etwa:

$$\operatorname{sgn} r_\sigma = \operatorname{sgn} \lambda_\sigma \qquad (\sigma = 1, 2, 3, 4)$$

(bei negativen Vorzeichen wäre der Gedankengang genau so). Es werde nun die Ebene E_5 hinzugenommen. Dann besteht zwischen den vier Normalen der Referenz und der Normalen von E_5 eine lineare Abhängigkeit, für die man schreiben kann:

$$\mu_1 \mathbf{n}_1 + \mu_2 \mathbf{n}_2 + \mu_3 \mathbf{n}_3 + \mu_4 \mathbf{n}_4 + \mathbf{n}_5 = \mathbf{0} \ . \qquad (11)$$

Man kann $\mu_5 = 1$ wählen.

Um die Ebene zu bestimmen, die gegen E_5 (allgemein E_i) ausgetauscht werden soll, bestimmt man zunächst das Residuum r_5 von E_5 (allgemein r_i von E_i) in Bezug auf den Referenzpunkt der alten Referenz. Nach Gl. (6) kann man für die Residuen r_σ der Referenz schreiben

$$\operatorname{sgn} r_\sigma = \epsilon \operatorname{sgn} \lambda_\sigma \ , \qquad \epsilon = \pm 1 \ . \qquad (6.1)$$

Je nach dem Vorzeichen von r_5 (allgemein r_i) gilt folgende *Auswahlvorschrift:* Man erhält die Nummer der gegen E_i (speziell E_5) auszutauschenden Ebene durch

$$\operatorname{Min} \frac{\mu_\sigma}{\lambda_\sigma} \ , \qquad \text{falls } \epsilon r_i \geqslant 0 \ ,$$

oder (12)

$$\operatorname{Max} \frac{\mu_\sigma}{\lambda_\sigma} \ , \qquad \text{falls } \epsilon r_i \leqslant 0 \ .$$

Es gibt dann eine neue Referenz $[E_{\sigma^*}]$, die aus k Ebenen der vorangegangenen Referenz und aus E_i gebildet wird. Der Betrag der Referenzabweichung $|r^*|$ ist sicher größer als der Betrag der vorhergehenden Referenzabweichung

$$|r^*| > |r| \ ,$$

d.h. der Betrag der Referenzabweichung wird sicher vergrößert (siehe Bild 6.2 für den Abstandsfall):

Mit dieser neuen Referenz wird wie vorher verfahren. Da es nur endlich viele Referenzen gibt und keine Referenz sich wiederholen kann, ist das Austauschverfahren nach endlich vielen Schritten beendet. Man erhält schließlich ein Zentrum, für das die Minimalbedingung (3) gilt.

Das soeben beschriebene Verfahren soll nun angewandt werden auf die diskrete Tschebyscheff-Approximation durch Polynome, wenn n Funktionswerte (x_i, y_i) gegeben sind, die durch ein Polynom (k − 1)-ter Ordnung

$$P_{k-1}(x) = c_0 + c_1 x + \ldots + c_{k-1} x^{k-1} \tag{13}$$

ausgeglichen werden sollen.

Wie in Abschnitt 5.1 festgestellt wurde, kann man die Aufgabenstellung der vermittelnden Ausgleichung anwenden, wenn man folgende Ersetzung vornimmt:

$$\begin{aligned} a_{ij} &= x_i^{j-1} \qquad i = 1, \ldots, n\,, \\ z_i &= c_{i-1} \qquad j = 1, \ldots, k\,. \end{aligned} \tag{14}$$

Damit die Matrix

$$A = \begin{pmatrix} 1 & x_1 & x_1^2 & \ldots & x_1^{k-1} \\ \ldots & \ldots & \ldots & \ldots & \ldots \\ 1 & x_n & x_n^2 & \ldots & x_n^{k-1} \end{pmatrix} \tag{15}$$

vom Rang k ist und *keine* der k-reihigen Determinanten verschwindet, muß man fordern, daß *alle* n Abszissen x_i (Stützstellen) je paarweise verschieden sind (bei der „Methode der kleinsten Quadrate" müssen nur mindestens k Abszissen je paarweise verschieden sein).

Auf die Residuen

$$r_i = P_{k-1}(x_i) - y_i$$

ist dann die Tschebyscheffsche Minimalforderung (3) anzuwenden. Den Normalvektoren der Ebenen entsprechen hier die Vektoren

$$n_i' = (1, x_i, x_i^2, \ldots, x_i^{k-1})\,. \tag{16}$$

Man wählt nun aus den n Abszissen x_i eine Referenz $[X_\sigma]$ von (k + 1) Werten aus. Dann müssen entsprechend Gl. (5) die linearen Abhängigkeiten

$$\sum_\sigma \lambda_\sigma \mathbf{n}_\sigma = \mathbf{0}$$

gelten, d.h. komponentenweise geschrieben:

$$\sum_\sigma \lambda_\sigma x_\sigma^\mu = 0\,, \qquad \mu = 0, 1, \ldots, k-1\,. \tag{17}$$

Bei der Lösung dieses homogenen Gleichungssystems erhält man die λ_σ als Vandermondesche Determinanten der k Abszissendifferenzen der von x_σ verschiedenen Abszissen. Dividiert man noch durch die Vandermondesche Determinante aller Abszissendifferenzen als Proportionalitätsfaktor, so erhält man

$$\lambda_\sigma = \frac{1}{\prod\limits_{\rho \neq \sigma} (x_\sigma - x_\rho)}\,, \tag{18}$$

ohne ein Gleichungssystem lösen zu müssen. Sind die Abszissen der Referenz x_σ nach der Größe geordnet, so haben die λ_σ alternierendes Vorzeichen.

Den Koordinaten des Referenzpunktes entsprechen hier die Koeffizienten eines Polynoms; an die Stelle des Zentrums der Referenz tritt *das nivellierte Referenzpolynom* mit der Referenzabweichung

$$r = -\frac{\sum\limits_\sigma \lambda_\sigma y_\sigma}{\sum\limits_\sigma |\lambda_\sigma|} \tag{19}$$

Die Ordinaten dieses Polynoms an den Stützstellen sind

$$P_{k-1}(x_\sigma) = y_\sigma + r \operatorname{sgn} \lambda_\sigma \ . \tag{20}$$

Aus k Funktionswerten $P_{k-1}(x)$ läßt sich ein Interpolationspolynom bestimmen, das an allen $(k+1)$ Stützstellen die entsprechenden Werte $P_{k-1}(x_\sigma)$ annehmen muß (Rechenkontrolle!). Dann berechnet man für alle x_i, $i = 1, 2, \ldots, n$, die Polynomwerte $P_{k-1}(x_i)$ und die Residuen r_i. Gibt es unter den r_i wenigstens eines, dessen Betrag größer als r ist, so nimmt man dieses Stützargument x_j in eine neue Referenz auf durch Anwendung des Austauschsatzes. Nach endlich vielen Schritten erreicht man, daß an $(k+1)$ Stützstellen Fehler R gleichen Betrages und wechselnden Vorzeichens auftreten, an den übrigen $(n-k-1)$ Stellen aber ist $|r_i| \leqslant R$.

Beziehung zwischen Gaußscher und Tschebyscheffscher Ausgleichung

Bei Anwendung der Gaußschen Methode erhält man nach Lösung der Normalgleichungen

$$\mathbf{N\,a} = \mathbf{y^*}$$

durch Einsetzen die Komponenten des Fehlervektors und damit

$$\Phi_{\min} = \mathbf{v'v} = v_1^2 + v_2^2 + \ldots + v_n^2 \ .$$

Ist nun

$$|v_i| \leqslant v_{\max}$$

so ist

$$\mathbf{v'v} \leqslant n|v|^2_{\max} \ . \tag{21}$$

Setzt man in die Fehlergleichungen irgendeinen Vektor x ein, so ist wegen der Minimalforderung $\mathbf{v'v} = \text{Min}$ die Summe dieser Fehlerquadrate ρ_i^2 sicher größer, d.h.

$$\mathbf{v'v} = v_1^2 + \ldots + v_n^2 \leqslant \rho_1^2 + \ldots + \rho_n^2 \ .$$

Führt man nun ein mittleres Residuum r ein, so ist

$$r = \sqrt{\frac{v'v}{n}} \tag{22}$$

und es folgt

$$|v|_{max} \geqslant r \ ,$$

d.h. für irgendeinen Lösungsvektor ist das betragsgrößte Residuum größer, höchstens gleich dem mittleren Residuum. Diese Feststellung trifft auch auf die gleichmäßige Approximation *(Tschebyscheff)* zu, bei der R möglichst klein gemacht werden soll, also gilt

$$r \leqslant R \leqslant |v|_{max} \ . \tag{23}$$

Damit ist das nach *Tschebyscheff* ermittelte betragsgrößte Residuum in Grenzen eingeschlossen. Man kann damit beurteilen, in wieweit eine Ausgleichung nach der „Methode der kleinsten Quadrate" sich verbessern läßt und ob es überhaupt sinnvoll ist, dies zu tun.

Der größere Rechenaufwand einer gleichmäßigen Ausgleichung gegenüber einer Gaußschen ist sicher dann gerechtfertigt, wenn man eine Funktion approximieren will, wie es im nächsten Abschnitt gezeigt wird. Sind die Funktionswerte tabellarisch gegeben, so kann man diese Werte als genau mit der angegebenen Stellenzahl betrachten (bis auf die Rundungsfehler der letzten Ziffer). Es treten also *keine* statistisch verteilten Fehler wie bei Meßwerten auf und damit entfallen die Begründungen der Methode der kleinsten Quadrate für diesen Fall und sie tritt als eines der Ausgleichsprinzipe auf, ohne ein besonderes Vorrecht zu beanspruchen. Wendet man die Tschebyscheff-Ausgleichung auf Probleme an bei statistisch verteilten Meßfehlern oder überhaupt auf statistische Werte, so entfallen die besonderen wahrscheinlichkeitstheoretischen Begründungen, auf die sich gerade die „Methode der kleinsten Quadrate" stützt.

Es folgen nun drei Beispiele. Dabei ist das zweite Beispiel ein solches aus der Statistik, bei der ein linearer Trend berechnet werden soll. Es soll dabei der Unterschied zur Gaußschen Ausgleichung gezeigt werden. Beim dritten Beispiel wird die Verbesserung einer Gaußschen Ausgleichung durchgeführt.

Beispiel 49: Tschebyscheff-Approximation zweiten Grades durch 5 Punkte

Gegeben sind die Daten:

x_i	-2	-1	0	1	2
y_i	3	2	2	2,5	3

Eine *I. Referenz* wird aus den ersten vier Punkten gebildet:

σ	1	2	3	4
x_σ	-2	-1	0	1
y_σ	3	2	2	2,5
λ_σ	-1/6	1/2	-1/2	1/6

$$\sum_\sigma |\lambda_\sigma| = \frac{4}{3}$$

Daraus folgt:

$$r_I = -\frac{3}{4}\left(-\frac{1}{6}\cdot 3 + \frac{1}{2}\cdot 2 - \frac{1}{2}\cdot 2 + \frac{1}{6}\cdot 2{,}5\right) = \frac{1}{16} = \underline{0{,}062\,5}\ .$$

Dabei werden die λ_σ nach Gl. (18) berechnet, also z.B.:

$$\lambda_1 = \frac{1}{(-2+1)(-2-0)(-2-1)} = -\frac{1}{6} \quad \text{(siehe oben)}\ .$$

Die Funktionswerte des nivellierten Referenzpolynoms

$$P_I(x_\sigma) = y_\sigma + r_I \operatorname{sgn} \lambda_\sigma$$

sind:

σ	1	2	3	4
$P_I(x_\sigma)$	2,937 5	2,062 5	1,937 5	2,562 5

Das Interpolationspolynom (in der Newtonschen Form) [6]

$$P_I(x) = y_1 + [x_1, x_2](x - x_1) + [x_1, x_2, x_3](x - x_1)(x - x_2)\ ,$$

$$[x_1, x_2] = \frac{2{,}937\,5 - 2{,}062\,5}{-2+1} = -0{,}875\,0\ ,$$

$$[x_2, x_3] = \frac{2{,}062\,5 - 1{,}937\,5}{-1+0} = -0{,}125\,0\ ,$$

$$[x_1, x_2, x_3] = \frac{-0{,}875\,0 + 0{,}125\,0}{-2+0} = 0{,}375\,0$$

und damit

$$P_I(x) = 2{,}927\,5 - 0{,}875\,0(x+2) + 0{,}375\,0(x+2)(x+1)\ .$$

Für alle Punkte berechnet man damit die Residuen:

$$r_I(x_i) = P_I(x_i) - y_i$$

σ	1	2	3	4	5
x_i	-2	-1	0	1	2
$r_I(x_i)$	-0,062 5	0,062 5	-0,062 5	0,062 5	0,937 5

Daraus folgt, daß der 5. Punkt ausgetauscht werden muß. Die „Normal"-Vektoren sind bei quadratischer Ausgleichung

$$\mathbf{n}_i = \begin{pmatrix} 1 \\ x_i \\ x_i^2 \end{pmatrix} .$$

Nach Gl. (11) muß gelten

$$\mu_1 \mathbf{n}_1 + \mu_2 \mathbf{n}_2 + \mu_3 \mathbf{n}_3 + \mu_4 \mathbf{n}_4 + \mathbf{n}_5 = \mathbf{0} .$$

Man kann das Gleichungssystem lösen, wenn man etwa $\mu_4 = 0$ setzt, es ergibt sich dann

$$\mu_1 \begin{pmatrix} 1 \\ -2 \\ 4 \end{pmatrix} + \mu_2 \begin{pmatrix} 1 \\ -1 \\ 1 \end{pmatrix} + \mu_3 \begin{pmatrix} 1 \\ 0 \\ 0 \end{pmatrix} + \begin{pmatrix} 1 \\ 2 \\ 4 \end{pmatrix} = \begin{pmatrix} 0 \\ 0 \\ 0 \end{pmatrix} .$$

Die Lösung ist: $\mu_1 = -3$, $\mu_2 = 8$, $\mu_3 = -6$, $\mu_4 = 0$.

Zur Anwendung des Austauschsatzes setzt man

$$\begin{aligned} \mu_1 &= -3, & \mu_1/\lambda_1 &= 18, \\ \mu_2 &= 8, & \mu_2/\lambda_2 &= 16, \\ \mu_3 &= -6, & \mu_3/\lambda_3 &= 12, \\ \mu_4 &= 0, & \mu_4/\lambda_4 &= 0. \end{aligned}$$

Es ist

$$\epsilon = +1$$

und damit

$$\epsilon\, r_I = 0{,}062\,5 > 0 ,$$

also ist $\mathrm{Min}\,\dfrac{\mu_\sigma}{\lambda_\sigma} = 0$, d.h. σ_4 *ist auszutauschen gegen* $i = 5$.

II. Referenz

σ	1	2	3	5
x_σ	-2	-1	0	2
y_σ	3	2	2	3
λ_σ	-1/8	1/3	-1/4	1/24

$$\sum_\sigma |\lambda_\sigma| = \frac{3}{4}$$

$$r_{II} = 0{,}11\,111 .$$

$P_{II}(x_\sigma)$ für

σ	1	2	3	5
$P_{II}(x_\sigma)$	2,888 89	2,111 11	1,888 89	3,111 11

Das Interpolationspolynom lautet:

$$P_{II}(x) = 2{,}888\,89 - 0{,}777\,78(x+2) + 0{,}277\,78(x+2)(x+1)$$

und damit berechnet man die Residuen:

i	1	2	3	4	5
$r_{II}(x_i)$	-0,111 11	0,111 11	-0,111 11	-0,277 78	0,111 11

Daraus folgt, daß der **4.** Punkt ausgetauscht werden muß. Für die eben aufgestellte Referenz ist

$$\operatorname{sgn} \lambda_\sigma = \operatorname{sgn} r_{II}(x_\sigma), \qquad \epsilon = +1, \qquad r_{II}(x_4) < 0 \; .$$

Die lineare Abhängigkeit für diesen Austausch ist

$$\mu_1 \mathbf{n}_1 + \mu_2 \mathbf{n}_2 + \mu_3 \mathbf{n}_3 + \mu_5 \mathbf{n}_5 + \mathbf{n}_4 = \mathbf{0} \; .$$

Setzt man $\mu_5 = 0$, so ist

$$\mu_1 = -1, \qquad \mu_2 = 3, \qquad \mu_3 = -3 \; .$$

Für die Anwendung des Austauschsatzes ist

$$\mu_1/\lambda_1 = 8, \qquad \mu_2/\lambda_2 = 9, \qquad \mu_3/\lambda_3 = 12, \qquad \mu_5/\lambda_5 = 0 \; .$$

Da $\epsilon\, r_{II}(x_4) < 0$, muß gelten

$$\operatorname{Max} \frac{\mu_\sigma}{\lambda_\sigma} = 12$$

für σ_3 *zum Austausch gegen* $i = 4$.

III. Referenz

σ	1	2	4	5
x_σ	-2	-1	1	2
y_σ	3	2	2,5	3
λ_σ	-1/12	1/6	-1/6	1/12

$$\sum_\sigma |\lambda_\sigma| = \frac{1}{2}$$

$$r_{III} = 0{,}166\,67$$

und

σ	1	2	4	5
$P_{III}(x_\sigma)$	2,833 33	2,166 67	2,333 33	3,166 67

Das Interpolationspolynom ist

$$P_{III}(x) = 2{,}833\,33 - 0{,}666\,67(x+2) + 0{,}250\,00(x+2)(x+1)$$

Damit erhält man die *endgültigen* Residuen:

x_i	-2	-1	0	1	2
$P_{III}(x_i)$	2,833 33	2,166 67	2,000 00	2,333 33	3,166 67
$r_{III}(x_i)$	-0,166 67	0,166 67	0	-0,166 67	0,166 67

Damit ist für alle i

$$|r_{III}(x_i)| \leqslant 0{,}166\,67 = R$$

und damit

$$P_{III}(x) = P_{opt}(x) .$$

Berechnet man zum Vergleich die Gaußsche Approximation, so findet man

$$\bar{y}(x) = 2 + 0{,}05x + 0{,}25x^2$$

mit

x_i	-2	-1	0	1	2
$\bar{y}_i$	2,9	2,2	2,0	2,3	3,1
$v_i = \bar{y}(x_i) - y_i$	-0,1	0,2	0	-0,2	-0,1

Es ist also

$$|v|_{max} = 0{,}2$$

und das mittlere Residuum

$$r = \sqrt{\frac{v'v}{n}} = \sqrt{\frac{0{,}10}{5}} = 0{,}141\,4 \ .$$

Damit ergibt sich die Abschätzung für die Tschebyscheff-Approximation

$$0{,}141\,4 \leqslant R \leqslant 0{,}2 .$$

Beispiel 50: Steinkohlenproduktion von 1948–1958 in den USA

Es sind folgende statistische Daten gegeben. Die Jahre t_i werden durch

$$x = t - 1953$$

auf einfachere Argumente transformiert. Die Produktionsmengen y_i sind in Mio short tons angegeben [7].

t_i	1948	1949	1950	1951	1952	1953	1954	1955	1956	1957	1958
x_i	-5	-4	-3	-2	-1	0	1	2	3	4	5
y_i	50,0	36,5	43,0	44,5	38,9	38,1	32,6	38,7	41,7	41,1	33,8

Bestimmt man einen linearen Trend

$$\bar{y}(x) = a_0 + a_1 x$$

nach der „Methode der kleinsten Quadrate" so ergibt sich

x_i	-5	-4	-3	-2	-1	0	1	2	3	4	
$\bar{y}_i$	43,736	42,969	42,202	41,435	40,667	39,900	39,133	38,365	37,598	36,831	3
v_i	6,264	-6,469	0,798	3,065	-1,767	-1,800	-6,533	0,335	4,102	4,269	-
	*	*					*				

Das Ausgleichspolynom lautet

$$\bar{y}(x) = 39{,}9 - 0{,}767\,3x\,.$$

Zur Abschätzung des maximalen Residuenbetrages ist

$$|v|_{max} = 6{,}533$$

und

$$r = \sqrt{\frac{v'v}{n}} = 4{,}050\,.$$

Daraus folgt

$$4{,}05 \leqslant R \leqslant 6{,}53\,.$$

Zur Verbesserung der Gaußschen Ausgleichung durch eine Tschebyscheff-Approximation wird aus den drei betragsgrößten Residuen (*) die *I. Referenz* gebildet.

I. Referenz:

σ	1	2	7
x_σ	-5	-4	1
y_σ	50,0	36,5	32,6
λ_σ	1/6	-1/5	1/30
$P_I(x_\sigma)$	44,7	41,8	27,3

und daraus (letzte Tabellenzeile)

$$\sum_\sigma |\lambda_\sigma| = \frac{2}{5}$$

$$r_I = -5{,}3$$

Das Interpolationspolynom lautet

$$P_I(x) = 30{,}2 - 2{,}9x\,.$$

Mit den damit berechneten Residuen $r_I(x_i) = P_I(x_i) - y_i$ findet man das betragsgrößte

$$r_I(x_{10}) = -22{,}5\,.$$

Es muß daher der Punkt für $i = 10$ zum Austausch herangezogen werden. Aus den linearen Abhängigkeiten

$$\mu_1 \mathbf{n}_1 + \mu_2 \mathbf{n}_2 + \mu_7 \mathbf{n}_7 + \mathbf{n}_{10} = \mathbf{0}$$

folgt

$$\mu_1 = 0, \qquad \mu_2 = 3/5, \qquad \mu_7 = -8/5$$

und

$$\mu_1/\lambda_1 = 0, \qquad \mu_2/\lambda_2 = -3, \qquad \mu_7/\lambda_7 = -48 \quad .$$

Da $\epsilon = -1$ (Vorzeichen von λ_σ und r_σ sind entgegengesetzt!) und $r_I(x_{10}) = -22{,}5$, ist also $\epsilon\, r_I(x_{10}) > 0$, d.h.

$$\mathrm{Min}\, \frac{\mu_\sigma}{\lambda_\sigma} = -48 \text{ für } \sigma = 7\,,$$

also muß $\sigma = 7$ gegen $i = 10$ ausgetauscht werden.

II. Referenz:

σ	1	2	10
x_σ	-5	-4	4
y_σ	50,0	36,5	41,1
λ_σ	1/9	-1/8	1/72
$P_{II}(x_\sigma)$	43,744 4	42,755 6	34,844 4

$$\sum_\sigma |\lambda_\sigma| - \frac{1}{4}$$

$r_{II} = -6{,}255\ 56$

Interpolationspolynom:

$$P_{II}(x) = 38{,}8 - 0{,}988\ 89x \quad .$$

Die Residuen sind

i	1	2	3	4	5	6	7	8	9	10	11
r_{II}	-6,256	6,256	-1,233	-3,722	0,889	0,700	5,211	-1,878	-5,867	-6,256	0,055 6

Damit ist für alle $i = 1, \ldots, 11$

$$|r_{II}(x_i)| \leqslant |r_{II}| = R$$

und somit das Optimum erreicht.

Den Unterschied der Gaußschen und Tschebyscheffschen Ausgleichung zeigt das Bild 6.3.

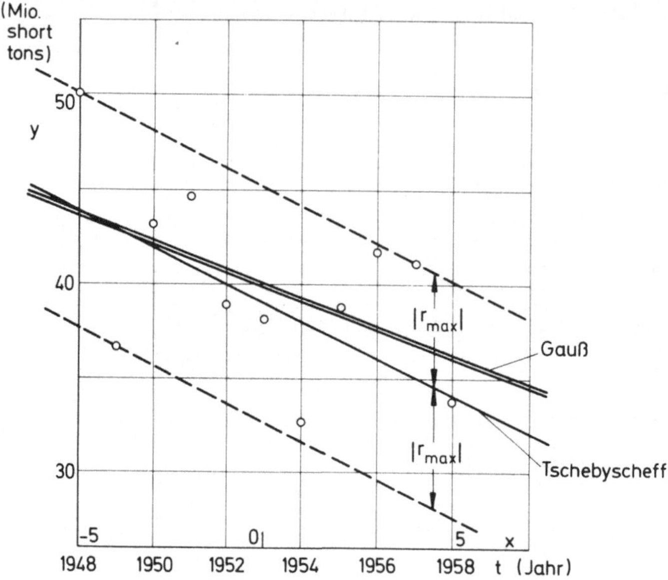

Bild 6.3

Beispiel 51: Quadratische Meßwertausgleichung

Es liegen 7 Meßwerte für äquidistante Argumentstellen vor, die durch die Transformation

$$x = \frac{z - 5{,}1}{0{,}8}$$

auf ganzzahlige, symmetrisch zum Ursprung liegende Argumente gebracht werden.

Daten:

i	1	2	3	4	5	6	7
z_i	2,7	3,5	4,3	5,1	5,9	6,7	7,5
x_i	-3	-2	-1	0	1	2	3
y_i	8,52	11,03	12,35	13,25	12,48	10,78	8,47

Durch eine Gaußsche Ausgleichung ergibt sich:

$\bar{y}(x_i)$	8,506	11,020	12,521	13,009	12,484	10,946	8,395
v_i	-0,014	-0,010	0,171	-0,241	0,004	0,166	0,075
			*	*		*	*

Man berechnet auf gleiche Weise wie im vorhergehenden Beispiel die Schranken für eine Tschebyscheff-Ausgleichung zu

$$0{,}131 \leqslant R \leqslant 0{,}241 \quad .$$

Aus den vier betragsgrößten Residuen (*) wird die erste Referenz gebildet.

I. Referenz:

σ	3	4	6	7
x_σ	-1	0	2	3
y_σ	12,35	13,25	10,78	8,47
λ_σ	-1/12	1/6	-1/6	1/12

$$\sum_\sigma |\lambda_\sigma| = \frac{1}{2}$$

$$r_I = -0{,}176\,67$$

Damit wird das quadratische Interpolationspolynom gebildet:

$$P_I(x) = -0{,}535x^2 + 0{,}011\,67x + 13{,}073\,3 \quad .$$

Man findet als betragsgrößtes Residuum

$$r_I(x_1) = -0{,}296\,67 \quad .$$

Es muß daher der Punkt für $i = 1$ für den Austausch hinzugenommen werden. Aus der linearen Abhängigkeit

$$\mu_3 \mathbf{n}_3 + \mu_4 \mathbf{n}_4 + \mu_6 \mathbf{n}_6 + \mu_7 \mathbf{n}_7 + \mathbf{n}_1 = \mathbf{0}$$

folgt, wenn man $\mu_7 = 0$ setzt,

$$\mu_3/\lambda_3 = 60, \quad \mu_4/\lambda_4 = 30, \quad \mu_6/\lambda_6 = 6, \quad \mu_7/\lambda_7 = 0 \quad .$$

Da $\operatorname{sgn} \lambda_\sigma = -\operatorname{sgn} r_\sigma$, $\epsilon = -1$ und $r_I(x_1) < 0$, also $\epsilon r_I(x_1) > 0$, ist

$$\operatorname{Min} \frac{\mu_\sigma}{\lambda_\sigma} = 0 \text{ für } \sigma = 7 \quad .$$

Es muß also $\sigma = 7$ gegen $i = 1$ ausgetauscht werden.

II. Referenz:

σ	1	3	4	6
x_σ	-3	-1	0	2
y_σ	8,52	12,35	13,25	10,78
λ_σ	-1/30	1/6	-1/6	1/30

$$\sum_\sigma |\lambda_\sigma| = 0{,}4$$

$$r_{II} = 0{,}186\,67$$

und damit

$P_{II}(x_\sigma)$	8,333	12,537	13,063	10,967

Das Polynom lautet

$$P_{II}(x) = 13{,}063\,33 + 0{,}001\,67x - 0{,}525x^2 \quad .$$

Damit ist für alle gegebenen x_i der Betrag des Residuums

$$|r_{II}(x_i)| \leqslant |r_{II}| = R$$

und folglich ist $P_{II}(x)$ das optimale quadratische Polynom.

Es soll nun eine ALGOL-Prozedur angegeben werden, in der dieses Verfahren der Polynom-Approximation durchgeführt wird. Das Programm unterscheidet sich an einigen Stellen von dem Rechengang, wie er hier geschildert wurde; es ist z.B. die Lösung von Gleichungssystemen vermieden und durch die Benutzung eines Interpolationspolynoms ersetzt worden.

Prozedur POLAPROX

Zweck: Für n gegebene Funktionswerte x_i, y_i wird ein Ausgleichspolynom $a_0 + a_1x + \ldots + a_mx^m$ nach Tschebyscheff bestimmt, dessen betragsgrößter Fehler h ist.

Beschreibung der formalen Veränderlichen:

N	Anzahl n der gegebenen Funktionswerte Typ: 'INTEGER'
X, Y	Felder der gegebenen Abszissen x_i und der Ordinaten y_i Typ: 'ARRAY', Indizes: [1 : N]
M	Grad m des Ausgleichspolynoms Typ: 'INTEGER'
A	Feld der Polynomkoeffizienten a_i Typ: 'ARRAY', Indizes: [0 : M]
H	Betragsgrößtes Residuum h nach der Ausgleichung (mit Vorzeichen behaftet!) Typ: 'REAL'

Bemerkung: Im Hauptprogramm muß die

'REAL' 'PROCEDURE' HORNER (N, A, X);

(siehe Prozedur 9, S. 103) vereinbart werden.

Programm:

```
'PROCEDURE' POLAPROX(N,X,Y,M)RESULT:(A,H);
        'VALUE' N,M;
        'REAL' H;
        'INTEGER' N,M;
        'ARRAY' X,Y,A;
```

```
'COMMENT' PROCEDURE 16
    BESTIMMUNG DER KOEFFIZIENTEN A[K] UND DES BETRAGS-
    GROESSTEN FEHLERS H FUER EIN APPROXIMATIONSPOLYNOM
    M-TEN GRADES NACH TSCHEBYSCHEFF BEI N GEGEBENEN
    FUNKTIONSWERTEN X[I], Y[I];

'BEGIN' 'REAL' P,S,XT,EPS;
        'INTEGER' I,J,R,Q;
        'ARRAY' MI,L[1:M+2],AN[0:M],XR,YR[1:N];
'INTEGER''PROCEDURE' MAXIM(A,S);
        'VALUE' S;
        'REAL' S;
        'ARRAY' A;
'BEGIN' 'INTEGER' I,J;
        I:=1;
        'FOR' J:=2 'STEP' 1 'UNTIL' M+2 'DO'
            'IF' S*A[I] 'LESS' S*A[J] 'THEN' I:=J;
        MAXIM:=I
'END';
'PROCEDURE' INTERPOL(N,X,Y,A);
        'VALUE' N;
        'INTEGER' N;
        'ARRAY' X,Y,A;
'BEGIN' 'REAL' S;
        'INTEGER' I,J;
        'ARRAY' DIF[0:N-1,1:N];
'REAL''PROCEDURE' SYMFU(B,M,N);
        'VALUE' M,N;
        'INTEGER' M,N;
        'ARRAY' B;
'BEGIN' 'REAL' S,P;
        'INTEGER' I,J;
        'INTEGER''ARRAY' K[1:M];
        'FOR' I:=1 'STEP' 1 'UNTIL' M 'DO'
             K[I]:=I;
        S:=0;
1:      P:=-B[K[1]];
        J:=0;
        'FOR' I:=2 'STEP' 1 'UNTIL' M 'DO'
        P:=P*(-B[K[I]]);
        S:=S+P;
2:      'IF' K[M-J] 'LESS' N-J 'THEN'
        'BEGIN' K[M-J]:=K[M-J]+1;
                'FOR' I:=1 'STEP' 1 'UNTIL' J 'DO'
                      K[M-J+I]:=K[M-J]+I;
                'GOTO' 1
        'END';
        J:=J+1;
        'IF' J 'LESS' M 'THEN' 'GOTO' 2;
        SYMFU:=S
'END';
```

```
        'FOR' I:=1 'STEP' 1 'UNTIL' N 'DO'
             DIF[0,I]:=Y[I];
        'FOR' J:=1 'STEP' 1 'UNTIL' N-1 'DO'
        'FOR' I:=1 'STEP' 1 'UNTIL' N-J 'DO'
              DIF[J,I]:=(DIF[J-1,I+1]-DIF[J-1,I])/
                        (X[I+J]-X[I]);
        'FOR' J:=0 'STEP' 1 'UNTIL' N-1 'DO'
        'BEGIN' S:=DIF[J,1];
                'FOR' I:= J+1 'STEP' 1 'UNTIL' N-1 'DO'
                     S:=S+DIF[I,1]*SYMFU(X,I-J,I);
                A[J]:=S
        'END'
'END';
        'FOR' I:=1 'STEP' 1 'UNTIL' N 'DO'
        'BEGIN' XR[I]:=X[I];
                YR[I]:=Y[I]
        'END';
3:      'FOR' I:=1 'STEP' 1 'UNTIL' M+2 'DO'
        'BEGIN' P:=1;
                'FOR' J:=1 'STEP' 1 'UNTIL' M+2 'DO'
                'IF' J 'NOTEQUAL' I 'THEN'
                     P:=(XR[I]-XR[J])*P;
                L[I]:=1/P
        'END';
        S:=P:=0;
        'FOR' I:=1 'STEP' 1 'UNTIL' M+2 'DO'
        'BEGIN' S:=S+ABS(L[I]);
                P:=P+L[I]*YR[I]
        'END';
        H:=-P/S;
        EPS:='IF' H 'GREATER' 0 'THEN' 1.0
                  'ELSE'           -1.0;
        'FOR' I:=1 'STEP' 1 'UNTIL' M+2 'DO'
              YR[I]:=YR[I]+H*SIGN(L[I]);
        INTERPOL(M+1,XR,YR,AN);
        'FOR' I:=N 'STEP' -1 'UNTIL' M+3 'DO'
        'IF' ABS((HORNER(M,AN,XR[I])-YR[I])/H)-1
              'GREATER' 5₁₀-6 'THEN'
        'BEGIN' XT:=XR[1];
                XR[1]:=XR[I];
                'FOR' R:=1 'STEP' 1 'UNTIL' M+2 'DO'
                'BEGIN' P:=1;
                        'FOR' J:=1 'STEP' 1 'UNTIL' M+2 'DO'
                        'IF' J 'NOTEQUAL' R 'THEN'
                             P:=P*(XR[R]-XR[J]);
                        MI[R]:=1/P
                'END';
```

```
            'FOR' J:=2 'STEP' 1 'UNTIL' M+2 'DO'
                  MI[J]:=MI[J]/(MI[1]-L[J]);
            MI[1]:=0;
            XR[1]:=XT;
            'IF' (HORNER(M,AN,XR[I])-YR[I])*EPS
                 'GREATER' 0 'THEN'
            Q:=MAXIM(MI,-1.0)      'ELSE'
            Q:=MAXIM(MI,1.0);
            XT:=XR[Q];
            XR[Q]:=XR[I];
            XR[I]:=XT;
            XT:=YR[Q]-H*SIGN(L[Q]);
            YR[Q]:=YR[I];
            YR[I]:=XT;
            'FOR' J:=1 'STEP' 1 'UNTIL' Q-1,Q+1
                   'STEP' 1 'UNTIL' M+2 'DO'
                  YR[J]:=YR[J]-H*SIGN(L[J]);
            'GOTO' 3
      'END';
      'FOR' I:=0 'STEP' 1 'UNTIL' M 'DO'
           A[I]:=AN[I]
'END' POLAPROX;
```

6.4. Stetige Tschebyscheff-Approximationen

Das Problem der stetigen Tschebyscheff-Approximation, d.h. der Annäherung einer gegebenen Funktion y(x) in [a,b] durch eine andere gegebene Funktion $\overline{y}(x)$ im Sinne der gleichmäßigen Approximation, ist von vielen Seiten aufgegriffen und in Theorie und Praxis weit vorangetrieben worden. Die Literatur hierüber ist sehr zahlreich, siehe z.B. das Literaturverzeichnis in [8]. Es ist hier nicht die Stelle, darüber ausführlich zu berichten. Aber im Rahmen der Aufgabenstellung dieses Buches soll wenigstens ein Weg gezeigt werden, wie man bei *Polynomapproximationen* vorgehen kann, ohne auf Verfeinerungen des Rechenverfahrens einzugehen. Die Approximation durch gebrochene rationale Funktionen und andere nichtlineare Approximationen (Beispiel siehe in [1]) sind auf verschiedenen Gebieten von Wichtigkeit, wie etwa in der Rechentechnik für DA, können aber hier nicht dargestellt werden.

Man kann an das in Abschnitt 6.3 behandelte Austauschverfahren unmittelbar anschließen und zwar in einer Form, die von *E. Ja. Remez* angegeben wurde [8].

Prinzipiell kann man zur Approximation von y(x) in [a,b] durch $\overline{y}(x)$ davon ausgehen, daß man eine Referenz mit (k+1) Punkten x_σ bildet und damit ein nivelliertes Referenzpolynom P(x) nach der in 6.3 gegebenen Vorschrift berechnet. Daraus ergibt sich die Residuenfunktion

$$r(x) = P(x) - y(x) \qquad \text{in } [a,b] .$$

Nun beginnt der Austausch auf Grund des angegebenen Austauschsatzes. Hier geht aber das *Verfahren von Remez* einen Schritt weiter durch simultane Ersetzung der Referenzpunkte. Dazu ist aber folgendes zu bemerken:

Bei einer k-gliedrigen Approximation $a_0\varphi_0(x) + \ldots + a_{k-1}\varphi_{k-1}(x)$, also auch speziell bei einer Polynomapproximation (k−1)-ten Grades, wird für die Minimallösung die Fehlerfunktion an (k+1) Stellen $x_\mu, \mu = 1, \ldots, k+1$, die man sich der Größe nach geordnet denkt, den maximalen Fehlerbetrag annehmen:

$$|r(x_\mu)| = |\bar{y}(x_\mu) - y(x_\mu)| = R \quad ,$$

und zwar mit abwechselnden Vorzeichen:

$$r(x_\mu) = -\, r(x_{\mu+1}) \qquad\qquad \mu = 1, \ldots, k \ .$$

Eine solche Punktfolge $\{ x_\mu \}$ nennt man eine *Alternante* (Erfüllung der sogenannten Haarschen Vorzeichenbedingung).

Die Remezsche Simultanersetzung besteht nun darin, daß man aus der vorliegenden Residuenfunktion r(x) eine neue Referenz (Alternantensatz) bildet, indem man die neuen Referenzpunkte in die Nähe der Abszissen der Extremwerte von r(x) legt. Da r(x) mindestens k Nullstellen in [a, b] hat, so kann man unter Einschluß der Randpunkt stets (k+1) neue Referenzpunkte so wählen, daß die $r(x_\mu)$ alternierendes Vorzeichen haben. Daß man dabei keine exakte Extremwertbestimmung durchführen muß, ist offensichtlich. Durch diese Wahl der Alternanten ist gesichert, daß mit jedem Schritt |r| zunimmt. Das simultane Austauschverfahren kann sinnvoll dann abgebrochen werden, wenn nach Berechnung der Residuenfunktion r(x) die Beträge der Extremwerte sich nur noch unwesentlich von dem vorher berechneten |r| unterscheiden.

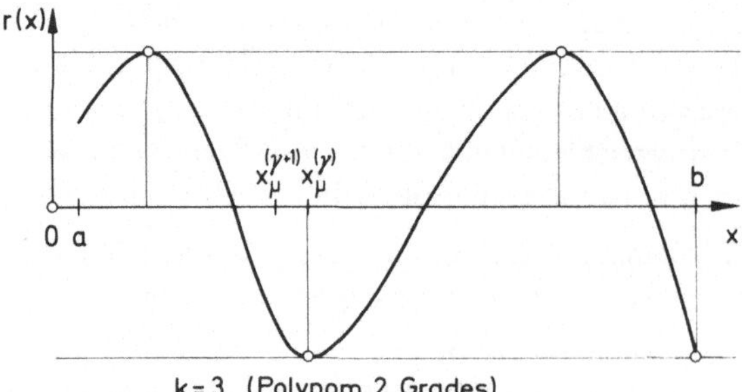

Bild 6.4

Das Verfahren soll an einem Beispiel erläutert werden.

Beispiel 52: Tschebyscheff-Approximation von $\sin \frac{\pi}{2} x$ in $[-1,1]$

Als Approximationsfunktion soll hier nur ein Polynom dritten Grades gewählt werden, um den Rechenaufwand und die Zahl der Schritte gering zu halten.

Für die *I. Referenz* werden zunächst 5 Punkte gewählt, die zu einfachen Zahlwerten führen.

x_σ	-1	-1/3	0	1/3	1
y_σ	-1	-0,5	0	0,5	1
λ_σ	9/16	-81/16	9	-81/16	9/16

$\sum_\sigma |\lambda_\sigma| = 20{,}25$

Daraus folgt:

$r_I = 0$

und daher

$P_I(x_\sigma) = y_\sigma$.

Das zugehörige Interpolationspolynom lautet

$$P_I(x) = 1{,}562\,5x - 0{,}562\,5x^3 \quad .$$

Der Verlauf der Residuenfunktion

$$r_I(x) = P_I(x) - \sin \frac{\pi}{2} x$$

ist im Bild 6.5 dargestellt. Die Extremwerte mit alternierenden Vorzeichen liegen in der Nähe von

$$x = -0{,}8, \quad -0{,}2, \quad 0{,}2, \quad 0{,}8\,.$$

Sie werden zusammen mit dem rechten Randpunkt als Stützstellen der neuen Referenz (Alternante) benutzt.

II. Referenz:

x_σ	-0,8	-0,2	0,2	0,8	1,0
y_σ	-0,951 06	-0,309 02	0,309 02	0,951 06	1,000 00
λ_σ	0,578 70	-3,472 22	5,208 33	-5,208 33	2,893 51

$\Sigma|\lambda_\sigma| = 17{,}361\,09$

und daher

$r_{II} = -0{,}004\,16$

also

$P_{II}(x_\sigma)$	-0,955 22	-0,304 86	0,304 86	0,955 22	0,995 84

Das Interpolationspolynom dafür lautet

$$P_{II}(x) = 1{,}546\,30x - 0{,}550\,46x^3 \quad .$$

Der Verlauf der Residuenfunktion $r_{II}(x)$ ist wieder Bild 6.5 zu entnehmen. Die Extremwerte findet man nahe den Stellen

$$x = -0{,}82, \quad -0{,}32, \quad 0{,}32, \quad 0{,}82\,.$$

Diese werden wieder mit dem rechten Randpunkt zusammen zu einer neuen Alternante zusammengefaßt.

III. Referenz:

x_σ	-0,82	-0,32	0,32	0,82	1,00
y_σ	-0,960 294	-0,481 754	0,481 754	0,960 294	1,000 000
λ_σ	0,587 773	-2,076 688	4,031 218	-5,943 042	3,400 736

$\Sigma|\lambda_\sigma| = 16{,}039$

$$r_{III} = -0{,}004\,473$$

und damit

$P_{III}(x_\sigma)$	-0,964 767	-0,477 281	0,477 281	0,964 767	0,995 527

Das Interpolationspolynom ist:

$$P_{III}(x) = 1{,}548\,085x - 0{,}552\,558x^3\;.$$

Die damit berechnete Residuenfunktion $r_{III}(x) = P_{III}(x) - \sin\frac{\pi}{2}x$ ist ebenfalls in Bild 6.5 dargestellt. Man sieht, daß der Betrag der Extremwerte nur noch sehr gering von $|r_{III}|$ abweicht (~ 3 ‰). Damit kann man diese Approximation als beendet betrachten und $P_{III}(x)$ ist also als eine im Tschebyscheffschen Sinne optimale Approximation zu betrachten.

Zum Vergleich sollen noch herangezogen werden:

a) Das Taylor-Polynom dritten Grades:

$$\bar{y}(x) = \frac{\pi}{2}x - \frac{\pi^3}{48}x^3$$
$$= 1{,}570\,796x\,(1 - 0{,}411\,233\,5x^2)\,.$$

Die Fehlerfunktion $\bar{y}(x) - \sin\frac{\pi}{2}x$ ist ebenfalls in Bild 6.5 eingetragen. Man sieht, daß in der Nähe von Null die Fehler sehr klein sind, dann aber sehr stark zunehmen.

b) Die Gaußsche Ausgleichung durch ein Polynom dritten Grades.

In gleicher Weise wie in Beispiel 47 ergibt sich:

$$\bar{\bar{y}}(x) = 1{,}553\,271x - 0{,}562\,196x^3\;.$$

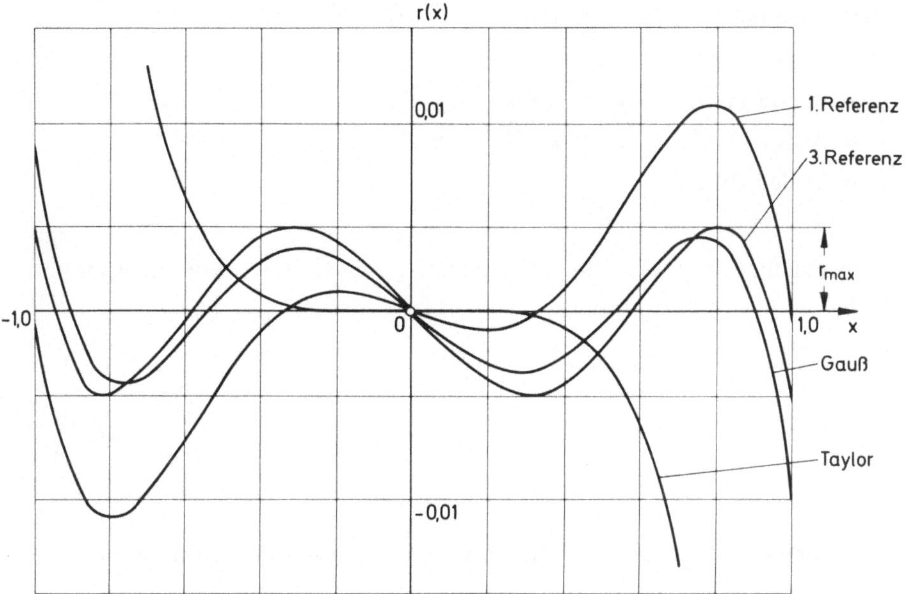

Bild 6.5

Auch hierfür ist in Bild 6.5 die Fehlerkurve aufgezeichnet. Vergleicht man die 5 Fehlerkurven des Bildes, so sieht man, daß tatsächlich $P_{III}(x)$ die „gleichmäßigste" Ausgleichung darstellt.

Zum Schluß sollen noch zwei Beispiele von *Hastings* [1] angegeben werden, die zeigen, welche Genauigkeit erreicht werden kann. Daher werden diese Approximationen gern für häufig benutzte Unterprogramme bei DA benutzt.

a) $y(x) = \sin \frac{\pi}{2} x$ in $-1 \leqslant x \leqslant 1$ ([1], Sheet 16)

$$\bar{y}(x) = c_1 x + c_3 x^3 + c_5 c^5 + c_7 x^7 + c_9 x^9$$

mit den Koeffizienten:

$c_1 = 1{,}570\,796\,318\,47$, $c_7 = -0{,}004\,673\,765\,57$,
$c_3 = -0{,}645\,963\,711\,06$, $c_9 = 0{,}000\,151\,484\,19$.
$c_5 = 0{,}079\,689\,679\,28$,

Der maximale Fehler ist

$$|r(x)| \leqslant 5{,}31 \cdot 10^{-9}\,.$$

b) $y(x) = \arctan x \quad \text{in } -1 \leqslant x \leqslant 1$ ([1], Sheet 9)

$$\bar{y}(x) = c_1 x + c_3 x^3 + c_5 x^5 + c_7 x^7$$

$$c_1 = 0{,}999\,215\,0, \qquad c_5 = 0{,}146\,276\,6,$$
$$c_3 = -0{,}321\,189\,0, \qquad c_7 = -0{,}038\,992\,9.$$

Der maximale Fehler ist

$$|r(x)| \leqslant 8{,}14 \cdot 10^{-5}\ .$$

Außerdem gilt mit den selben Koeffizienten $c_1, \ldots, c_7$ in $0 \leqslant x \leqslant \infty$ die Approximation:

$$\bar{\bar{y}}(x) = \frac{\pi}{4} + c_1\left(\frac{x-1}{x+1}\right) + \ldots + c_7\left(\frac{x-1}{x+1}\right)^7 .$$

6.5. Approximationen durch Systeme von Orthogonalfunktionen

6.5.1. Allgemeines

Bei der Bestimmung von Ausgleichskurven für diskrete Punkte hatte man bereits die Möglichkeit, zur Vereinfachung der Rechnung Orthogonalfunktionen zu benutzen, da in diesem Falle sich die Normalgleichungen vereinfachen. Die Koeffizientenmatrix ist dann nur eine Diagonalmatrix oder sogar eine Einheitsmatrix, so daß das Auflösen des Gleichungssystems überflüssig wird.

Auch für den Fall stetiger linearer Approximationen in $[a, b]$ kann man Systeme linear unabhängiger Funktionen einführen, für die entsprechend Gl. (5) in 6.1 gelten soll

$$(\varphi_i, \varphi_j) = \int_a^b \varphi_i(x)\,\varphi_j(x)\,dx = \begin{cases} 0, & i \neq j\,, \\ 1, & i = j\,. \end{cases}$$

Man nennt dies ein *Orthonormalsystem* bezüglich des Intervalles $[a, b]$. Will man eine Funktion

$$y = y(x)$$

durch eine Linearkombination derartiger linear unabhängiger Funktionen approximieren,

$$\bar{y}(x) = a_0\varphi_0(x) + a_1\varphi_1(x) + \ldots + a_k\varphi_k(x)\ ,$$

so ist

$$a_p = \int_a^b y(x)\varphi_p(x)\,dx, \qquad p = 0, 1, \dots, k\ .$$

In manchen Fällen empfiehlt es sich, nicht auf den Wert 1 zu normieren, es gilt dann

$$c_p = \int_a^b \varphi^2(x)\,dx \qquad \left(\text{Norm der Funktion } \varphi_p(x)\right).$$

und die Koeffizienten sind

$$a_p = \frac{1}{c_p}\int_a^b y(x)\varphi_p(x)\,dx\ .$$

Da diese Beziehungen in ähnlicher Form bei der Bestimmung der Fourierkoeffizienten vorkommen, bezeichnet man diese Koeffizienten oft auch als allgemeine Fourierkoeffizienten. Für die Gaußsche Fehlerquadratsumme gilt

$$\Phi = (y,y) - (c_0 a_0^2 + \dots + c_k a_k^2)\ .$$

Die Koeffizienten a_p sind unabhängig von einander und man kann daher die Anzahl der Glieder beliebig vergrößern, wenn es das Funktionensystem der $\varphi_p(x)$ zuläßt. Es ist dann

$$\lim_{n\to\infty} \Phi = (y,y) - \sum_{i=0}^{\infty} c_i a_i^2 \geqslant 0 \qquad \text{(Besselsche Ungleichung)},$$

sofern das Integral (y,y) existiert (y muß quadratisch integrabel sein). Ist dieser Grenzwert Null, so nennt man das Funktionssystem $\varphi_i(x)$ vollständig. Auf spezielle Konvergenzeigenschaften kann hier nicht eingegangen werden, es wird daher auf das Schrifttum verwiesen (z.B. [10]).

Bei einer im gewöhnlichen Sinne konvergenten Entwicklung

$$\bar{y}(x) = \sum_{i=0}^{\infty} a_i\varphi_i(x)$$

folgt mit der (k + 1)-gliedrigen Näherung

$$\bar{y}_k(x) = \sum_{i=0}^{k} a_i\varphi_i(x)$$

der Fehler

$$\delta(x) = \bar{y}(x) - \bar{y}_k(x) .$$

Nehmen die a_i dem Betrag nach genügend rasch ab, so ist

$$\delta(x) \approx a_{k+1} \varphi_{k+1}(x)$$

bzw.

$$\approx a_{k+\lambda}\varphi_{k+\lambda}(x) , \qquad \text{wenn} \quad a_{k+1} = \ldots = a_{k+\lambda-1} = 0 .$$

Oft genügt diese Aussage zu einer Angabe über die Fehlerkurve.

Ein beliebiges System linear unabhängiger Funktionen $\psi_i(x)$ im $[a, b]$ läßt sich durch Linearkombination stets zu einem Orthogonalsystem umformen (Verfahren von *Erhard Schmidt*) [16].

6.5.2. Legendresche Polynome (Kugelfunktionen) [9]

Orthogonalpolynome können in verschiedener Weise definiert werden. Hier soll kurz auf die Legendreschen Polynome, die auch Kugelfunktionen genannt werden, eingegangen werden.

Das Definitionsbereich ist $-1 \leqslant x \leqslant 1$. Das Polynom $P_k(x)$ vom Grade k läßt sich rekursiv durch $P_{k-1}(x)$ und $P_{k-2}(x)$ ausdrücken, wobei zu setzen ist

$$P_0 = 1 ,$$
$$P_1(x) = x .$$

Die Rekursionsformel lautet dann:

$$(k+1)P_{k+1}(x) + kP_{k-1}(x) = (2k+1)xP_k(x), \qquad (k \geqslant 1) .$$

Diese so definierten Funktionen sind so „normiert", daß

$$P_k(1) = 1 .$$

Außerdem liegen alle Nullstellen dieser Funktionen im Bereich $[-1,1]$. Aus den obigen Definitionsgleichungen folgt für $k = 2, \ldots, 6$:

$$P_2(x) = \frac{1}{2}(3x^2 - 1) ,$$

$$P_3(x) = \frac{1}{2}(5x^3 - 3x) ,$$

$$P_4(x) = \frac{1}{8}(35x^4 - 30x^2 + 3) ,$$

$$P_5(x) = \frac{1}{8}(63x^5 - 70x^3 + 15x) ,$$

$$P_6(x) = \frac{1}{16}(231x^6 - 315x^4 + 105x^2 - 5) .$$

Durch Induktionsbeweis findet man, daß alle Polynome gerader Ordnung gerade, die ungerader Ordnung aber ungerade Funktionen sind. Den Verlauf dieser Polynome für $k = 0, \dots, 5$ siehe Bild 6.6.

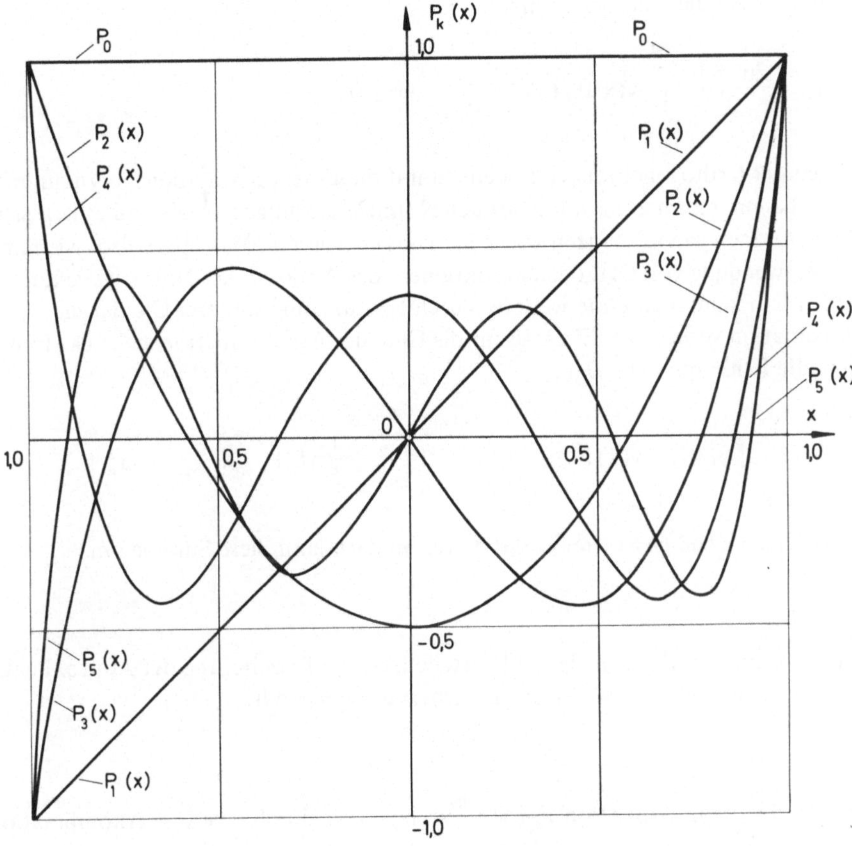

Bild 6.6. Legendresche Polynome

Es gelten die Orthogonalitätsbeziehungen:

$$\int_{-1}^{+1} P_m(x)\, P_n(x)\, dx = \begin{cases} 0 & ; \quad m \neq n\,, \\ 2/(2n+1); & \quad m = n\,. \end{cases}$$

Stellt man eine Funktion y(x) approximativ durch eine Linearkombination Legendrescher Polynome dar:

$$\bar{y}_k(x) = a_0 + a_1 P_1(x) + \ldots + a_k P_k(x)\,,$$

so erhält man die Koeffizienten

$$a_m = \frac{2m+1}{2} \int_{-1}^{+1} y(x) P_m(x)\,dx\,, \qquad m = 0, \ldots, k\;.$$

Wegen der Orthogonalitätsrelationen stimmt dieses Approximationspolynom mit dem überein, das man nach 6.2 aus den Normalgleichungen erhält und es läßt sich durch Ordnen nach Potenzen von x in dieses überführen. Man spart also, wie immer bei Verwendung von Orthogonalfunktionen, das Auflösen der Normalgleichungen. Außerdem kann man ohne weiteres durch Hinzunahme weiterer Glieder die Approximation verbessern. Ein Maß für die Güte der Approximation stellt das Integral über die Fehlerquadrate dar:

$$\Phi = \int_{-1}^{+1} \left(\bar{y}_k(x) - y(x)\right)^2 dx = (y,y) - 2\left[a_0^2 + \frac{1}{3} a_1^2 + \ldots + \frac{1}{2k+1} a_k^2\right]\;.$$

Das nächste Glied (k+1)-ter Ordnung vermindert dann diese Summe um

$$\frac{2}{2k+3}\, a_{k+1}^2\;.$$

Daraus kann man dann oft leicht beurteilen, ob die Erweiterung der Approximation um ein Glied noch eine wesentliche Verbesserung darstellt.

Beispiel 53: Approximation von $\sin\frac{\pi}{2}x$ in $[-1,1]$ durch eine Linearkombination Legendrescher Polynome bis zur dritten Ordnung

Da $\sin\frac{\pi}{2}x$ in $[-1,1]$ eine ungerade Funktion ist, können in der Approximation durch Legendresche Polynome auch nur solche ungerader Ordnung vorkommen. Man kann daher ansetzen:

$$\bar{y}(x) = a_1 P_1(x) + a_3 P_3(x)$$

und es ist

$$a_k = \frac{2k+1}{2} \int_{-1}^{+1} P_k(x) \sin\frac{\pi}{2}x\,dx\;.$$

Für die beiden Koeffizienten ergibt sich:

$$a_1 = \frac{3}{2} \int_{-1}^{+1} x \sin \frac{\pi}{2} x \, dx = \frac{12}{\pi^2} = 1{,}215\,854$$

$$a_3 = \frac{7}{2} \int_{-1}^{1} \frac{1}{2}(5x^3 - 3x) \sin \frac{\pi}{2} x \, dx = \frac{42}{\pi^2} \left[5\left(1 - \frac{8}{\pi^2}\right) - 1 \right] = -0{,}224\,878 \;.$$

Das Approximationspolynom lautet also:

$$\begin{aligned} \bar{y}(x) &= 1{,}215\,854\, P_1(x) - 0{,}224\,878\, P_3(x) \\ &= 1{,}553\,171\, x - 0{,}562\,195\, x^3 . \end{aligned}$$

Das Fehlerintegral ergibt:

$$\Phi = \int_{-1}^{+1} \sin^2 \frac{\pi}{2} x \, dx - 2\left(\frac{1}{3} a_1^2 + \frac{1}{7} a_3^2\right) = 0{,}000\,02 \;.$$

6.5.3. Trigonometrische Funktionen (Fourieranalyse)

In Abschnitt 5.10 wurden bereits trigonometrische Funktionen bei der harmonischen Analyse für gegebene diskrete Funktionswerte verwendet. In gleicher Weise sind die Funktionen 1, sin kx, cos kx, k = 1, 2, ..., Orthogonalfunktionen im Bereich einer Periode 2π. Es gelten die folgenden Beziehungen:

$$\int_0^{2\pi} \cos mx \cos nx \, dx = \begin{cases} 0, & m \neq n \\ \pi, & m = n \end{cases}$$

$$\int_0^{2\pi} \sin mx \cos nx \, dx = 0, \qquad \text{für alle } m \text{ und } n \tag{1}$$

$$\int_0^{2\pi} \sin mx \sin nx \, dx = \begin{cases} 0, & m \neq n \\ \pi, & m = n . \end{cases}$$

Eine endliche Fourier-Summe (trigonometrisches Polynom) setzt man an

$$\begin{aligned} \bar{y}(x) = a_0 &+ a_1 \cos x + \ldots + a_n \cos nx \\ &+ b_1 \sin x + \ldots + b_n \sin nx . \end{aligned} \tag{2}$$

Aus der Gaußschen Minimalforderung

$$\Phi = \int_0^{2\pi} \left(\bar{y}(x) - y(x)\right)^2 dx \overset{!}{=} \text{Min} \tag{3}$$

folgt sofort für die Koeffizienten

$$a_m = \frac{1}{\pi} \int_0^{2\pi} y(x) \cos mx \, dx \,,$$

$$b_m = \frac{1}{\pi} \int_0^{2\pi} y(x) \sin mx \, dx \,, \tag{4}$$

$$a_0 = \frac{1}{2\pi} \int_0^{2\pi} y(x) \, dx \,.$$

Da dieses Funktionssystem vollständig ist, geht das Fehlerquadratintegral für $n \to \infty$ gegen Null. Über die Voraussetzungen, die y(x) erfüllen muß, das Verhalten bei Sprungstellen der Funktion y(x) und über das Konvergenzverhalten der Fourierreihen siehe die einschlägige Literatur, z.B. [10].

Vereinfachungen treten auf, wenn die gegebene Funktion y(x) gerade bzw. ungerade ist. Man braucht dann nur über die halbe Periode zu integrieren. Es gilt
für gerade Funktionen: $y(-x) = y(x)$

$$a_0 = \frac{4}{\pi} \int_0^{\pi} y(x) dx, \quad a_m = \frac{2}{\pi} \int_0^{\pi} y(x) \cos mx \, dx, \quad m = 1, 2, \dots, \tag{5}$$

$$b_m = 0$$

für ungerade Funktionen: $y(-x) = -y(x)$

$$a_0 = a_m = 0 \,,$$

$$b_m = \frac{2}{\pi} \int_0^{\pi} y(x) \sin mx \, dx \,, \quad m = 1, 2, \dots \,. \tag{6}$$

Ohne auf weitere Einzelheiten einzugehen, soll ein kurzes Beispiel folgen.

Beispiel 54: Fourieranalyse für Sägezahnkurve

Die Gleichung der gegebenen Funktion lautet (Bild 6.7):

$$y(x) = -x \qquad \text{in} \quad 0 \leqslant x \leqslant \frac{\pi}{4}$$

$$= -\frac{\pi}{3} + \frac{1}{3}x \qquad \text{in} \quad \frac{\pi}{4} \leqslant x \leqslant \frac{7\pi}{4}$$

$$= 2\pi - x \qquad \text{in} \quad \frac{7\pi}{4} \leqslant x \leqslant 2\pi$$

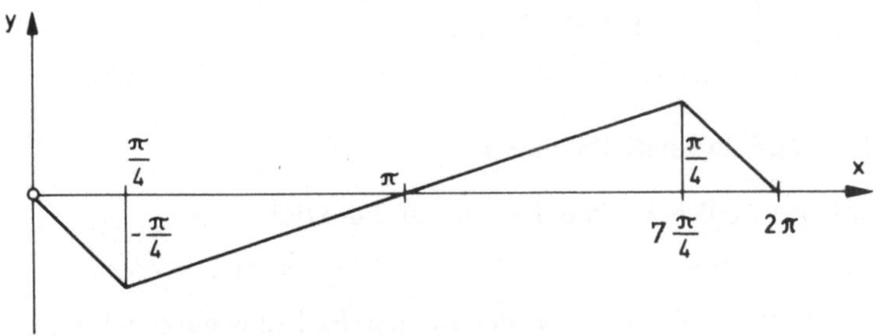

Bild 6.7. Gegebener Funktionsverlauf

y(x) ist eine ungerade Funktion, man kann daher nach Gl. (6) rechnen. Es gilt also:

$$b_m = \frac{2}{\pi} \int_0^{\pi} y(x) \sin mx \, dx$$

$$= \frac{2}{\pi} \left[-\int_0^{\pi/4} x \sin mx \, dx + \frac{1}{3} \int_{\pi/4}^{\pi} (-\pi + x) \sin mx \, dx \right]$$

$$= \frac{2}{\pi} \left\{ \frac{1}{m} \left[x \cos mx - \frac{1}{m} \sin mx \right]_0^{\pi/4} - \frac{1}{3m} \left[x \cos mx - \frac{1}{m} \sin mx \right]_{\pi/4}^{\pi} \right.$$

$$\left. + \frac{\pi}{3m} [\cos mx]_{\pi/4}^{\pi} \right\} ,$$

$$b_m = -\frac{8}{3\pi} \frac{1}{m^2} \sin m \frac{\pi}{4} .$$

Daraus folgt:

m	1	2	3	4	5	6	7
$\frac{3\pi}{8} b_m$	$-\sqrt{2}/2$	$-1/4$	$-\sqrt{2}/18$	0	$\sqrt{2}/50$	$1/36$	$\sqrt{2}/98$
b_m	-0,600 21	-0,212 21	-0,066 69	0	0,024 01	0,023 58	0,012 25

Im Vergleich dazu liefert die Ausgleichung derselben Funktion für 24 gegebene Funktionswerte (harmonische Analyse diskreter Funktionswerte, die also als näherungsweise Fourieranalyse anzusehen ist):

m	1	2	3	4	5	6	7
b_m	-0,603 65	-0,217 12	-0,070 23	0	0,027 75	0,029 09	0,016 34

6.5.4. Tschebyscheff-Polynome

Geht man ähnlich wie in 6.5.3 von dem Funktionssystem

$$T_k(\varphi) = \cos k\varphi\,, \qquad k = 0, 1, \dots, \qquad \text{in } [-\pi,\pi]\,, \tag{1}$$

aus, das eine Teilfolge des bei den Fourier-Reihen benutzten Funktionensystems darstellt, so kann man eine gerade Funktion $y^*(\varphi)$ wie in 6.5.3 approximieren durch

$$\bar{y}(\varphi) = c_0 + c_1 T_1(\varphi) + \dots + c_n T_n(\varphi) \tag{2}$$

mit den Fourier-Koeffizienten

$$c_k = \frac{1}{\pi}\int_{-\pi}^{\pi} y^*(\varphi)\cos k\varphi\, d\varphi\,. \tag{3}$$

Eine beliebige, vorgegebene Funktion y(t) in [a,b] läßt sich durch

$$t = \frac{a+b}{2} + \frac{b-a}{2}x \tag{4}$$

auf das Intervall [−1,1] transformieren. Führt man durch

$$x = \cos\varphi \tag{5}$$

das Argument φ in x über, so ist

$$y(\cos\varphi) = y^*(\varphi) \qquad \text{in} \qquad [-\pi,\pi] \tag{6}$$

in eine Funktion mit der Periode 2π von gerader Symmetrie

$$y^*(-\varphi) = y^*(\varphi)\,. \tag{6.1}$$

verwandelt worden. Die nichtlineare Transformation (5) kann man sich geometrisch leicht vorstellen als Abbildung eines Bogens φ des Einheitskreises auf ein zugehöriges Stück x des Durchmessers (Bild 6.8).

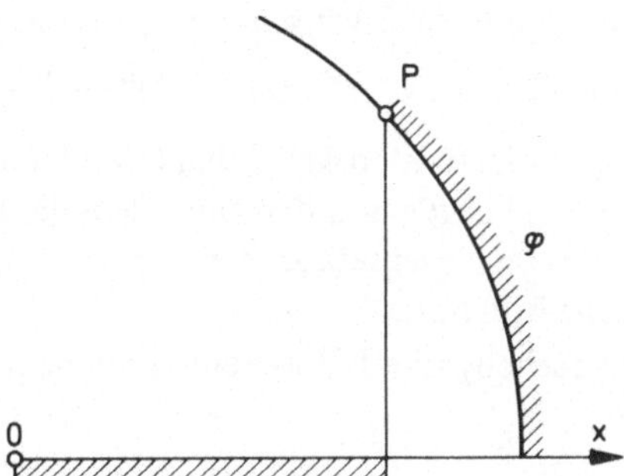

Bild 6.8. Transformation $x = \cos\varphi$

Dabei werden die x-Werte nahe 1 weiter auseinandergezogen als in der Nähe von Null. Wegen

$$\frac{dy^*}{d\varphi} = \frac{dy}{dx} \cdot \frac{dx}{d\varphi} = \frac{dy}{dx} \sqrt{1-x^2} \tag{7}$$

wird an den Intervallenden, sofern dy/dx beschränkt ist, dy*/dx zu Null.

Bezieht man die in Gl. (1) definierten Funktionen $T_k(\varphi)$ durch Gl. (5) auf x, so gilt:

$$T_k^*(x) = \cos(k \arccos x) \qquad \text{in} \qquad [-1,1] \ . \tag{8}$$

Da sich $\cos k\varphi$ durch Potenzen von $\cos\varphi$ ausdrücken läßt, sind die $T_k^*(x)$ Polynome k-ter Ordnung in x, die sogenannten *Tschebyscheff-Polynome.* Aus der Definition (1) folgt sofort:

$$\begin{aligned} T_0 &= 1 \ , \\ T_1(x) &= \cos\varphi = x = T_1^*(x) \end{aligned} \tag{9.1}$$

Mit Hilfe der trigonometrischen Additionstheoreme leitet man her

$$\cos(n+1)\varphi + \cos(n-1)\varphi = 2 \cos\varphi \cos n\varphi \ . \tag{10}$$

Daraus folgt sofort die *Rekursionsformel* der Polynome

$$T_{n+1}^*(x) = 2x\, T_n^*(x) - T_{n-1}^*(x) \ . \tag{11}$$

Aus Gl. (9.1) und Gl. (11) ergeben sich die weiteren Polynome zu

$$\begin{aligned} T_2^*(x) &= \cos 2\varphi = 2x^2 - 1 \ , \\ T_3^*(x) &= \cos 3\varphi = 4x^3 - 3x \ , \\ T_4^*(x) &= \cos 4\varphi = 8x^4 - 8x^2 + 1 \ , \\ T_5^*(x) &= \cos 5\varphi = 16x^5 - 20x^3 + 5x \ , \\ T_6^*(x) &= \cos 6\varphi = 32x^6 - 48x^4 + 18x^2 - 1 \ , \\ T_7^*(x) &= \cos 7\varphi = 64x^7 - 112x^5 + 56x^3 - 7x \ , \\ T_8^*(x) &= \cos 8\varphi = 128x^8 - 256x^6 + 160x^4 - 32x^2 + 1 \ . \end{aligned} \tag{9.2}$$

Eine Reihe von Eigenschaften leiten sich aus dem vorher gesagten sofort her:

$$T_n^*(1) = 1\,, \qquad T_n^*(-1) = (-1)^n\,, \quad T_n^*(-x) = (-1)^n T_n^*(x)\,. \tag{12}$$

Aus der Definitionsgleichung (1) folgt auch sofort, daß *alle* Nullstellen reell sind und in $[-1,1]$ liegen und daß außerdem die Extremwerte in $[-1,1]$ liegen, die darüber hinaus im Gegensatz zu den Legendreschen Polynomen *stets den Betrag* 1 haben (siehe Bild 6.9).

Die Tschebyscheff-Polynome sind auch Orthogonal-Polynome. Nach 6.5.3, Gl. (1) gilt

$$\int_{-\pi}^{\pi} \cos m\varphi \cos n\varphi \, d\varphi = \begin{cases} 0, & m \neq n \\ \pi, & m = n \neq 0 \end{cases}$$

und daher

$$\int_{0}^{\pi} T_m(\varphi)\, T_n(\varphi)\, d\varphi = \begin{cases} 0, & m \neq n \\ \pi/2, & m = n \neq 0\,. \end{cases} \tag{13}$$

Wegen der Transformation (5) und da

$$d\varphi = \frac{dx}{\sqrt{1-x^2}}$$

ist

$$\frac{2}{\pi} \int_{-1}^{1} T_m^*(x)\, T_n^*(x) \frac{dx}{\sqrt{1-x^2}} = \begin{cases} 0, & m \neq n \\ 2, & n = 0 \\ 1, & n = m\,. \end{cases} \tag{14}$$

Durch die Transformation (5) wird die Funktion $y(x)$ in eine periodische Funktion $y^*(\varphi)$ überführt, die von gerader Symmetrie ist (Bild 6.10).

Eine vorgegebene Funktion $y(x)$ kann man wieder durch eine Linearkombination von Tschebyscheff-Polynomen approximieren:

$$\bar{y}(x) = c_0 + c_1 T_1^*(x) + \ldots + c_n T_n^*(x)\;. \tag{15}$$

Wegen der Orthogonalitätsrelationen erhält man für die Koeffizienten

$$\begin{aligned} c_k &= \frac{2}{\pi} \int_{-1}^{+1} \frac{y(x) T_k^*(x)}{\sqrt{1-x^2}}\, dx, \qquad k = 1, 2, \ldots \\ c_0 &= \frac{1}{\pi} \int_{-1}^{+1} \frac{y(x)}{\sqrt{1-x^2}}\;. \end{aligned} \tag{16}$$

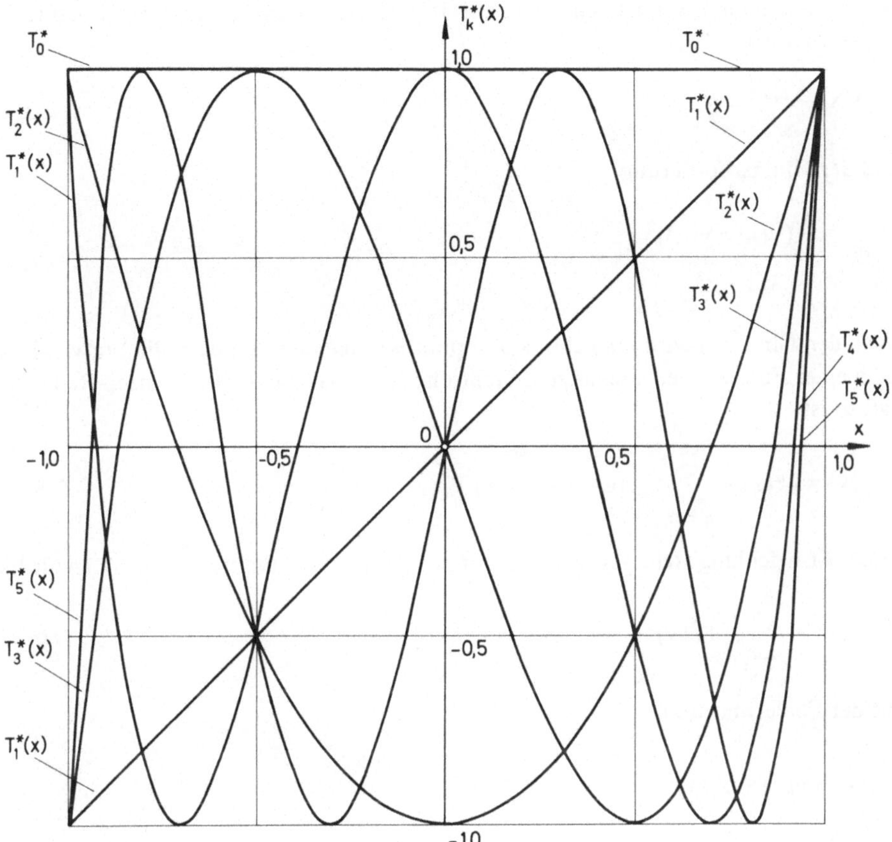

Bild 6.9. Tschebyscheff-Polynome

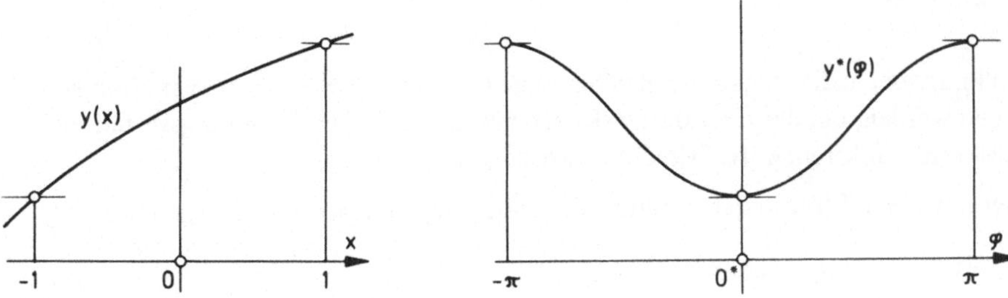

Bild 6.10. Transformation $x = \cos\varphi$

Diese Darstellung kann man aber nun auffassen als eine *Gauß-Approximation* mit der Gewichtsfunktion

$$w(x) = \frac{1}{\sqrt{1-x^2}}$$

und der Minimalforderung

$$\Phi = \int_{-1}^{1} \frac{(\bar{y}(x) - y(x))^2}{\sqrt{1-x^2}}\, dx \overset{!}{=} \text{Min} . \tag{17}$$

Nach den Gln. (16) wird man aber kaum praktisch rechnen, sondern die Entwicklung nach einer Fourier-Reihe benützen. Stellt man y(x) als eine solche Fourier-Reihe dar, so ist

$$y(x) = y^*(\varphi) = \sum_{k=0}^{\infty} c_k \cos k\varphi = \sum_{k=0}^{\infty} c_k T_k^*(x) . \tag{18}$$

Dieser Entwicklung steht gegenüber die approximierende Summe bis zur n-ten Ordnung

$$\bar{y}_n(x) = \sum_{k=0}^{n} c_k T_k^*(x) \tag{19}$$

mit der Fehlerfunktion

$$r(x) = y(x) - \bar{y}_n(x) = \sum_{k=n+1}^{\infty} c_k T_k^*(x)$$

$$= c_{n+1} \left[T_{n+1}^*(x) + \alpha_1 T_{n+2}^*(x) + \ldots \right] \tag{20}$$

mit

$$\alpha_i = \frac{c_{n+1+i}}{c_{n+1}} .$$

Es soll nun eine näherungsweise gleichmäßige (Tschebyscheff-) Approximation angegeben werden, bei der die Fourier-Koeffizienten nach dem Näherungsverfahren für diskrete Funktionswerte berechnet werden [11].

Es werden $N+1$ Stützstellen benutzt, die äquidistant hinsichtlich φ liegen, also ist

$$\varphi_k = k\frac{\pi}{N} \qquad \text{und daher} \qquad x_k = \cos\varphi_k . \tag{21}$$

Diese Entwicklung liefert

$$\bar{y}_{N-1}^*(x) = C_0 + C_1 T_1^*(x) + \ldots + C_{N-1} T_{N-1}^*(x) \tag{22}$$

unter Weglassen des letzten Gliedes $C_N T_N^*(x)$. Da nun

$$T_N^*(x_k) = \cos N\varphi_k = \cos k\pi = (-1)^k ,$$

so ist:

$$r(x_k) = y_N^*(x_k) - y_{N-1}^*(x_k) = (-1)^k C_N , \tag{23}$$

d.h. die r_k entsprechen den Bedingungen einer Referenz (Alternantensatz). Da sich nun aber unter dem Einfluß der Koeffizienten C_k $(k > N)$ die Extrema nur wenig verschieben, werden im allgemeinen auch die Extremwerte nur wenig von $\pm C_N$ abweichen. Die Beurteilung der Genauigkeit ist dadurch leicht durchführbar, da C_N sich einfach aus den Funktionswerten an den Stellen x_k berechnen läßt. Man kann dann daraus Schlüsse ziehen, ob N richtig gewählt war, oder ob man N verkleinern kann oder etwa vergrößern muß, um einen bestimmten Grad von Genauigkeit zu erreichen.

Mit dieser so errechneten Näherung wird man sich unter Umständen zufrieden geben, zum anderen ist sie eine gute Anfangsposition für ein iteratives Verbesserungsverfahren, wie etwa das Austauschverfahren von *Remez* [8].

Zum numerischen Rechenverfahren ist noch folgendes zu sagen:
Die Bestimmung der Fourierkoeffizienten kann man im allgemeinen nicht nach dem in 5.10 gegebenen Schema von Runge durchführen, da man nur die Koeffizienten der cos-Reihe braucht und dort auch den letzten Koeffizienten C_N benötigt, der gerade dann wegfällt.

Die numerischen Fourierkoeffizienten berechnen sich für die hier vorliegende gerade Symmetrie zu

$$C_0 = \frac{1}{N} \sum_{i=0}^{N} \lambda_i y_i ,$$

$$C_k = \frac{2}{N} \sum_{i=0}^{N} \lambda_i y_i \cos k\varphi_i ,$$

$$C_N = \frac{1}{N} \sum_{i=0}^{N} (-1)^i \lambda_i y_i ,$$

mit

$$\lambda_i = \begin{cases} 1/2, & i = 0 \text{ und } N \\ 1 \;, & i = 1, 2, \ldots, N-1 \;. \end{cases}$$

Im Fall der geraden bzw. ungeraden Symmetrie der gegebenen Funktion y(x) vereinfacht sich die Rechnung noch dadurch, daß man im wesentlichen nur halb so viele Glieder zu summieren hat. Es gilt daher:

Gerade Symmetrie:

$y(-x) = y(x), \qquad N = 2p$

$$C_0 = \frac{2}{N} \sum_{i=o}^{p} \lambda_i y_i$$

$$C_k = \frac{4}{N} \sum_{i=0}^{p} y_i \cos k\varphi_i$$

$k = 2, 4, \ldots, N-2$

$$C_N = \frac{2}{N} \sum_{i=0}^{p} (-1)^i \lambda_i y_i$$

Ungerade Symmetrie:

$y(-x) = -y(x), \qquad N = 2p + 1$

$$C_k = \frac{4}{N} \sum_{i=0}^{p} y_i \cos k\varphi_i$$

$k = 1, 3, \ldots, N-2$

$$C_N = \frac{2}{N} \sum_{i=0}^{p} (-1)^i y_i$$

Beispiel 55: Näherungsweise Polynomapproximation der Gaußschen Fehlerfunktion

Es soll ausgegangen werden von der Wahrscheinlichkeitsdichte (Gaußsche Fehlerkurve) (siehe S. 8 ff.)

$$\varphi(t) = \frac{1}{\sqrt{2\pi}} e^{-t^2/2} \qquad \text{in } [-2,2] \; .$$

Durch die Transformation

$t = 2x$

erhält man

$$y(x) = \frac{1}{\sqrt{2\pi}} e^{-2x^2} \qquad \text{in } [-1,1] \; .$$

$y(x)$ ist eine gerade Funktion, die durch ein Polynom 6. Grades näherungsweise im Tschebyscheffschen Sinne approximiert werden soll. Es ist also

$n = 6, \qquad N = 8, \qquad p = 4 \; .$

Wendet man die Vereinfachungen für den Fall gerader Funktionen an, so ist:

k	0	1	2	3	4
$\varphi_k = (k\,\pi/8)^\circ$	0°	$22{,}5^\circ$	45°	$67{,}5^\circ$	90°
$x_k = \cos\varphi_k$	1	0,923 880	0,707 107	0,382 683	0
$2\,x_k^2$	2	1,707 107	1	0,292 893	0
$e^{-2x_k^2}$	0,135 335	0,181 390	0,367 879	0,746 102	1

Zur Berechnung des maximalen Fehlerbetrages bestimmt man zunächst:

$$A_8 = \frac{1}{4\sqrt{2\pi}}\left[\frac{1}{2}y_0 - y_1 + y_2 - y_3 + \frac{1}{2}y_4\right] = \frac{1}{4\sqrt{2\pi}}\ 0{,}008\,055$$

$$= \underline{0{,}000\,803}\ .$$

In gleicher Weise ist:

$$A_0 = \frac{1}{4\sqrt{2\pi}}\left[\frac{1}{2}y_0 + y_1 + y_2 + y_3 + \frac{1}{2}y_4\right] = \frac{1}{4\sqrt{2\pi}}\ 1{,}863\,039$$

$$= \underline{0{,}185\,811}\ .$$

Zur Berechnung von A_2, A_4, A_6 dient folgendes Schema:

k	0	1	2	3	4
$\lambda_k^* e^{-2x_k^2}$	0,067 668	0,181 390	0,367 879	0,746 102	0,5
φ_k^o	0	22,5°	45°	67,5°	90°
$2\varphi_k^o$	0	45°	90°	135°	180°
$4\varphi_k^o$	0	90°	180°	270°	360°
$6\varphi_k^o$	0	135°	270°	405°	540°
$\cos 2\varphi_k$	1	0,707 107	0	-0,707 107	-1
$\cos 4\varphi_k$	1	0	-1	0	1
$\cos 6\varphi_k$	1	-0,707 107	0	0,707 107	-1

$$\lambda_k^* = \begin{cases} 0{,}5 & \text{für} \quad k = 0 \text{ und } 4 \\ 1 & \text{für} \quad k = 1, 2, 3\ . \end{cases}$$

Daraus folgt:

$$A_2 = \frac{1}{2\sqrt{\pi}}\ (-0{,}831\,644) = -0{,}165\,889\ ,$$

$$A_4 = \frac{1}{2\sqrt{\pi}}\quad 0{,}199\,789 \;=\; 0{,}039\,852\ ,$$

$$A_6 = \frac{1}{2\sqrt{\pi}}\ (-0{,}033\,020) = -0{,}006\,587\ ,$$

$$\bar{y}(x) = 0{,}185\,811 - 0{,}165\,888\,T_2(x) + 0{,}039\,852\,T_4(x) - 0{,}006\,397\,T_6(x)\ .$$

Setzt man die Tschebyscheff-Polynome ein und ordnet nach Potenzen von x, so ist

$$\bar{y}(x) = 0{,}398\,139 - 0{,}769\,154\,x^2 + 0{,}634\,977\,x^4 - 0{,}006\,587\,x^6$$

führt man wieder t ein, so gilt in $[-2{,}2]$

$$\bar{\varphi}(t) = 0{,}398\,139 - 0{,}192\,288\,t^2 + 0{,}039\,686\,t^4 - 0{,}003\,293\,t^6 \ .$$

Dabei ist zu beachten, daß wegen der Multiplikationen die letzten beiden Dezimalen unsicher sind. Für die Fehlerfunktion gilt

$$r_1(t) = \bar{\varphi}(t) - \frac{1}{\sqrt{2\pi}}\, e^{-t^2/2}$$

(siehe Bild 6.11).

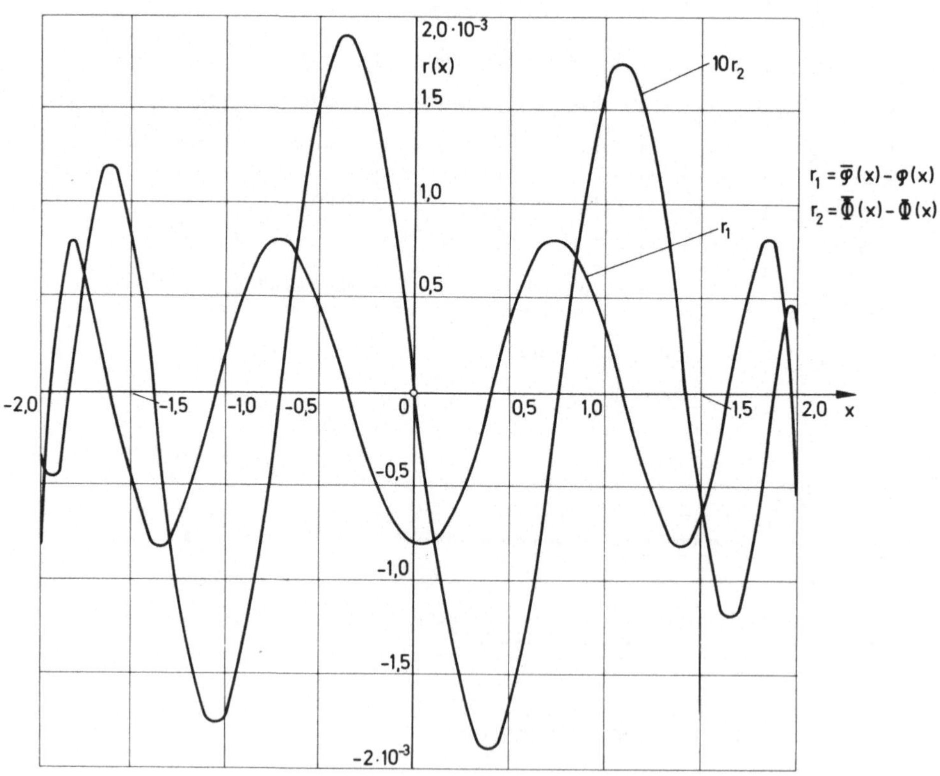

Bild 6.11

Aus der Darstellung für $\bar{\varphi}(t)$ kann man nun auch leicht eine solche für das Fehlerintegral

$$\Phi(t) = \frac{1}{\sqrt{2\pi}} \int_{-\infty}^{t} e^{-\frac{x^2}{2}} dx = 0{,}5 + \frac{1}{\sqrt{2\pi}} \int_{0}^{t} e^{-\frac{x^2}{2}} dx$$

herleiten. Man erhält die Näherungsdarstellung:

$$\bar{\Phi}(t) = 0{,}5 + 0{,}398\,139\,t - 0{,}064\,096\,t^3 + 0{,}007\,937\,t^5 - 0{,}000\,470\,4\,t^7$$

in $[-2,2]$.

Speziell ist dann

$\bar{\Phi}(1) = 0{,}841\,51$ genauer Wert $0{,}841\,34$,

$\bar{\Phi}(2) = 0{,}977\,28$ genauer Wert $0{,}977\,25$.

Die Fehlerkurve

$$r_2(t) = \bar{\Phi}(t) - \Phi(t)$$

siehe Bild 6.11. Das auf diese Weise gewonnene Approximationspolynom stellt natürlich keine exakte Tschebyscheff-Approximation dar. Aber durch die glättende Wirkung der Integration ist bereits

$$\text{Max}\,|r_2(t)| \approx \frac{1}{4}\,\text{Max}\,|r_1(t)|\,.$$

6.6. Aufgaben

Aufgabe 6.1. Für die Funktion $y(x) = e^x$ in $[-1,1]$ soll durch Approximation im quadratischen Mittel *(Gauß)* ein quadratisches Polynom berechnet und mit der quadratischen Taylorsumme verglichen werden [12].

Lösung:

$$\bar{y}(x) = 0{,}996\,29 + 1{,}103\,64\,x + 0{,}536\,72\,x^2\,.$$

Nach *Taylor*:

$$\bar{\bar{y}}(x) = 1 + x + 0{,}5\,x^2\,.$$

Maximale Fehler:

$$[\bar{y}(x) - y(x)]_{x=1} = 0{,}081\,6\,,$$

$$[\bar{\bar{y}}(x) - y(x)]_{x=1} = 0{,}218\,2\,.$$

Aufgabe 6.2. Wie Aufgabe 6.1. Es soll aber eine näherungsweise Tschebyscheff-Approximation durchgeführt werden [13].

Lösung:

$$\bar{y}(x) = 0{,}989 + 1{,}131\,x + 0{,}553\,x^2$$

$$|r(x)|_{max} \approx 0{,}044\,.$$

Aufgabe 6.3. Für die folgenden 7 Punkte soll eine Tschebyscheff-Ausgleichung 2. Ordnung durchgeführt werden.

x_i	0	0,8	1,5	1,75	2,0	3,0	4,0
y_i	4,5	3,1	2,1	1,95	2,05	3,7	6,3

Lösung:

$$|r| = 0{,}203\,5\,.$$

Koeffizienten: $a_0 = 4{,}703\,5$, $a_1 = -2{,}933\,9$, $a_2 = 0{,}843\,8$.

Ausgeglichene Funktionswerte

$\bar{y}(x_i)$	4,704	2,896	2,201	2,154	2,211	3,496	6,469
r_i	0,204	-0,204	0,101	0,204	0,196	-0,204	0,169

Aufgabe 6.4. Die Funktion $y = |x|$ soll durch Linearkombination Legendrescher Polynome bis zum 4. Grad in $[-1,1]$ approximiert werden.

Anleitung: Wegen $|x|$ sind die Integrationen in zwei Teilen durchzuführen für $-1 \leqslant x \leqslant 0$ und $0 \leqslant x \leqslant 1$, [3].

Lösung:

$$\bar{y}(x) = \frac{1}{2} + \frac{5}{16}(3x^2 - 1) - \frac{3}{128}(35x^4 - 30x^2 + 3)$$

$$= \frac{15}{128}(-7x^4 + 14x^2 + 1)\,.$$

Aufgabe 6.5. Aufgabe 5.5 soll durch exakte Integration gelöst werden. Die Funktion ist gegeben durch:

$$0 \leqslant x \leqslant \frac{4}{3}\pi \qquad y = \frac{3}{\pi}x$$

$$\frac{4}{3}\pi \leqslant x \leqslant \frac{5}{3}\pi \qquad y = -\frac{18}{\pi}x + 28$$

$$\frac{5}{3}\pi \leqslant x \leqslant 2\pi \qquad y = \frac{6}{\pi}x - 12$$

Man vergleiche diese Lösung mit der aus Aufgabe 5.5.

Anhang

1. Zusammenstellung der wichtigsten Sätze, Rechenregeln und Formeln aus der Matrizenrechnung

In gedrängter Form soll das Wichtigste, das aus der Matrizenrechnung in diesem Buche verwendet wird, zusammengestellt werden. Ausführliche Darlegungen und Beweise findet man in der Literatur (siehe Literaturverzeichnis etwa [57], S. 255).

1.1. Vektoren

Ein n-dimensionaler Vektor a mit den n Komponenten a_i soll stets als Spaltenvektor geschrieben werden:

$$a = \begin{pmatrix} a_1 \\ a_2 \\ \cdots \\ a_n \end{pmatrix} \quad . \tag{1.1}$$

Ein Zeilenvektor ist als transponierter Vektor (siehe 1.2) aufzufassen:

$$a' = (a_1, a_2, \ldots, a_n) \quad . \tag{1.2}$$

Als spezielle Vektoren werden eingeführt:

a) Der *Null*-Vektor

$$\mathbf{0} = \begin{pmatrix} 0 \\ 0 \\ \cdots \\ 0 \end{pmatrix} \qquad \text{Alle Komponenten sind Null.} \tag{1.3}$$

b) der *Eins*-Vektor

$$e = \begin{pmatrix} 1 \\ 1 \\ \cdots \\ 1 \end{pmatrix} \qquad \text{Alle Komponenten sind Eins.} \tag{1.4}$$

c) die n *Einheits*vektoren e_k, $k = 1, \ldots, n$

$$e_k = \begin{pmatrix} 0 \\ \cdots \\ 0 \\ 1 \\ 0 \\ \cdots \\ 0 \end{pmatrix} \qquad \begin{array}{l} \text{mit dem Element 1 in der k-ten Zeile,} \\ \text{alle anderen Elemente sind Null.} \end{array} \tag{1.5}$$

Als *skalares* oder *inneres Produkt* wird eingeführt:

$$\mathbf{a}'\mathbf{b} = a_1 b_1 + \ldots + a_n b_n = \mathbf{b}'\mathbf{a} \qquad \text{(kommutatives Gesetz.)} \qquad (1.6)$$

$\mathbf{a}'\mathbf{b}$ ist eine Zahl.

$$\mathbf{a}'\mathbf{b} = 0 \qquad (1.7)$$

bedeutet Orthogonalität der Vektoren **a** und **b** (d.h. sie stehen senkrecht aufeinander)

Spezialfälle:

$$e'a = a'e = \sum_{i=1}^{n} a_i \qquad \text{Komponentensumme des Vektors a ,} \qquad (1.8)$$

$$l^2 = a'a = a_1^2 + a_2^2 + \ldots + a_n^2 \qquad \text{Quadrat der Länge des Vektors ,} \qquad (1.9)$$

$$e'e = n \ . \qquad (1.10)$$

1.2. Matrizen

Eine Rechteckmatrix von m Zeilen und n Spalten, (m,n)-Matrix, mit den Elementen a_{ik} wird geschrieben:

$$\mathbf{A} = \begin{pmatrix} a_{11} & a_{12} & a_{13} & \cdots & a_{1n} \\ a_{21} & a_{22} & a_{23} & \cdots & a_{2n} \\ \cdots & \cdots & \cdots & \cdots & \cdots \\ a_{m1} & a_{m2} & a_{m3} & \cdots & a_{mn} \end{pmatrix} = (a_{ik}) = (\mathbf{a}_1, \mathbf{a}_2, \ldots, \mathbf{a}_n) \qquad (2.1)$$

$\mathbf{a}_k$ ist der k-te Spaltenvektor von **A** (der Dimension m). Schreibweise durch die Zeilenvektoren $\mathbf{a}^{(i)}$ (der Dimension n):

$$\mathbf{A} = \begin{pmatrix} \mathbf{a}^{(1)} \\ \ldots \\ \mathbf{a}^{(m)} \end{pmatrix} . \qquad (2.2)$$

m = n, quadratische Matrix:

Elemente der Hauptdiagonalen: $a_{11}, a_{22}, \ldots, a_{ii}, \ldots, a_{nn}$;

Elemente der Nebendiagonalen: $a_{n,1}, a_{n-1,2}, \ldots, a_{1,n}$.

Determinante einer Matrix (m = n) (über Determinanten siehe [57] und [65])

$$\det \mathbf{A} = \begin{vmatrix} a_{11} & a_{12} & \cdots & a_{1n} \\ \cdots & \cdots & \cdots & \cdots \\ a_{n1} & a_{n2} & \cdots & a_{nn} \end{vmatrix} = \det \mathbf{A}' . \qquad (2.3)$$

Ist

$$\det \mathbf{A} = 0 \,, \tag{2.4}$$

heißt die Matrix *singulär.*

Addition und Subtraktion von Matrizen

Entsprechendes gilt auch für Vektoren, da man diese als einspaltige Matrizen ansehen kann. Es gilt

$$\mathbf{A} \pm \mathbf{B} = (a_{ik}) \pm (b_{ik}) = (a_{ik} \pm b_{ik}) = \begin{pmatrix} a_{11} \pm b_{11} & a_{12} + b_{12} & \cdots \\ \cdots & \cdots & \cdots \end{pmatrix} \tag{2.5}$$

Voraussetzung: Beide Matrizen sind (m,n) Matrizen!

Multiplikation mit einem Skalar

$$\mu\mathbf{A} = (\mu a_{ik}) = \begin{pmatrix} \mu a_{11} & \mu a_{12} & \cdots \\ \cdots & \cdots & \cdots \end{pmatrix} . \tag{2.6}$$

Man beachte, daß *jedes* Element mit μ multipliziert wird (im Gegensatz zu den Determinanten). Daraus folgt:

$$-\mathbf{A} = (-a_{ik}) \,. \tag{2.7}$$

Spezielle quadratische Matrizen

a) Nullmatrix:

$$\mathbf{0} = \begin{pmatrix} 0 & 0 & \cdots & 0 \\ \cdots & \cdots & \cdots & \cdots \\ 0 & 0 & \cdots & 0 \end{pmatrix} \qquad \text{Alle Elemente sind Null.} \tag{2.8}$$

b) Einheitsmatrix:

$$\mathbf{E} = \begin{pmatrix} 1 & 0 & 0 & \cdots & 0 \\ 0 & 1 & 0 & \cdots & 0 \\ \cdots & \cdots & \cdots & \cdots & \cdots \\ 0 & 0 & 0 & \cdots & 1 \end{pmatrix} \qquad \text{Alle Elemente außerhalb der Hauptdiagonalen sind Null, alle } a_{ii} = 1 \,. \tag{2.9}$$

c) Diagonalmatrix:

$$\mathbf{D} = \begin{pmatrix} d_1 & 0 & \cdots & 0 \\ 0 & d_2 & \cdots & 0 \\ \cdots & \cdots & \cdots & \cdots \\ 0 & 0 & \cdots & d_n \end{pmatrix} \qquad \text{Alle Elemente außerhalb der Hauptdiagonalen sind Null.} \tag{2.10}$$

d) Dreiecksmatrizen:

$$B = \begin{pmatrix} b_{11} & & & 0 \\ b_{21} & b_{22} & & \\ \cdots & \cdots & \cdots & \\ b_{n1} & b_{n2} & \ldots & b_{nn} \end{pmatrix}$$

Untere Dreiecksmatrix: Alle Elemente *oberhalb* der Hauptdiagonalen sind Null. (2.11)

$$C = \begin{pmatrix} c_{11} & c_{12} & \ldots & c_{1n} \\ & c_{22} & \ldots & c_{2n} \\ & & \cdots & \cdots \\ 0 & & & c_{nn} \end{pmatrix}$$

Obere Dreiecksmatrix: Alle Elemente *unterhalb* der Hauptdiagonalen sind Null. (2.12)

e) Die *transponierte Matrix* **A**′ entsteht durch Spiegelung an der Hauptdiagonalen:

$$\mathbf{A} = (a_{ik}),\ \mathbf{A}' = (a_{ki}) = \begin{pmatrix} a_{11} & a_{21} & \cdots & a_{m1} \\ a_{12} & a_{22} & \cdots & a_{m2} \\ \cdots & \cdots & \cdots & \cdots \\ a_{1n} & a_{2n} & \cdots & a_{mn} \end{pmatrix} \qquad (2.13)$$

f) Symmetrische Matrix: Voraussetzung: m = n

$$\mathbf{A}' = \mathbf{A}\,, \quad \text{d.h.} \quad a_{ki} = a_{ik}\ . \qquad (2.14)$$

g) Antisymmetrische (schiefsymmetrische) Matrix: Voraussetzung: m = n

$$\mathbf{A}' = -\mathbf{A}\,, \quad \text{d.h.} \quad a_{ki} = -a_{ik} \quad \text{und daher} \quad a_{ii} = 0\ . \qquad (2.15)$$

1.3. Matrizenmultiplikation

a) *Matrix mal Vektor:*

$$\mathbf{A\,b} = \mathbf{c}\,, \quad \text{wobei} \quad \begin{cases} \mathbf{A} & \text{(m,n)-Matrix} \\ \mathbf{b} & \text{n-dimensionaler Vektor} \\ \mathbf{c} & \text{m-dimensionaler Vektor} \end{cases} \qquad (3.1)$$

Voraussetzung: Spaltenzahl der Matrix gleich der Dimension des Vektors **b**.

k-te Komponente des Produktvektors:

$$c_k = a_{k1}b_1 + a_{k2}b_2 + \ldots + a_{kn}b_n = \mathbf{a}^{(k)}\mathbf{b} \qquad (3.2)$$

= skalares Produkt des k-ten Zeilenvektors von **A** mit **b** .

b) *Matrix mal Matrix*

$$\mathbf{A\,B} = \mathbf{C}\,, \quad \text{wobei} \quad \begin{cases} \mathbf{A} & \text{(m,n)-Matrix} \\ \mathbf{B} & \text{(n,p)-Matrix} \\ \mathbf{C} & \text{(m,p)-Matrix} \end{cases} \qquad (3.3)$$

Voraussetzung: Spaltenzahl von **A** gleich Zeilenzahl von **B** .

Element c_{ik} der Produktmatrix:

$$c_{ik} = \mathbf{a}^{(i)}\mathbf{b}_k = a_{i1}b_{1k} + a_{i2}b_{2k} + \ldots + a_{in}b_{nk} = \sum_{s=1}^{n} a_{is}b_{sk} \tag{3.4}$$

= skalares Produkt des i-ten Zeilenvektors von **A** mit dem k-ten Spaltenvektor von **B**

$$\mathbf{AB} = \begin{pmatrix} \mathbf{a}^{(1)}\mathbf{b}_1 & \mathbf{a}^{(1)}\mathbf{b}_2 & \ldots & \mathbf{a}^{(1)}\mathbf{b}_p \\ \cdots & \cdots & \cdots & \cdots \\ \mathbf{a}^{(m)}\mathbf{b}_1 & \mathbf{a}^{(m)}\mathbf{b}_2 & \ldots & \mathbf{a}^{(m)}\mathbf{b}_p \end{pmatrix} .$$

Rechenregeln (Die Zahl der Zeilen bzw. Spalten der Matrizen sei so, daß die Ausführung der Multiplikationen und Additionen möglich ist):

1. $\mathbf{A\,B} \neq \mathbf{B\,A}$ Das kommutative Gesetz gilt im allgemeinen nicht. (3.6)
   Bei der Multiplikation ist also stets die Reihenfolge der Faktoren zu beachten (Multiplikation von rechts oder von links).
2. $\mathbf{A\,B\,C} = \mathbf{A}(\mathbf{B\,C}) = (\mathbf{A\,B})\mathbf{C}$, (3.7)
   $\mathbf{A}(\mathbf{B} + \mathbf{C}) = \mathbf{A\,B} + \mathbf{A\,C}$, $(\mathbf{A} + \mathbf{B})\mathbf{C} = \mathbf{A\,C} + \mathbf{B\,C}$. (3.8)
   Das assoziative und das distributive Gesetz gelten.
3. $(\mathbf{A\,B})' = \mathbf{B}'\mathbf{A}'$ bzw. $(\mathbf{A\,B\,C}\ldots)' = \ldots\mathbf{C}'\mathbf{B}'\mathbf{A}'$. (3.9)
   Die Transponierte eines Produktes ist gleich dem Produkt der Transponierten der einzelnen Faktoren in umgekehrter Reihenfolge.
4. $(\mathbf{A}')' = \mathbf{A}$. (3.10)
5. Wenn $\mathbf{C} = \mathbf{A\,B}$, so ist $\det \mathbf{C} = \det A \cdot \det B$. (**A** und **B** quadratische Matrizen).
6. Gaußsche Transformation: **A** sei eine (m,n)-Matrix, dann ist
   $$\mathbf{N} = \mathbf{A}'\mathbf{A} \tag{3.11}$$
   eine symmetrische (n,n)-Matrix.
7. Numerische Berechnung des Matrizenproduktes, Rechenkontrollen
   Es gelten die Beziehungen:
   $\mathbf{e}'\mathbf{A}$ = Zeilenvektor der Spaltensummen von **A**,
   $\mathbf{A\,e}$ = Spaltenvektor der Zeilensummen von **A**. (3.12)
   Summenkontrollen bei der Matrizenmultiplikation:
   $(\mathbf{e}'\mathbf{A})\mathbf{B} = \mathbf{e}'\mathbf{C}$ Spaltensummenvektor von **A** · Matrix **B**
   = Spaltensummenvektor von **C**, (3.13)
   $\mathbf{A}(\mathbf{B\,e}) = \mathbf{C\,e}$ Matrix **A** · Zeilensummenvektor von **B**
   = Zeilensummenvektor von **C**. (3.14)

Rechenschema:

$$
\begin{array}{cc|ccc|c|l}
 & & b_{11}\ \cdots & b_{1k}\ \cdots & b_{1p} & s'_{b1} & \\
 & & b_{21}\ \cdots & b_{2k}\ \cdots & b_{2p} & s'_{b2} & \\
 & \mathbf{B} & \cdots\cdots & \cdots\cdots & \cdots\cdots & \cdots & \\
\hline
 & a_{11}\ a_{12}\ \cdots\ a_{1n} & c_{11} & \cdots\cdots & c_{1p} & s'_{c1} & \uparrow \\
 & \cdots\cdots & \cdots & \cdots & \cdots & \cdots & \text{Zeilensummenkontrolle} \\
 & a_{i1}\ a_{i2}\ \cdots\ a_{in} & \cdots & c_{ik} & \cdots & s'_{ci} & \\
\mathbf{A} & \cdots\cdots & \cdots & \cdots & \cdots & \cdots & \textit{oder} \\
 & a_{m1}\ a_{m2}\ \cdots\ a_{mn} & c_{m1} & \cdots\cdots & c_{mp} & s'_{cm} & \\
\hline
 & s_{a1}\ s_{a2}\ \cdots\ s_{an} & s_{c1}\ \cdots & s_{ck}\ \cdots & s_{cp} & & \text{Spaltensummenkontrolle}
\end{array}
\qquad (3.15)
$$

Das Element c_{ik} erhält man als skalares Produkt des in gleicher Zeile stehenden Vektors von **A** mit dem in gleicher Spalte stehenden Vektor von **B**.

1.4. Inverse oder Kehrmatrix (reziproke Matrix)

Voraussetzung: $\det A \neq 0$. (4.1)

Definition: $\mathbf{A}^{-1}\mathbf{A} = \mathbf{A}\,\mathbf{A}^{-1} = \mathbf{E}$. (4.2)

Rechenregeln:

1. Ist **A** symmetrisch, so ist auch $\mathbf{A}^{-1}$ symmetrisch. (4.3)
2. $(\mathbf{A}\,\mathbf{B})^{-1} = \mathbf{B}^{-1}\mathbf{A}^{-1}$ (4.4)
   Gilt nur, wenn $\mathbf{A}^{-1}$ und $\mathbf{B}^{-1}$ existieren.
3. Numerische Berechnung:
   Ist $\mathbf{A}^{-1} = \mathbf{X} = (\mathbf{x}_1, \mathbf{x}_2, \ldots, \mathbf{x}_n)$ (4.5)
   die gesuchte Matrix, so folgt aus
   $\mathbf{A}\,\mathbf{X} = \mathbf{E}$ (4.6)
   die Aufspaltung in n lineare Gleichungssysteme
   $\mathbf{A}\,\mathbf{x}_k = \mathbf{e}_k\,, \qquad k = 1, \ldots, n$ (4.7)
   mit der gleichen Systemmatrix **A**.
4. Allgemeine Lösung eines linearen Gleichungssystems $\mathbf{A}\,\mathbf{x} = \mathbf{b}$ durch
   $\mathbf{x} = \mathbf{A}^{-1}\mathbf{b}$. (4.8)

1.5. Differentiation einer Matrix nach einem Parameter

$$\frac{d}{dt}\mathbf{A} = \left(\frac{d}{dt}\,a_{ik}\right) \quad \text{bzw.} \quad \frac{\partial}{\partial t_j}\mathbf{A} = \left(\frac{\partial}{\partial t_j}\,a_{ik}\right) \quad . \qquad (5.1)$$

Eine Matrix wird nach einem Parameter differenziert, indem man jedes Element nach diesem Parameter differenziert.

Spezialfälle:

$$\mathbf{a} = \begin{pmatrix} a_1 \\ \dots \\ a_n \end{pmatrix} , \quad \frac{\partial \mathbf{a}}{\partial a_k} = \begin{pmatrix} 0 \\ \dots \\ 1 \\ \dots \\ 0 \end{pmatrix} = \mathbf{e}_k \tag{5.2}$$

$$\frac{\partial}{\partial x_i}(\mathbf{a}'\mathbf{a}) = 2\mathbf{a}' \frac{\partial \mathbf{a}}{\partial x_i} = 2 \frac{\partial \mathbf{a}'}{\partial x_i} \mathbf{a}$$

$$= 2\left(a_1 \frac{\partial a_1}{\partial x_i} + \dots + a_n \frac{\partial a_n}{\partial x_i}\right) . \tag{5.3}$$

1.6. Die Funktionalmatrix

Der k-dimensionale Vektor

$$\mathbf{b} = \begin{pmatrix} b_1 \\ \dots \\ b_k \end{pmatrix} = \mathbf{b}(\mathbf{x}) \tag{6.1}$$

mit den von $x_1, \dots, x_n$ abhängigen Koordinaten

$$b_i = b_i(x_1, \dots, x_n) = b_i(\mathbf{x})$$

wird nach den n Koordinaten $x_1, \dots, x_n$ des Vektors $\mathbf{x}$ differenziert.

Man erhält dann kn Differentialquotienten, die eine (k,n)-Matrix, die Funktionalmatrix, bilden:

$$\mathbf{B} = \frac{\partial \mathbf{b}}{\partial \mathbf{x}} = \left(\frac{\partial \mathbf{b}}{\partial x_1}, \frac{\partial \mathbf{b}}{\partial x_2}, \dots, \frac{\partial \mathbf{b}}{\partial x_n}\right)$$

$$= \begin{pmatrix} \frac{\partial b_1}{\partial x_1}, & \frac{\partial b_1}{\partial x_2}, & \dots, & \frac{\partial b_1}{\partial x_n} \\ \frac{\partial b_2}{\partial x_1}, & \frac{\partial b_2}{\partial x_2}, & \dots, & \frac{\partial b_2}{\partial x_n} \\ \dots & \dots & \dots & \dots \\ \frac{\partial b_k}{\partial x_1}, & \frac{\partial b_k}{\partial x_2}, & \dots, & \frac{\partial b_k}{\partial x_n} \end{pmatrix} = (b_{ij}) , \tag{6.2}$$

wobei

$$b_{ij} = \frac{\partial b_i}{\partial x_j} . \tag{6.3}$$

2. Numerische Lösung linearer Gleichungssysteme (speziell der Normalgleichungen)

Die in den Abschnitten 4, 5 und 6 auftretenden linearen Gleichungssysteme, die sogenannten Normalgleichungen, zeichnen sich durch symmetrische Koeffizientenmatrix aus, also

$$\mathbf{A}\,\mathbf{x} = \mathbf{b} \qquad \text{mit} \qquad \mathbf{A}' = \mathbf{A}\,, \quad (n,n)\text{-Matrix}\;.$$

Für die Lösung allgemeiner linearer Gleichungssystems sind die Eliminationsverfahren praktisch und am vorteilhaftesten zu verwenden. Sie werden in verschiedener Form als *Gaußscher Algorithmus* durchgeführt (siehe z.B. [56], Seite 255).

Hier soll der die Hilfsmittel der Matrizenrechnung benutzende *verkettete Gaußsche Algorithmus* angegeben werden, wobei nur der Fall von n Gleichungen mit n Unbekannten betrachtet werden soll. Die Spezialisierungen, die bei symmetrischer Koeffizientenmatrix auftreten, sind leicht herleitbar. Ein weiteres Verfahren für symmetrische Matrizen ist das *Verfahren von Cholesky,* das hier mit einer ALGOL-Prozedur dargestellt werden soll.

2.1. Verketteter Gaußscher Algorithmus

Der Grundgedanke zur Lösung des linearen Gleichungssystems

$$\mathbf{A}\,\mathbf{x} = \mathbf{b} \tag{1}$$

ist, daß sich die Koeffizientenmatrix **A** in das Produkt zweier Dreiecksmatrizen **B C** zerlegen läßt, was rekursiv möglich ist.

Man setzt **B** als untere und **C** als obere Dreiecksmatrix an (bei letzterer können die Hauptdiagonalelemente beliebig gewählt, also auch mit Einsen besetzt werden).

$$\mathbf{B} = \begin{pmatrix} b_{11} & 0 & 0 & \dots & 0 \\ b_{21} & b_{22} & 0 & \dots & 0 \\ \dots & \dots & \dots & \dots & \dots \\ b_{n1} & b_{n2} & b_{n3} & \dots & b_{nn} \end{pmatrix} \qquad \mathbf{C} = \begin{pmatrix} 1 & c_{12} & c_{13} & \dots & c_{1n} \\ 0 & 1 & c_{23} & \dots & c_{2n} \\ \dots & \dots & \dots & \dots & \dots \\ 0 & 0 & 0 & \dots & 1 \end{pmatrix}\,. \tag{2}$$

Es gilt

$$\mathbf{A} = \mathbf{B}\,\mathbf{C} \tag{3}$$

und folglich

$$\begin{aligned} i \geqslant k &: \quad a_{ik} = b_{i1}c_{1k} + b_{i2}c_{2k} + \dots + b_{ik}\cdot 1\,, \\ i < k &: \quad a_{ik} = b_{i1}c_{1k} + b_{i2}c_{2k} + \dots + b_{ii}c_{ik}\,. \end{aligned} \tag{4}$$

Daraus folgt:

$b_{i1} = a_{i1}$ 1. Spalte von **B**

$c_{1k} = a_{1k}/b_{11}$ 1. Zeile von **C**

und allgemein:

$$\begin{aligned} i \leqslant k &: \quad b_{ik} = a_{ik} - (b_{i1}\, c_{1k} + \ldots + b_{i,i-1}\, c_{i-1,k}) \\ i > k &: \quad c_{ik} = \left[a_{ik} - (b_{i1}\, c_{1k} + \ldots + b_{i,k-1}\, c_{k-1,k}) \right] / b_{kk} \quad . \end{aligned} \tag{5}$$

Setzt man für die rechte Seite des Gleichungssystems an

$$\mathbf{b} = \mathbf{B}\,\mathbf{c} \;, \tag{6}$$

so lassen sich die Komponenten von $\mathbf{c}$ in gleicher Weise wie die c_{ik} (zweite Gl. (5)) berechnen.

Aus Gl. (1) folgt dann

$$\mathbf{B}\,\mathbf{C}\,\mathbf{x} = \mathbf{B}\,\mathbf{c} \;.$$

Multipliziert man mit der Inversen $\mathbf{B}^{-1}$ von links (1.4), so erhält man sofort

$$\mathbf{C}\,\mathbf{x} = \mathbf{c} \;, \tag{7}$$

ein gestaffeltes Gleichungssystem, das sich rekursiv lösen läßt.

Zur Rechenkontrolle führt man noch die Spaltensumme ein. Denkt man sich **A** und **b** zu einer Matrix **(A,b)** zusammengefaßt und ebenso **C** und **c** zu **(C,c)** so ergibt sich durch skalare Multiplikation mit dem Eins-Vektor von links

$$\mathbf{e}'(\mathbf{A},\mathbf{b}) = \mathbf{e}'\mathbf{B}(\mathbf{C},\mathbf{c}) \;.$$

Man erhält also links den Spaltensummenvektor der gegebenen Koeffizienten (einschließlich rechten Seiten) und rechts den Spaltensummenvektor **B** mit **(C,c)** multipliziert, d.h. die Spaltensummen s_i von **A** werden als zusätzliche Zeile mitgeführt und nach Gl. (5) genauso weiter im Schema mitgerechnet. Man erhält dann bei der Aufspaltung ohne weiteres die Spaltensummen σ_i von **B** als Kontrollwerte. In der Spalte der rechten Seiten muß die Kontrollsumme Null ergeben.

Rechenschema:

	a_{11}	a_{12}	a_{13}	…	a_{1n}	b_1		
A	a_{21}	a_{22}	a_{23}	…	a_{2n}	b_1	**b**	
	………	………	………	………	………	………		
	a_{n1}	a_{n2}	a_{n3}	…	a_{nn}	b_n		
Spaltensumme	s_1	s_2	s_3	…	s_n	s_b		
	b_{11}	c_{12}	c_{13}	…	c_{1n}	c_1	x_1	
	b_{21}	b_{22}	c_{23}	…	c_{2n}	c_2	x_2	
	b_{31}	b_{32}	b_{33}	…	c_{3n}	c_3	x_3	
B | **C**	………	………	………	………	………	………	………	
	b_{n1}	b_{n2}	b_{n3}	…	b_{nn}	c_n	x_n	
Spaltensumme von **B**	σ_1	σ_2	σ_3		σ_n	0		Kontrolle

Dabei sind im Schema **B** und **C** zusammengeschoben und die Hauptdiagonale von **C** (lauter Einsen!) weggelassen. Trennlinie ist die eingezeichnete Treppenlinie.

Außerdem folgt aus der Zerlegung von **A** in die Dreiecksmatrizen **B** und **C**

$$\det \mathbf{A} = \det \mathbf{B} \cdot \det \mathbf{C} \,,$$

und wegen

$$\det \mathrm{C} = 1$$

muß gelten

$$\det \mathbf{A} = b_{11} \cdot b_{22} \cdot \ldots \cdot b_{nn} \,. \tag{8}$$

Das Rechenschema ist demnach auch geeignet, numerisch die Determinante einer Matrix zu berechnen.

Die Berechnung der Unbekannten aus dem gestaffelten Gleichungssystem

$$\mathbf{C}\,\mathbf{x} = \mathbf{c}$$

erfolgt dann so:

$$\begin{aligned} x_n &= c_n \\ x_{n-1} &= c_{n-1} - c_{n-1,n} x_n \\ &\cdots\cdots\cdots\cdots\cdots \\ x_2 &= c_2 - c_{2n} x_n - \ldots - c_{23} x_3 \\ x_1 &= c_1 - c_{1n} x_n - \ldots - c_{13} x_2 \end{aligned} \tag{9}$$

Die Aufspaltung in Dreiecksmatrizen nach Gl. (5) kann man so auffassen: Von dem jeweiligen Matrizenelement a_{ik} wird ein skalares Produkt eines Zeilenvektors von **B** mit einem Spaltenvektor von **C** abgezogen, wie folgendes Schema verdeutlicht:

```
 +   ○   ○  [○]  ○  (○)
 +   +   ○  [○]  ○  (○)
[+   +] : [+] [▨]  ○  (○)
 +   +   +   +   ○  (○)
 +   +   +   +   +  (○)
(+   +   +   +   +)  ⊕
```

+ Elemente b_{ik}
○ Elemente c_{ik}
▭ Berechnung von c_{ik}
⬭ Berechnung von b_{ik}

Für symmetrische Gleichungssysteme mit Koeffizienten

$$a_{ik} = a_{ki}$$

läßt sich die Rechnung vereinfachen, da in diesem Falle

$$c_{ki} = \frac{b_{ik}}{b_{kk}} \,. \tag{10}$$

Beweis: Das zu b_{ik} im Schema symmetrisch liegende Element c_{ki} berechnet man zu

$$c_{ki} = \left[a_{ki} - (b_{k1}c_{1k} + .. + b_{k,k-1}c_{k-1,i})\right] / b_{kk}$$

$$b_{ik} = \left[a_{ik} - (b_{i1}c_{1k} + ... + b_{i,k-1}c_{k-1,k})\right]$$

und nach Gl. (10)

$$= \left[a_{ik} - \left(\frac{b_{i1}b_{k1}}{b_{11}} + ... + \frac{b_{i,k-1}b_{k,k-1}}{b_{k-1,k-1}}\right)\right]$$

$$c_{ki} = \left[a_{ki} - \left(\frac{b_{k1}b_{i1}}{b_{11}} + ... + \frac{b_{k,k-1}b_{i,k-1}}{b_{k-1,k-1}}\right)\right] / b_{kk} = \frac{b_{ik}}{b_{kk}} .$$

Man erhält somit bei symmetrischer Koeffizientenmatrix das Element c_{ki}, indem man das dazu symmetrische Element b_{ik} durch das in derselben Spalte liegende Element b_{kk} dividiert.

Oftmals ist es notwendig, das Gleichungssystem vor oder während der Rechnung umzuordnen. Dies kann durch Vertauschung der Zeilen erfolgen. Will man bei einem symmetrischen Gleichungssystem die Symmetrie erhalten, so muß man entsprechende Zeilen und Spalten vertauschen. Diese Umordnung ist notwendig, da kein Diagonalelement b_{ii} verschwinden, bzw. für die numerische Rechnung sehr klein werden darf, wenn die Matrix **A** nicht singulär ist. Man kann durch Zeilentausch erreichen, daß stets das jeweils betragsgrößte Element in der Diagonale von **A** steht (sogenannte „Pivot"-Suche). Die Einzelheiten sind auch hier dem Schrifttum (siehe z.B. [56]) zu entnehmen. Der Austausch ist wichtig zur Erhöhung der Rechengenauigkeit besonders bei sehr umfangreichen Gleichungssystemen.

Beispiel 56: Symmetrisches lineares Gleichungssystem, n = 4

$$\begin{aligned} 10{,}0\,x_1 + 8{,}0\,x_2 + 6{,}0\,x_3 + 4{,}0\,x_4 &= -1{,}0 \\ 8{,}0\,x_1 + 10{,}4\,x_2 + 6{,}8\,x_3 + 4{,}2\,x_4 &= -3{,}8 \\ 6{,}0\,x_1 + 6{,}8\,x_2 + 5{,}1\,x_3 + 4{,}9\,x_4 &= -0{,}6 \\ 4{,}0\,x_1 + 4{,}2\,x_2 + 4{,}9\,x_3 + 9{,}9\,x_4 &= 4{,}9 \end{aligned}$$

Rechenschema:

A	10,0	8,0	6,0	4,0	-1,0	**b**	
	8,0	10,4	6,8	4,2	-3,8		
	6,0	6,8	5,1	4,9	-0,9		
	4,0	4,2	4,9	9,9	4,9		
Σ	28,0	29,4	22,8	23,0	-0,5	Probe:	$\sum_i s_i x_i = -0{,}5$
B | **C**	10,0	0,8	0,6	0,4	-0,1		$x_1 = 0{,}5$
	8,0	4,0	0,5	0,25	-0,75	**c**	$x_2 = -0{,}5$
	6,0	2,0	0,5	4,0	3,0		$x_3 = -1{,}0$
	4,0	1,0	2,0	0,05	1,0		$x_4 = 1{,}0$
Σ	28,0	7,0	2,5	0,05	0,00	und	det **A** = 10,0 · 4,0 · 0,5 · 0,05 = 1

Zur Kontrolle der Lösung des gestaffelten Gleichungssystems wird man die Werte x_i in die einzelnen Gleichungen, bzw. vorher in die Summenzeile einsetzen:

$$s_1 x_1 + s_2 x_2 + \ldots + s_n x_n = s \ . \tag{11}$$

Aus dem Rechenschema sieht man sofort, daß bei geänderten rechten Seiten des Systems *nur die letzte Spalte* neu berechnet werden muß, die eigentliche Zerlegung in die Dreiecksmatrizen bleibt aber erhalten. Dies ist wichtig für die in 2.3 zu besprechende numerische Inversion von Matrizen.

2.2. Das Verfahren von Cholesky für symmetrische Matrizen

Eine besondere Form des verketteten Gaußschen Algorithmus kann man für den Fall einer symmetrischen Matrix $\mathbf{A}' = \mathbf{A}$ erhalten durch Aufspaltung in zwei Dreiecksmatrizen, die zueinander transponiert sind, also

$$\mathbf{A} = \mathbf{C}'\mathbf{C} \ . \tag{12}$$

Dieses Verfahren wurde von *Cholesky* angegeben. Für die rechte Seite gilt entsprechend Gl. (5)

$$\mathbf{b} = \mathbf{C}'\mathbf{c} . \tag{13}$$

Man erhält dann wie bei Gl. (6) ein gestaffeltes Gleichungssystem

$$\mathbf{C}\,\mathbf{x} = \mathbf{c} \ . \tag{14}$$

Bei der Berechnung der Diagonalelemente c_{ii} ist wegen Gl. (12) je eine Quadratwurzel zu ziehen, weshalb man diese Methode auch *Quadratwurzelverfahren* nennt. Dies wirkt sich im allgemeinen günstig auf die Rechengenauigkeit aus (Heranziehen der gültigen Ziffern an das Dezimalkomma bei kleinen Zahlen).

Da man am besten zeilenweise rechnet, wird die Zeilensumme (einschließlich der rechten Seiten) als Kontrollsumme mitgeführt. Von der Koeffizientenmatrix $\mathbf{A}$ werden die Elemente unterhalb der Hauptdiagonale nicht in der Rechnung benötigt, sie sind daher im Rechenschema in Klammer gesetzt. Schreibt man sie im Schema nicht mit an, so muß aber trotzdem bei den Zeilensummen über die vollständigen Zeilen summiert werden. Die rechten Seiten b_i bilden als $a_{i,n+1}$ die $(n+1)$-te Spalte der erweiterten Matrix. Weitere rechte Seiten können als $(n+2)$-te usw. Spalten angefügt werden; bei der Matrixinversion werden die n Spalten der Einheitsmatrix als $(n+1)$-te bis $2n$-te Matrixspalte verwendet.

Rechenschema:

	A					b	Zeilensummenvektor der vollständigen Matrix **A**
	a_{11}	a_{12}	a_{13}	...	a_{1n}	$b_1 = a_{1,n+1}$	s'_1
	(a_{12})	a_{22}	a_{23}	...	a_{2n}	$b_2 = a_{2,n+1}$	s'_2
	(a_{13})	(a_{23})	a_{33}	...	a_{3n}	$b_3 = a_{3,n+1}$	s'_3
	....	....	....	....	....	....	....
	(a_{1n})	(a_{2n})	(a_{3n})	...	a_{nn}	$b_n = a_{n,n+1}$	s'_n
C	c_{11}	c_{12}	c_{13}	...	c_{1n}	$c_{1,n+1}$	σ'_1
		c_{22}	c_{23}	...	c_{2n}	$c_{2,n+1}$	σ'_2
			c_{33}	...	c_{3n}	$c_{3,n+1}$	σ'_3
	....	....	....	....	....	....	....
					c_{nn}	$c_{n,n+1}$	σ'_n

Nach den Multiplikationsregeln für Matrizen folgt aus

$$\mathbf{A} = \mathbf{C}'\mathbf{C}$$

für die *1. Zeile:*

$$c_{11} = \sqrt{a_{11}}\,, \qquad c_{1k} = a_{1k}/c_{11}\,, \qquad k = 2, \ldots, n+1 \tag{15}$$

für die *2. Zeile* (ab 2. Spalte):

$$c_{22} = \sqrt{a_{22} - c_{12}^2}\,, \quad c_{2k} = (a_{2k} - c_{12}c_{1k})/c_{22}\,, \quad k = 3, \ldots, n+1 \tag{16}$$

für die *3. Zeile* (ab 3. Spalte):

$$c_{33} = \sqrt{a_{33} - c_{13}^2 - c_{23}^2}\,, \quad c_{3k} = (a_{3k} - c_{13}c_{1k} - c_{23}c_{2k})/c_{33} \qquad k = 4, \ldots, n+1 \tag{17}$$

allgemein für die i-te Zeile (ab i-te Spalte):

$$\begin{aligned} c_{ii} &= \sqrt{a_{ii} - c_{1i}^2 - \ldots - c_{i-1,i}^2} \\ c_{ik} &= (a_{ik} - c_{1i}c_{1k} - \ldots - c_{i-1,i}c_{i-1,k})/c_{ii} \qquad k = i+1, \ldots, n+1\,. \end{aligned} \tag{18}$$

Die Unbekannten x_i werden wie vorher aus dem gestaffelten Gleichungssystem $\mathbf{C}\,\mathbf{x} = \mathbf{c}$ berechnet:

$$\begin{aligned} x_n &= c_{n,n+1}/c_{nn} \\ x_{n-1} &= (c_{n-1,n+1} - x_n c_{n-1,n})/c_{n-1,n-1} \\ &\ldots\ldots\ldots\ldots \\ x_i &= (c_{i,n+1} - (x_n c_{in} + \ldots + x_{i+1} c_{i,i+1}))/c_{ii} \\ &\ldots\ldots\ldots\ldots \\ x_1 &= (c_{1,n+1} - (x_n c_{1n} + \ldots + x_2 c_{12}))/c_{11}\,. \end{aligned} \tag{19}$$

Zur Kontrolle der Berechnung der x_i aus dem gestaffelten Gleichungssystem kann man r dem Spaltensummenvektor der Matrix **C** eine Kontrolle durchführen. Es ist nämlich

$$(e'\mathbf{C})\,x = e'c \;, \qquad (20)$$

d.h. (Spaltensummenvektor von **C**) · x = Spaltensumme von **c** .

Beispiel 57: Lösung der Normalgleichungen aus Beispiel 29 (siehe S. 85)

	A		b	s	
7,000 00	2,850 00	3,134 30	29,120 00	42,104 30	
	3,134 30	3,039 36	18,786 30	27,799 96	
		3,342 41	21,315 90	30,821 97	
	C		c	$\vec{\sigma}$	x
2,645 75	1,077 20	1,184 65	11,006 33	15,913 93	2,251 88
	1,404 97	1,247 89	4,932 69	7,585 55	-1,425 32
		0,617 89	3,433 95	4,051 86	5,557 56
Σ 2,645 75	2,482 17	3,050 43	19,372 96		

Summenkontrolle:

$$2{,}645\,75 \cdot 2{,}251\,88 - 2{,}482\,17 \cdot 1{,}425\,32 + 3{,}050\,43 \cdot 5{,}557\,56 = 19{,}372\,97 \text{ (wie oben)}$$

Beim Wurzelziehen können rein imaginäre Elemente c_{ii} der Matrix **C** entstehen. Dadurch wird jedes Mal die ganze Zeile rein imaginär, was beim Auflösen des gestaffelten Gleichungssystems dann herausfällt.

Beispiel 58: Lösung eines Gleichungssystems nach Cholesky [1]

	A		b	s	
2	4	6	12	24	
	-3	5	6	12	
		-1	10	20	x
$\sqrt{2}$	$2\sqrt{2}$	$3\sqrt{2}$	$6\sqrt{2}$	$12\sqrt{2}$	1
	$i\sqrt{11}$	$i\frac{7}{11}\sqrt{11}$	$i\frac{18}{11}\sqrt{11}$	$i\frac{36}{11}\sqrt{11}$	1
		$i\frac{4}{11}\sqrt{110}$	$i\frac{4}{11}\sqrt{110}$	$i\frac{8}{11}\sqrt{110}$	1
	C		c	$\vec{\sigma}$	

Die Koeffizientenmatrix ist hier *nicht* positiv definit!

[1]) Um den Rechengang übersichtlich hervortreten zu lassen, wurden hier die Matrizenelemente mit Brüchen und Wurzeln angegeben!

2.3. Numerische Berechnung der inversen Matrix

Aus den Gln (4.6) und (4.7) in Abschnitt 1.4 des Anhanges folgt, daß man die inverse Matrix $\mathbf{A}^{-1}$ mit der gesuchten Matrix $\mathbf{X}$ aus

$$\mathbf{A}\mathbf{X} = \mathbf{E} \tag{21}$$

berechnen kann, d.h. man hat n Gleichungssysteme mit derselben Koeffizientenmatrix $\mathbf{A}$ zu lösen. Rechte Seiten sind die n Einheitsvektoren $\mathbf{e}_i$.

Bei der Lösung nach dem verketteten Gaußschen Algorithmus kommt also nichts Neues hinzu. Die gestaffelten Gleichungssysteme, entsprechend (7) sind

$$\mathbf{C}\mathbf{X} = \mathbf{C}^*\,, \tag{22}$$

dabei ist $\mathbf{C}^*$ eine untere Dreiecksmatrix. Bei symmetrischen Matrizen $\mathbf{A}' = \mathbf{A}$ ist auch $\mathbf{A}^{-1}$ symmetrisch

$$\mathbf{A}^{-1} = (\mathbf{A}^{-1})'\,. \tag{23}$$

Man kann dies beim rekursiven Lösen des gestaffelten Gleichungssystems ausnutzen.

Beispiel 59: Berechnung der inversen Koeffizientenmatrix aus Beispiel 56 (S. 235)

Die Zerlegung $\mathbf{A} = \mathbf{B}\,\mathbf{C}$ kann aus Beispiel 56 übernommen werden. Zur Kontrolle wird man jeden Spaltenvektor von $\mathbf{X}$ in die Summenzeile einsetzen, es ist dann

$$\sum_{i=1}^{n} s_i x_{ik} = 1\,, \qquad k = 1, \ldots, n\,. \tag{24}$$

Rechenschema:

A	10,0	8,0	6,0	4,0	1	0	0	0	E				
	8,0	10,4	6,8	4,2	0	1	0	0					
	6,0	6,8	5,1	4,9	0	0	1	0					
	4,0	4,2	4,9	9,9	0	0	0	1					
Σ	28,0	29,4	22,8	23,0	1	1	1	1		$\mathbf{X} = \mathbf{A}^{-1}$			
B | C	10,0	0,8	0,6	0,4	0,1	0	0	0		7,54	21,0	-48,4	12,0
	8,0	4,0	0,5	0,25	-0,2	0,25	0	0		21,0	62,0	-141,0	35,0
	6,0	2,0	0,5	0,5	-0,4	-1,0	2,0	0		-48,4	-141,0	322,0	-80,0
	4,0	1,0	2,0	0,05	12,0	35,0	-80,0	20,0		12,0	35,0	-80,0	20,0
Σ	28,0	7,0	2,5	0,05	0	0	0	0					

In gleicher Weise vollzieht sich die Inversion einer Matrix nach dem *Verfahren von Cholesky*, wie im folgenden Beispiel gezeigt werden soll

Beispiel 60: Matrizeninversion nach Cholesky

Gegebene Matrix:

$$A = \begin{pmatrix} 25 & 10 & 15 & 5 \\ 10 & 20 & 14 & 6 \\ 15 & 14 & 6 & 7 \\ 5 & 6 & 7 & 4 \end{pmatrix}$$

Rechenschema:

A				E				s_i'	E (Kontrolle)			
25	10	15	5	1	0	0	0	56	1	0	0	0
	20	14	6	0	1	0	0	51	0	1	0	0
		17	7	0	0	1	0	54	0	0	1	0
			4	0	0	0	1	23	0	0	0	1
5	2	3	1	0,2	0	0	0	11,20	0,100	0,025	-0,150	0,100
	4	2	1	-0,1	0,25	0	0	7,15	0,025	0,125	-0,125	0
		2	1	-0,2	-0,25	0,5	0	3,05	-0,150	-0,125	0,500	-0,500
			1	0,1	0	-0,5	1	1,60	0,100	0	-0,500	1,000
C				C*				σ_i'	A^{-1}			

2.4. ALGOL-Prozedur für das Verfahren von Cholesky

Das Verfahren des Programms entspricht der Darstellung in 2.3. Treten in einer Zeile imaginäre Elemente auf, so muß man sich die betreffende Zeilennummer merken und die Zahlen dieser Zeile durch i dividieren, um im Rechenschema nur reelle Zahlen zu haben. Bei Berechnung einer folgenden Zeile muß man wissen, in welcher der vorhergehenden Zeilen ursprünglich die Elemente imaginär waren. Die Prozedur ist für beliebig viele rechte Seiten geschrieben.

Prozedur LINGLS

Zweck: Lösung eines linearen Gleichungssystems mit n Unbekannten und m rechten Seiten mit symmetrischer Koeffizientenmatrix nach dem Verfahren von *Cholesky.*

Vereinbarung: LINGLS (N, M, A, EPS, X, L);

Beschreibung der formalen Veränderlichen:

N	Anzahl n der Unbekannten Typ: 'INTEGER'
M	Anzahl m der rechten Seiten Typ: 'INTEGER'
A	Matrix **A** der Koeffizienten *und* der rechten Seiten Typ: 'ARRAY', Indizes: [1 : N, 1 : N+M]
EPS	Absolute Fehlerschranke ϵ für die während der Rechnung auftretenden Diagonalelemente der Dreiecksmatrix Typ: 'REAL'
X	Matrix der Unbekannten für die m rechten Seiten Typ: 'ARRAY', Indizes: [1 : N, 1 : M]
L	Marke als Fehlerausgang aus der Prozedur, wenn für ein Diagonalelement der errechneten Dreiecksmatrix $\lvert c_{ii}\rvert < \epsilon$ ist

Bemerkungen:

a) Von der Koeffizientenmatrix **A** braucht wegen der vorausgesetzten Symmetrie nur die obere Dreiecksmatrix abgespeichert zu werden, die übrigen Elemente können unbesetzt bleiben.
Schema der gespeicherten Matrix (einschließlich rechten Seiten):

$$\begin{array}{rl}
a_{11}, a_{12}, a_{13}, \ldots, a_{1n}, a_{1,n+1} & = b_{11}, \ldots, a_{1,n+m} = b_{1m} \\
a_{22}, a_{23}, \ldots, a_{2n}, a_{2,n+1} & = b_{21}, \ldots, a_{2,n+m} = b_{2m} \\
\cdots\cdots\cdots\cdots\cdots & \cdots\cdots\cdots\cdots \\
a_{nn}, a_{n,n+1} & = b_{n1}, \ldots, a_{n,n+m} = b_{nm}
\end{array}$$

b) *Die Matrix* **A** (einschließlich der rechten Seiten) wird während der Rechnung überschrieben und *steht nach der Rechnung nicht mehr zur Verfügung.*

c) Die Fehlerschranke ϵ bewirkt, daß die Matrix als singulär betrachtet wird, wenn für ein Diagonalelement der Dreiecksmatrix $\lvert c_{ii}\rvert < \epsilon$ ist.
Erfahrungswert: $\epsilon = 10^{-s}$, wenn der Betrag der Elemente von **A** in der Größenordnung von 1 oder darüber liegen.

Programm

```
'PROCEDURE' LINGLS(N,M,A,EPS)RESULT:(X,L);
        'VALUE' N,M,EPS;
        'REAL' EPS;
        'INTEGER' N,M;
        'ARRAY' A,X;
        'LABEL' L;

'COMMENT' PROCEDURE 17
    LOESUNG EINES LINEAREN GLEICHUNGSSYSTEMS
    MIT N UNBEKANNTEN UND M RECHTEN SEITEN
    FUER SYMMETRISCHE MATRIZEN
    (VERFAHREN VON CHOLESKY);

'BEGIN' 'REAL' EPS1,S;
        'INTEGER' I,J,K;
        'BOOLEAN''ARRAY' WURZ[1:N];
        EPS1:=EPS*EPS;
        'FOR' I:=1 'STEP' 1 'UNTIL' N 'DO'
        'BEGIN' WURZ[I]:='TRUE';
                S:=A[I,I];
                'FOR' J:=1 'STEP' 1 'UNTIL' I-1 'DO'
                      'IF' 'NOT' WURZ[J] 'THEN'
                         S:=(S+A[J,I]*A[J,I])*1.0   'ELSE'
                         S:=(S-A[J,I]*A[J,I])*1.0;
                'IF' S 'LESS' 0 'THEN'
                'BEGIN' S:=-S;
                        WURZ[I]:='FALSE'
                'END';
                'IF' S 'LESS' EPS1 'THEN' 'GOTO' L;
                A[I,I]:=SQRT(S);
                'FOR' K:= I+1 'STEP' 1 'UNTIL' N+M 'DO'
                'BEGIN' S:=A[I,K];
                        'FOR' J:=1 'STEP' 1 'UNTIL' I-1 'DO'
                              'IF' 'NOT' WURZ[J] 'THEN'
                              S:=(S+A[J,I]*A[J,K])*1.0   'ELSE'
                              S:=(S-A[J,I]*A[J,K])*1.0;
                        'IF' 'NOT' WURZ[I] 'THEN'
                        S:=-S;
                        A[I,K]:=S/A[I,I]
                'END'
        'END' BERECHNUNG DER DREIECKSMATRIX;
        'FOR' K:=1 'STEP' 1 'UNTIL' M 'DO'
        'FOR' I:=N 'STEP' -1 'UNTIL' 1 'DO'
        'BEGIN' S:=A[I,N+K];
                'FOR' J:=I+1 'STEP' 1 'UNTIL' N 'DO'
                     S:=(S-X[J,K]*A[I,J])*1.0;
                X[I,K]:=S/A[I,I]
        'END'
'END' LINGLS;
```

3. Tafel der Orthogonalpolynome [8]

Tabelliert sind die Funktionswerte $\Phi_p(x_i)$, $p = 1(1)6$ mit den Argumentwerten im halben Bereich:

$$x_i = t_i - \frac{1}{2}(n+1)$$

$$t_i = 1(1)\left[\frac{n+1}{2}\right]$$

$$S_p = \sum_{i=1}^{n} \Phi_p^2(x_i)$$

	n = 3		n = 4		
	Φ_1	Φ_2	Φ_1	Φ_2	Φ_3
	-1	1	-3	1	-1
	0	-2	-1	-1	3
S_p	2	6	20	4	20

	n = 5				n = 6				
	Φ_1	Φ_2	Φ_3	Φ_4	Φ_1	Φ_2	Φ_3	Φ_4	Φ_5
	-2	2	-1	1	-5	5	-5	1	-1
	-1	-1	2	-4	-3	-1	7	-3	5
	0	-2	0	6	-1	-4	4	2	-10
S_p	10	14	10	70	70	84	180	28	252

	n = 7						n = 8					
	Φ_1	Φ_2	Φ_3	Φ_4	Φ_5	Φ_6	Φ_1	Φ_2	Φ_3	Φ_4	Φ_5	Φ_6
	-3	5	-1	3	-1	1	-7	7	-7	7	-7	1
	-2	0	1	-7	4	-6	-5	1	5	-13	23	-5
	-1	-3	1	1	-5	15	-3	-3	7	-3	-17	9
	0	-4	0	6	0	-20	-1	-5	3	9	-15	5
S_p	28	84	6	154	84	924	168	168	264	616	2184	264

	n = 9						n = 10					
	Φ_1	Φ_2	Φ_3	Φ_4	Φ_5	Φ_6	Φ_1	Φ_2	Φ_3	Φ_4	Φ_5	Φ_6
	-4	28	-14	14	-4	4	-9	6	-42	18	-6	3
	-3	7	7	-21	11	-17	-7	2	14	-22	14	-11
	-2	-8	13	-11	-4	22	-5	-1	35	-17	-1	10
	-1	-17	9	9	-9	1	-3	-3	31	3	-11	6
	0	-20	0	18	0	-20	-1	-4	12	18	-6	-8
S_p	60	2772	990	2002	468	1980	330	132	8580	2860	780	660

	n = 11						n = 12					
	Φ_1	Φ_2	Φ_3	Φ_4	Φ_5	Φ_6	Φ_1	Φ_2	Φ_3	Φ_4	Φ_5	Φ_6
	-5	15	-30	6	-3	15	-11	55	-33	33	-33	11
	-4	6	6	-6	6	-48	-9	25	3	-27	57	-31
	-3	-1	22	-6	1	29	-7	1	21	-33	21	11
	-2	-6	23	-1	-4	36	-5	-17	25	-13	-29	25
	-1	-9	14	4	-4	-12	-3	-29	19	12	-44	4
	0	-10	0	6	0	-40	-1	-35	7	28	-20	-20
S_p	110	858	4290	286	156	11220	572	12012	5148	8008	15912	4488

	n = 13						n = 14					
	Φ_1	Φ_2	Φ_3	Φ_4	Φ_5	Φ_6	Φ_1	Φ_2	Φ_3	Φ_4	Φ_5	Φ_6
	-6	22	-11	99	-22	22	-13	13	-143	143	-143	143
	-5	11	0	-66	33	-55	-11	7	-11	-77	187	-319
	-4	2	6	-96	18	8	-9	2	66	-132	132	-11
	-3	-5	8	-54	-11	43	-7	-2	98	-92	-28	227
	-2	-10	7	11	-26	22	-5	-5	95	-13	-139	185
	-1	-13	4	64	-20	-20	-3	-7	67	63	-145	-25
	0	-14	0	84	0	-40	-1	-8	24	108	-60	-200
S_p	182	2002	572	68068	6188	14212	910	728	97240	136136	235144	497420

	n = 15						n = 16					
	Φ_1	Φ_2	Φ_3	Φ_4	Φ_5	Φ_6	Φ_1	Φ_2	Φ_3	Φ_4	Φ_5	Φ_6
	-7	91	-91	1001	-1001	143	-15	35	-455	273	-143	65
	-6	52	-13	-429	1144	-286	-13	21	-91	-91	143	-117
	-5	19	35	-869	979	-55	-11	9	143	-221	143	-39
	-4	-8	58	-704	44	176	-9	-1	267	-201	33	59
	-3	-29	61	-249	-751	197	-7	-9	301	-101	-77	87
	-2	-44	49	251	-1000	50	-5	-15	265	23	-131	45
	-1	-53	27	621	-675	-125	-3	-19	179	129	-115	-25
	0	-56	0	756	0	-200	-1	-21	63	189	-45	-75
S_p	280	37128	39780	6466460	10581480	426360	1360	5712	1007760	470288	201552	77520

	n = 17						n = 18					
	Φ_1	Φ_2	Φ_3	Φ_4	Φ_5	Φ_6	Φ_1	Φ_2	Φ_3	Φ_4	Φ_5	Φ_6
	-8	40	-28	52	-104	104	-17	68	-68	68	-884	442
	-7	25	-7	-13	91	-169	-15	44	-20	-12	676	-650
	-6	12	7	-39	104	-78	-13	23	13	-47	871	-377
	-5	1	15	-39	39	65	-11	5	33	-51	429	169
	-4	-8	18	-24	-36	-128	-9	-10	42	-36	-156	481
	-3	-15	17	-3	-83	93	-7	-22	42	-12	-588	439
	-2	-20	13	17	-88	2	-5	-31	35	13	-733	145
	-1	-23	7	31	-55	-85	-3	-37	23	33	-583	-209
	0	-24	0	36	0	-120	-1	-40	8	44	-220	-440
S_p	408	7752	3876	16796	100776	178296	1938	23256	23256	28424	6953544	2941884

	n = 19						n = 20					
	Φ_1	Φ_2	Φ_3	Φ_4	Φ_5	Φ_6	Φ_1	Φ_2	Φ_3	Φ_4	Φ_5	Φ_6
	-9	51	-204	612	-102	1326	-19	57	-969	1938	-1938	1938
	-8	34	-68	-68	68	-1768	-17	39	-357	-102	1122	-2346
	-7	19	28	-388	98	-1222	-15	23	85	-1122	1802	-1870
	-6	6	89	-453	58	234	-13	9	377	-1402	1222	6
	-5	-5	120	-354	-3	1235	-11	-3	539	-1187	187	1497
	-4	-14	126	-168	-54	1352	-9	-13	591	-687	-771	1931
	-3	-21	112	42	-79	729	-7	-21	553	- 77	-1351	1353
	-2	-26	83	227	-74	-214	-5	-27	445	503	-1441	195
	-1	-29	44	352	-44	-1012	-3	-31	287	948	-1076	-988
	0	-30	0	396	0	-1320	-1	-33	99	1188	-396	-1716
S_p	570		213180		89148		2660		4903140		31201800	
		13566		2288132		24515700		17556		22881320		49031400

Verzeichnis der Beispiele

		Seite
Beispiel 1:	Messung an 150 Vorderachszapfen (Wahrscheinlichkeitspapier)	12, 172
Beispiel 2:	Sechs Längenmessungen (Mittelwert)	17
Beispiel 3:	Widerstandsmessungen in der Wheatstoneschen Brücke (Mittelwert und mittlerer Fehler)	20
Beispiel 4:	Wie 3 (Verschiebung des Nullpunktes)	21
Beispiel 5:	Wie 4 (Ohne Verschiebung des Nullpunktes)	21
Beispiel 6:	Wie 1 (Mittelwert und Streuung)	25, 172
Beispiel 7:	Wie 6 (Verschiebung des Nullpunktes)	26
Beispiel 8, a–c:	Vier Messungen bei verschiedener Lage zum Nullpunkt (Auslöschung führender Stellen)	28
Beispiel 9:	Wie 6 (Summationsverfahren)	31
Beispiel 10:	Wie 3 (Vertrauensintervall)	37
Beispiel 11:	Wie 6 (Vertrauensintervall)	37
Beispiel 12:	Messungen gleicher Genauigkeit (Fehlerfortpflanzungsgesetz)	42
Beispiel 13:	Multiplikative Verknüpfung der Meßgrößen (Fehlerfortpflanzungsgesetz)	43
Beispiel 14:	Brennweite einer Linse (Fehlerfortpflanzungsgesetz)	44
Beispiel 15:	Berechnung einer Dreiecksseite nach dem Sinus-Satz (Fehlerfortpflanzungsgesetz)	45
Beispiel 16:	Kugelvolumen aus Messung des Durchmessers (Fehlerfortpflanzungsgesetz)	47
Beispiel 17:	Wiederholte Höhenmessung aus verschiedener Entfernung (Beobachtungen ungleicher Genauigkeit)	50
Beispiel 18:	Wiederholte Stromstärkenmessungen (Beobachtungen ungleicher Genauigkeit)	51
Beispiel 19:	Längenmessungen nach verschiedenen Methoden (Beobachtungen ungleicher Genauigkeit)	52
Beispiel 20:	Überzählige Entfernungsmessungen zwischen vier Punkten einer Geraden (Ausgleichung vermittelnder Beobachtungen)	60
Beispiel 21:	Wie 20 (Mittlerer Fehler der Unbekannten)	63
Beispiel 22:	Messung der drei Dreieckswinkel (Ausgleichung vermittelnder Beobachtungen)	65
Beispiel 23:	Wiederholte Messungen der drei Dreieckswinkel (Ausgleichung bedingter Beobachtungen)	67
Beispiel 24:	Wie 22 (Direkte Beobachtungen mit Bedingungsgleichungen)	71
Beispiel 25:	Ohmsches Gesetz (Direkte Beobachtungen mit Bedingungsgleichung)	71
Beispiel 26:	Ohmsches Gesetz und elektrische Leistung (Direkte Beobachtungen mit zwei Bedingungsgleichungen)	72
Beispiel 27:	Wie 25, mit gegebenen mittleren Fehlern der Meßwerte (Direkte Beobachtungen ungleicher Genauigkeit mit Bedingungsgleichung)	75
Beispiel 28:	Spannungsabfall an einem Widerstand (Direkte Beobachtungen ungleicher Genauigkeit mit Bedingungsgleichung)	76
Beispiel 29:	Windkanalmessungen (Quadratisches Ausgleichspolynom)	85
Beispiel 30:	Volumen- und Druckmessung nach dem Poissonschen Gesetz (Ausgleichsgerade durch Logarithmierung)	88
Beispiel 31:	Bevölkerungswachstum in USA (Quadratisches Ausgleichspolynom)	93
Beispiel 32:	Wie 30 (Mittlerer Fehler der Koeffizienten)	95
Beispiel 33:	Ausgleichung von neun Funktionswerten für äquidistante Abszissen (Orthogonalpolynome, Benutzung von Tabellen)	116

Beispiel 34: Numerische Werte der Lösung einer Differentialgleichung (Ausgleichspolynom 5. Ordnung) 118
Beispiel 35: Statistik über den Luftverkehr (Ausgleichspolynom 5. Ordnung) 121
Beispiel 36: Ausgleichung mehrfach beobachteter Funktionswerte (Quadratisches Polynom und mittlerer Fehler der Koeffizienten) 123
Beispiel 37: Druckverteilungsmessungen (Ausgleichung entweder durch Polynom 5. Ordnung oder durch ein quadratisches Polynom mit einem Glied $(1-x)^{-1}$) 125
Beispiel 38: Glätten einer Punktfolge (Drei-Punkte-Formel) 128
Beispiel 39: Meßpunkte einer Hysteresisschleife (Zweimaliges Glätten (Fünf-Punkte-Formel)) 132
Beispiel 40: Berechnung der Beschleunigung aus der Geschwindigkeit (Glättendes Differenzieren) 135
Beispiel 41: Wie 39 (Glätten und zweimaliges Differenzieren) 137
Beispiel 42: Harmonische Analyse nach einem Registrierschrieb (Schemaverfahren von Runge) 141
Beispiel 43: Leerlaufverlust eines Generators in Abhängigkeit von der Spannung (Ausgleichung durch 2gliedrigen Exponentialausdruck) 147
Beispiel 44: Hyperbolisches Paraboloid (Zweidimensionale Ausgleichung 2. Grades von 16 Punkten, die exakt auf dem Paraboloid liegen) 156
Beispiel 45: Sterbehäufigkeit in Abhängigkeit von Lebensalter und Versicherungsdauer (Zweidimensionale Ausgleichung 4. Ordnung) 157
Beispiel 46: Regression zwischen Längenmessungen und Raumtemperatur (Regressionsgeraden und Korrelationskoeffizient) 162
Beispiel 47: Gaußsche Approximation von sin $\pi x/2$ (Polynom 5. Ordnung) 177
Beispiel 48: Gaußsche Approximation des Fehlerintegrals (Quadratisches Polynom, numerische Berechnung der Integrale) 180
Beispiel 49: Diskrete Tschebyscheff-Approximation (Quadratisches Polynom durch fünf Punkte) 189
Beispiel 50: Steinkohlenproduktion in USA von 1948–1958 (Diskrete Tschebyscheff-Approximation für Ausgleichsgerade, Vergleich mit Gaußscher Ausgleichung) 193
Beispiel 51: Quadratische Meßwertausgleichung (Diskrete Tschebyscheff-Approximation) 196
Beispiel 52: Approximation von sin $\pi x/2$ in $[-1,1]$ (Stetige Tschebyscheff-Approximation) 203
Beispiel 53: Approximation von sin $\pi x/2$ in $[-1,1]$ (Ausgleichung durch Legendresche Polynome 3. Ordnung) 210
Beispiel 54: Fourieranalyse von Sägezahnkurve (Formelmäßige harmonische Analyse) 213
Beispiel 55: Gaußsche Fehlerfunktion (Näherungsweise Tschebyscheffsche Polynomapproximation 6. Ordnung) 220
Beispiel 56: Symmetrisches lineares Gleichungssystem (Verketteter Gaußscher Algorithmus) 235
Beispiel 57: Wie 29 (Verfahren von Cholesky für symmetrisches lineares Gleichungssystem) 238
Beispiel 58: Gleichungssystem mit nicht positiv definiter Matrix (Verfahren von Cholesky) 238
Beispiel 59: Wie 57, Berechnung der inversen Matrix (Verketteter Gaußscher Algorithmus) 239
Beispiel 60: Berechnung der inversen Matrix (Verfahren von Cholesky) 240

Verzeichnis der ALGOL-Prozeduren

lfd. Nr.	Name	Inhalt	Seite
1	MITFEH	Mittelwert und mittlerer Fehler	22
2	STAT 1	Mittelwert und Streuung einer Stichprobe	31
3	STAT 2	Mittelwert und Streuung einer Stichprobe nach der Urliste	33
4	STAT 3	Mittelwert und Streuung für äquidistante Merkmale (Summationsverfahren)	34
5	VINTV	Vertrauensintervall aus Mittelwert und mittlerem Fehler	37
6	UGLBEO	Mittelwert und mittlerer Fehler für Beobachtungen ungleicher Genauigkeit	53
7	LINAUSGL 1	Ausgleichsfunktion durch Linear-kombination gegebener Funktionen	97
7A	LINAUSGL 2	Wie 7, aber mit Berechnung der mittleren Fehler der Koeffizienten	100
8	FKT	Für 7 und 7A benötigte Prozedur zur Berechnung der Funktionswerte	102
9	HORNER	Funktionsprozedur zur Berechnung der Polynome	103
10	ORTPOL	Ausgleichung durch Orthogonalpolynome	109
11	GLAETTEN	Wiederholtes Glätten gegebener Funktions-werte mit äquidistanten Argumenten (5-Punkte-Formel)	132
12	DIFFQUO	Glättendes Differenzieren (5-Punkte-Formel)	136
13	FOURIER ANALYSE	Harmonische Analyse für N äquidistante durch 4 teilbare Anzahl von Ordinaten	141
14	ZWDIMAUSGL	Zweidimensionale Ausgleichung durch Orthogonalpolynome	153
15	LINKOR	Lineare Korrelation zwischen zwei Beobachtungsreihen, Regressionsgeraden und Korrelationskoeffizient	164
16	POLAPROX	Polynomausgleichung für diskrete Funktionswerte nach Tschebyscheff	198
17	LINGLS	Lösung symmetrischer, linearer Gleichungssysteme nach Cholesky	241

Literaturverzeichnis

Abschnitt 1

[1] *C. F. Gauß:* Disquisitio de elementis ellipticas Palladis, Werke Bd. VI, Leipzig (1874), 3–24.
[2] *J. W. Linnik:* Methode der kleinsten Quadrate in moderner Darstellung, übersetzt aus dem Russischen, Berlin (1961), 314 S.
[3] ALGOL 60, Bericht über die algorithmische Sprache ALGOL 60, elektronische datenverarbeitung, Beiheft 2, 2. Auflage (1962).
[4] *R. Baumann:* ALGOL-Manual der ALCOR-Gruppe, München/Wien (1965), 176 S.
[5] *F.-R. Güntsch:* Einführung in die Programmierung digitaler Rechenanlagen, Berlin (1963), 2. Auflage.
[6] *R. Herschel:* Anleitung zum praktischen Gebrauch von ALGOL, Berlin-Wien 2. Auflage (1967), 164 S.
[7] *D. Müller:* Programmierung elektronischer Rechenanlagen, Mannheim (Hochschultaschenbücher) (1964), 182 S.
[8] *K. Nickel:* ALGOL-Praktikum, Karlsruhe (1964), 220 S.
[9] *K. H. Müller, I. Strecker:* FORTRAN IV Programmierungsanleitung, Mannheim (Hochschulskripten) (1967), 140 S.

Abschnitt 2

[1] *E. Weber:* Grundriß biologischer Statistik, Jena (1961), S. 47.
[2] *J. W. Linnik:* Methode der kleinsten Quadrate in moderner Darstellung, übersetzt aus dem Russischen, Berlin (1961), 314 S.
[3] *B. L. van der Waerden:* Mathematische Statistik, Berlin/Göttingen/Heidelberg (1965), 2. Auflage, 360 S.
[4] *M. Fisz:* Wahrscheinlichkeitsrechnung und mathematische Statistik, übersetzt aus dem Polnischen, Berlin (1966), 4. Auflage, 528 S.
[5] *L. Schmetterer:* Einführung in die mathematische Statistik, Berlin (1966), 2. Auflage 405 S.
[6] *J. Pfanzagl:* Allgemeine Methodenlehre der Statistik I und II, Sammlung Göschen, Berlin (1966/67), 4. bzw. 2. Auflage.
[7] Carl Schleicher & Schüll, Einbeck/Hann., Bestell-Nr. 298 1/2 (A3), 297 1/2 (A3), 423 1/2 (A3), 299 1/2 (A4).
[8] *R. Storm:* Wahrscheinlichkeitsrechnung, mathematische Statistik und statistische Qualitätskontrolle, Leipzig (1967), 2. Auflage, 284 S.

Abschnitt 3

[1] *B. L. van der Waerden:* Mathematische Statistik, Berlin/Göttingen/Heidelberg, 2. Auflage (1965), S. 77 ff. (§ 18).
[2] *R. Storm:* Wahrscheinlichkeitsrechnung, mathematische Statistik und statistische Qualitätskontrolle, Leipzig (1965), S. 69 ff. und 95 ff.
[3] *E. Weber:* Grundriß biologischer Statistik, Jena, 4. Auflage (1961), S. 70–75.
[4] wie [1], S. 116 ff. und Tafel 7, S. 339.

[5] *W. Jordan:* Handbuch der Vermessungskunde, Bd. 1, Stuttgart (1877), S. 19.
[6] *R. Zurmühl:* Praktische Mathematik, Berlin/Heidelberg/New York, 5. Auflage (1965). S. 319–320.
[7] *J. W. Linnik:* Die Methode der kleinsten Quadrate in moderner Darstellung, Berlin (1961), S. 91.
[8] *J. Pfanzagl:* Allgemeine Methodenlehre der Statistik, Bd. 2, Berlin, 2. Auflage (1966), S. 57.
[9] *M. Hengst:* Einführung in die mathematische Statistik und ihre Anwendung, Mannheim (Hochschultaschenbücher) (1967), S. 100.

Abschnitt 4

[1] *W. Weitbrecht:* Ausgleichung nach der Methode der kleinsten Quadrate, Sammlung Göschen, Bd. II (1920), S. 138.
[2] *R.H. Tolson, J.P. Capcynski:* An analysis of the linar gravitational field as obtained from lunar orbiter tracking data, IQSY/COSPAR Assemblies (London) 1967.
[3] *R. Zurmühl:* Praktische Mathematik für Ingenieure und Physiker, Berlin/Heidelberg/New York, 5. Auflage (1965), S. 323 ff.
[4] *E. Stiefel:* Ausgleichung ohne Aufstellung der Gaußschen Normalgleichungen, Wiss. Z. Techn. Hochsch. Dresden 2 (1952/53), 441 442.

Abschnitt 5

[1] *E. Oetersohn:* Vindtunnelundersökning av flygplan typ CT, Flygtekniska Försöksanstalten Rap. No. AU-53 (1944).
[2] *M.R. Spiegel:* Theory and problems of statistics. New York (1961), S. 235.
[3] wie [2], S. 237.
[4] *R. Ludwig:* Ausgleichung durch normierte Orthogonalpolynome für diskrete Argumente, elektronische datenverarbeitung 6 (1964), 160–164.
[5] *R.A. Fisher:* Statistical methods for research workers, Edinburg, 11. Auflage (1950).
[6] *P. Lorenz:* Der Trend, Vierteljahrhefte zur Konjunkturforschung, Berlin, Sonderheft 9 (1928) und 21 (1931). Tabellen für n = 3(1)80, p = 1(1)6.
[7] *H. Gebelein:* Zahl und Wirklichkeit, Grundriß einer mathematischen Statistik, Leipzig (1943), S. 109 ff. und 416–425. Tabellen für n = 3(1)30, p = 1(1)5.
[8] *E.S. Pearson, H.O. Hartley:* Biometrika tables for statisticians, Cambridge (1962), S. 91–95, 212–221. Tabellen für n = 3(1)52, p = 1(1)6.
[9] *R.A. Fisher, F. Yates:* Statistical tables for biological, agricultural and medical research, London/Edinburgh, 5. Auflage (1957), S. 30–32, 90–100. Tabellen für n = 3(1)75, p = 1(1)5.
[10] *R.L. Anderson, E.E. Housmann:* Tables of orthogonal polynomial values extended to N = 104, Agricult.Station Iowa State Coll. of Agricult., Res. Bull. No. 297 (1942). Tabellen für n = 3(1)104, p = 1(1)5.
[11] *W.E. Milne:* Numerical calculus, Princeton (1949), S. 265–271, 375–381. Tabellen für n = 6(1)21, p = 1(1)5.
[12] *R.A. Buckingham:* Numerical methods, London (1957). Tabellen für n = 3(1)12, p = 1(1)5.

[13] *Von der Reyden:* Onderstepoort Journal of veterinary science and animal husbandry (1943). Tabellen für n = 5(1)52, p = 1(1)9.
[14] *J. J. Davis, P. Rabinowitz:* Advances in orthonormalizing computing, Advances in Computers, Vol. 2, New York (1961), S. 55–133.
[15] wie [11], S. 271–272.
[16] Flight Safety Foundation, 18th Annual International Air Safety Seminar 1965, Williamsburg (Virginia, USA), *A. M. Lester,* World Airline Safety Record.
[17] *Fr. A. Willers:* Numerische Integration, Sammlung Göschen (1923), S. 83.
[18] *Fr. A. Willers:* Methoden der praktischen Analysis, Berlin, 3. Auflage (1957), S. 254.
[19] wie [18], S. 89.
[20] *P. Lorenz:* Darstellung statistischer Übersichten mit zwei Eingängen durch orthogonale ganze rationale Funktionen (Flächendarstellung), Archiv für Math. Wirtschafts- und Sozialforschung, VI (1940), Heft 2, Stuttgart/Berlin.
[21] wie [2], S. 231.
[22] wie [2], S. 240.
[23] *F. Kießler:* Angewandte Nomographie, Teil 2, Essen, 2. Auflage (1964), S. 75.
[24] *L. Zipperer:* Tafeln zur harmonischen Analyse periodischer Kurven, Berlin (1922).
[25] *P. Terebesi:* Rechenschablonen für harmonische Analyse, Berlin (1930).
[26] *J. Pfanzagl:* Allgemeine Methodenlehre der Statistik, Bd. II, Sammlung Göschen, 2. Auflage (1966), S. 256 ff.
[27] *H. Böse:* Einführung in die Ausgleichsrechnung, München/Wien (1965), S. 87–88.
[28] *R. Zurmühl:* Praktische Mathematik, 5. Auflage, Berlin/Heidelberg/New York, S. 368 ff.
[29] wie [17], S. 289 ff. und [12], S. 329 ff.
[30] *S. Koller:* Graphische Tafeln zur Beurteilung statistischer Zahlen, Dresden/Leipzig (1943), S. 48 ff.
[31] wie [28], S. 125 ff.
[32] *G. J. Makinson:* Generalized least squares fit by orthogonal polynomials; Comm. ACM 10 (1967), S. 87–88, Algorithms 297; siehe auch *G. F. Forsythe,* J. Soc. Indust. Appl. Math. 5 (1957), S. 74–88.
[33] *S. Oberländer:* Die Methode der kleinsten Quadrate bei einem dreiparametrigen Exponentialansatz, ZAMM 43 (1963), S. 493–506.
[34] *G. R. Deily:* Exponential curve fit, Algorithms 275; Constrained exponential curve fit, Algorithms 276; Comm. ACM 9 (1966), S. 85–86.
[35] *H. Späth:* Exponential curve fit, Algorithms 295, Comm. ACM 10 (1967), S. 87.
[36] *P. Lorenz:* Orthogonale Polynome als Werkzeug für die Forschung, Berlin/München (erscheint vor. 1968).

Abschnitt 6

[1] *C. Hastings jr.:* Approximations for digital computers, Princeton, New Jersey (1955), S. 201.
[2] Tafel der Gaußschen Normalverteilung z.B. in: *M. Fisz:* Wahrscheinlichkeitsrechnung und mathematische Statistik, Berlin, 4. Auflage (1966).
[3] *E. Stiefel:* Über diskrete und lineare Tschebyscheff-Approximationen, Num. Math. 1 (1959), S. 1–28.
[4] *E. Stiefel:* Note on Jordan elimination, linear programming and Tschebyscheff approximation, Num. Math. 2 (1960), S. 47 ff.

[5] *E. Stiefel:* Einführung in die numerische Mathematik, Stuttgart, 3. Auflage (1965) S. 234.
[6] *R. Zurmühl:* Praktische Mathematik, Berlin/Heidelberg/New York, 5. Auflage (1965), S.210 ff.
[7] *M. R. Spiegel:* Theory and problems of statistics, New York (1961), S. 289.
[8] *G. Meinardus:* Approximation von Funktionen und ihre numerische Behandlung, Berlin/Göttingen/Heidelberg/New York (1964).
[9] *Jahnke - Emde - Lösch:* Tafeln höherer Funktionen, Stuttgart, 6. Auflage (1960).
[10] *W. I. Smirnow:* Lehrgang der höheren Mathematik, Teil II, Berlin (1964), S. 363–431 (8. Auflage (1968)); Teil V, Berlin (1962), S. 143–148.
[11] *R. Zurmühl:* Zur angenäherten ganzrationalen Tschebyscheff-Approximation mit Hilfe trigonometrischer Interpolation, Num. Math. 6 (1964), S. 1–5; siehe auch [6], S. 376 ff.
[12] siehe [6], S. 350.
[13] siehe [6], S. 379.
[14] *G. N. Poloshi:* Mathematisches Praktikum, Zürich/Frankfurt (1964) S. 175.
[15] *W. Krabs:* Einige Methoden zur Lösung des diskreten linearen Tschebyscheff-Problems, Dissertation Hamburg (1963); Fehlerquadrat-Approximationen als Mittel zur Lösung des diskreten Tschebyscheff-Problems, ZAMM 44, Sonderheft (1964), S. 42–45.
[16] siehe [6], S. 354–355.
[17] *W. Gröbner, P. Lesky:* Mathematische Methoden der Physik, Bd. I, Mannheim (Hochschultaschenbücher) (1964), S. 14 ff.
[18] *A. Ralston:* Rational Chebyshev approximation, Mathematical methods for digital computers, Vol. 2. Herausgeber *A. Ralston* und *H. S. Wilf,* New York/London/Sydney (1967), S. 264–284. (Enthält Blockdiagramm für Programmierung.)
[19] *L. Collatz:* Funktionalanalysis und numerische Mathematik, Berlin/Göttingen/Heidelberg (1964), S. 371.
[20] *Tychonoff-Samarski:* Differentialgleichungen der mathematischen Physik, Berlin (1958).

Zusätzliche Literatur

[1] *Achieser, N.:* Vorlesungen über Approximationstheorie, Berlin (1953).
[2] *Ackermann, W.-G.:* Einführung in die Wahrscheinlichkeitsrechnung, Leipzig (1965).
[3] *Bauer, L.; Heinhold, J.; Samelson, K.; Sauer, R.:* Moderne Rechenanlagen, Stuttgart (1964).
[4] *Baule, B.:* Die Mathematik des Naturforschers und Ingenieurs, Bd. 2, Ausgleichs- und Näherungsrechnung, Leipzig, 7. Auflage (1963).
[5] *Baumann, R.:* ALGOL-Manual der ALCOR-Gruppe, München/Wien (1956).
[6] *Berezin, I. Z.; Zhidkov, N. P.:* Computing methods, übersetzt aus dem Russischen, Pergamon Press (1965), Vol. 1, S. 320–461.
[7] *Bodewig, E.:* Matrix calculus, Amsterdam, 2. Auflage (1959).
[8] *Böse, H.:* Einführung in die Ausgleichsrechnung, München/Wien (1965).
[9] *Buckingham, R. A.:* Numerical methods, London (1957).
[10] *Czuber, E.:* Wahrscheinlichkeitsrechnung und ihre Anwendung auf Fehlerausgleichung, Statistik und Lebensversicherung, Bd. 1, Leipzig/Berlin (1938).
[11] *Davis, P. J.; Rabinowitz, P.:* Advances in orthonormalizing computation, Advances in computers, Vol. 2, Herausgeber *F. L. Alt,* New York (1961).

[12] *Faddejew, D. K.; Faddejewa, W. N.:* Numerische Methoden der linearen Algebra, übersetzt aus dem Russischen, Berlin/München (1964).

[13] *Fisher, R. A.; Yates, F.:* Statistical tables for biological, agricultural and medical research, Edinburgh, 5. Auflage (1957).

[14] *Fisz, M.:* Wahrscheinlichkeitsrechnung und mathematische Statistik, Berlin, 4. Auflage (1966).

[15] *Gebelein, H.:* Zahl und Wirklichkeit, Grundzüge einer mathematischen Statistik, Leipzig (1943).

[16] *Gnedenko, B. W.:* Lehrbuch der Wahrscheinlichkeitsrechnung, Berlin, 3. erweiterte Auflage (1963).

[17] *Goldberg, S.:* Die Wahrscheinlichkeit, eine Einführung in die Wahrscheinlichkeitsrechnung und Statistik, Braunschweig (1964).

[18] *Graf, U.; Henning, H.-J.; Stange, K.:* Formeln und Tabellen der mathematischen Statistik Berlin (1953).

[19] *Großmann, W.:* Grundzüge der Ausgleichsrechnung nach der Methode der kleinsten Quadrate nebst Anwendungen in der Geodäsie, Berlin/Göttingen/Heidelberg, 2. Auflage (1961).

[20] *Güntsch, F.-R.:* Einführung in die Programmierung digitaler Rechenanlagen, Berlin, 2. Auflage (1963).

[21] *Hänsel, H.:* Grundzüge der Fehlerrechnung, Berlin, 3. Auflage (1967).

[22] *Happach, V.:* Ausgleichsrechnung nach der Methode der kleinsten Quadrate, Leipzig (1950).

[23] *Helmert, F. R.:* Die Ausgleichsrechnung nach der Methode der kleinsten Quadrate (mit Anwendungen auf die Geodäsie, die Physik und die Theorie der Meßinstrumente, Stuttgart (1935).

[24] *Herschel, R.:* Anleitung zum praktischen Gebrauch von ALGOL, München/Wien, 2. Auflage (1967).

[25] *Jahnke - Emde - Lösch:* Tafeln höherer Funktionen, Stuttgart, 6. Auflage (1960).

[26] *Jakowlew, K. P.:* Mathematische Auswertung von Meßergebnissen, (übersetzt aus dem Russischen), Berlin (1952).

[27] *Jordan, W.:* Handbuch der Vermessungskunde, Bd. 1 Methode der kleinsten Quadrate und der niederen Geodäsie, Stuttgart, 1. Auflage (1877) (siehe Nachtrag).

[28] *Koller, S.:* Graphische Tafeln zur Beurteilung statistischer Zahlen, Dresden/Leipzig (1943)

[29] *Linder, A.:* Statistische Methoden für Naturwissenschaftler, Mediziner und Ingenieure, Basel, 3. Auflage (1960).

[30] *Linder, A.:* Planen und Auswerten von Versuchen, Basel (1953).

[31] *Linnik, J. W.:* Die Methode der kleinsten Quadrate in moederner Darstellung, übersetzt aus dem Russischen, Berlin (1961).

[32] *Lorenz, P.:* Anschauungsunterricht in der mathematischen Statistik, I, II, III, Leipzig (1959–1965).

[33] *Meinardus, G.:* Approximation von Funktionen und ihre numerische Behandlung, Berlin/Göttingen/Heidelberg/New York (1964).

[34] *Milne, W. E.:* Numerical calculus, Princeton (1949).

[35] *Müller, D.:* Programmierung elektronischer Rechenanlagen, Mannheim (Hochschultaschenbücher) (1964).

[36] *Nickel, K.:* ALGOL-Praktikum, Karlsruhe (1964).

[37] N.N.: ALGOL 60, Bericht über die algorithmische Sprache ALGOL 60, elektronische datenverarbeitung, Beiheft 2, Braunschweig, 2. Auflage (1962).

[38] *Noble, Ben:* Numerisches Rechnen, Mannheim (Hochschultaschenbücher) (1964).

[39] *Pearson, E. S.; Hartley, H. O.:* Biometrika tables for statisticians, Cambridge (1962).
[40] *Pfanzagl, J.:* Allgemeine Methodenlehre der Statistik, I, II (Sammlung Göschen), Berlin, 4. bzw. 2. Auflage (1966/67).
[41] *Ralston, A.:* Rational Chebyshev approcimation, in *Ralston, A.* und *Wilf, H. S.:* Mathematical methods for digital computers, New York/London/Sydney (1967), Vol. 2, S. 264–284.
[42] *Rènyi, A.:* Wahrscheinlichkeitsrechnung, Berlin, 2. Auflage (1962).
[43] *Schmetterer, L.:* Einführung in die mathematische Statistik, Wien, 2. Auflage (1966).
[44] *Smirnow, N. W.; Dunin-Barkowski, J. W.:* Mathematische Statistik in der Technik, übersetzt aus dem Russischen, Berlin, 2. Auflage (1966).
[45] *Spiegel, M. R.:* Theory and problems of statistics, New York (1961).
[46] *Stiefel, E.:* Einführung in die numerische Mathematik, Stuttgart, 3. Auflage (1965).
[47] *Stumpff, K.:* Grundlagen und Methoden der Periodenforschung, Berlin (1937).
[48] *Stumpff, K.:* Tafeln und Aufgaben zur harmonischen Analyse und Periodogrammrechnung, Berlin (1939).
[49] *Szegö, G.:* Orthogonal polynomials, Colloquium Publications, Vol. 23, Providence (1959).
[50] *Todd, J.* (Herausgeber): Survey of numerical analysis, darin: *Davis, P. J.:* Orthonormalizing codes in numerical analysis, New York/San Francisco/Toronto/London (1962), S. 347–379.
[51] *Waerden, B. L. van der:* Mathematische Statistik, Berlin/Göttingen/Heidelberg, 2. Auflage (1965) (Kapitel 6: Gaußsche Fehlertheorie und Students Test).
[52] *Weber, E.:* Grundriß der biologischen Statistik, Jena, 4. Auflage (1961).
[53] *Weitbrecht, W.:* Ausgleichung nach der Methode der kleinsten Quadrate, Teil I und II, Berlin (Sammlung Göschen) (1919–1926).
[54] *Whittaker, E. T.; Robinson C.:* Calculus of observations, Glasgow, 4. Auflage (1944).
[55] *Willers, Fr. A.:* Methoden der praktischen Analysis, Berlin, 3. Auflage (1957).
[56] *Zurmühl, R.:* Praktische Mathematik für Ingenieure und Physiker, Berlin/Heidelberg/New York, 5. Auflage (1965).
[57] *Zurmühl, R.:* Matrizen und ihre technischen Anwendungen, Berlin/Heidelberg/New York, 4. Auflage (1964).

Nachtrag

[58] *Jordan - Eggert - Kneissl:* Handbuch der Vermessungskunde, Bd. 1 Mathematische Grundlagen, Ausgleichsrechnung und Rechenhilfsmittel, Stuttgart, 10. Auflage (1961).
[59] *Linder, A.:* Handliche Sammlung mathematisch-statistischer Tafeln, Basel (1961).
[60] *Hastings, C.:* Approximations for digital computers, Princeton (1955).
[61] *Kreyszig, E.:* Statistische Methoden und ihre Anwendungen, Göttingen (1965).
[62] *Storm, R.:* Wahrscheinlichkeitsrechnung, mathematische Statistik und statistische Qualitätskontrolle, Leipzig, 2. Auflage (1967).
[63] *Hengst, M.:* Einführung in die mathematische Statistik und ihre Anwendung, Mannheim (Hochschultaschenbücher) (1967).
[64] *Collatz, L.:* Funktionalanalysis und numerische Mathematik, Berlin/Göttingen/Heidelberg (1964).
[65] *Schmeidler, W.:* Vorträge über Determinanten und Matrizen, Berlin (1949).
[66] ——— : Procedures ALGOL en analyse numérique, edition du Centre National de la Recherche Scientifique, Paris (1967).
Chapitre VI: Approximation (P. J. Laurent), 13 Procédures, p. 245–301.
[67] *Deming, W. E.:* Statistical Adjustment of Data, Dover Publ. (1964) S. 261.

Namen- und Sachverzeichnis

Abszissen, äquidistante, siehe Argumente äquidistante
Abweichung, mittlere quadratische 24
ALGOL 3
ALGOL-Prozeduren 3, 4, 22, 31, 33, 34, 37, 53, 97, 100, 102, 103, 109, 132, 136, 141, 153, 164, 198, 240
Algorithmus, Gaußscher, siehe Gaußscher Algorithmus
Alternante 202
Analyse, harmonische 101, 104, 138, 211 ff.
Approximation von Funktionen 2, 173 ff.
– , gleichmäßige 2, 174, 183 ff., 201
– im quadratischen Mittel (Gauß-) 175 ff., 218
– , stetige Tschebyscheffsche 201 ff.
– , Tschebyscheffsche 2, 174, 184, 187, 189
Approximationsfehler 173
Approximationssatz, Weierstraßscher 175
Argumente, äquidistante 89 ff., 113 ff., 127 ff., 132, 133, 136, 138, 141, 145
Aufrauhung 133, 134
Ausgleichsparabeln, siehe Polynome, Ausgleichung durch
Ausgleichsrechnung 1, 58
Ausgleichung, direkte Beobachtungen 16 flg.
– , lineare 59, 62, 80, 96 ff., 146 ff, 150
– , nichtlineare 145
– durch gerade Linie, siehe Gerade Linie, Ausgleichung durch
– durch Polynome, siehe Polynome, Ausgleichung durch
– , quadratische und kubische (3. Grades) 85, 91, 129, 134, 135
– , Tschebyscheffsche, siehe Approximation, Tschebyscheffsche
– , vermittelnde, siehe Beobachtungen, vermittelnde
– , zweidimensionale 149
Ausreißer 5, 127
Austauschverfahren 184 ff., 201
Auswahlvorschrift 186

Bedingungsgleichungen 66, 69 ff., 74 ff.
Beobachtungen, bedingte 58, 66 ff.
– , direkte mit Bedingungsgleichungen 69 ff.
– , gleicher Genauigkeit 16 ff.
– , ungleicher Genauigkeit 48 ff., 74 ff.
– , vermittelnde 58 ff., 183
Beobachtungs-Daten, -Reihe, -Vektor, -Werte 1, 5, 13, 16, 17, 18, 35, 37, 48, 53, 58, 74, 80, 94
Beobachtungsfehler 5, 7, 8, 13
Besselsche Ungleichung 107, 207

χ^2-Test (Chi-Quadrat-) 10
Cholesky, Verfahren von 83, 97, 232, 236 f. 240 ff.

Datenverarbeitungsanlagen (DA) 3, 96 ff., 118, 173
Determinante einer Matrix 226, 234
Differentialquotienten 133 ff.
Differenzenquotienten 134
Differenzenschema 129
Differenzieren, numerisches 133 ff., 136

Exponentialsummen 145

Faltung (der Ordinaten) 115, 140
Fehler, grobe 5
–, methodische 6
–, mittlere 18, 19, 22, 27, 35, 36, 37, 40, 41, 42, 48, 49, 53, 62, 74, 94, 96, 100, 112, 113
–, scheinbare 16, 40, 41
–, systematische 5, 6
–, wahre 5, 18, 41
–, relative mittlere 43
–, zufällige 5, 6
Fehlerfortpflanzungsgesetz 19, 40 ff., 47, 62, 94, 113
Fehlerfunktion 175, 218
Fehlergleichungen, -vektor 16, 19, 59, 62, 67, 69, 145, 147, 188
Fehlerquadrate, Integral der 210, 212
Fehlerquadratsumme (Summe der Fehlerquadrate) 16, 48, 58, 81, 84, 97, 98, 104, 109, 153, 207
Fehlerrechnung, Zweck der 1 ff.

Fehler- und Ausgleichsrechnung, Begründung der 5 ff.
Fisher, R.A. 114
Fourier-Analyse, numerische 138 ff, 141, 211
Fourier-Koeffizienten 214, 218–220
Freiheitsgrad 35, 36
Funktionen, periodische 138 ff

Gauß, C. F. 1, 7, 8, 15, 16, 40, 48, 49, 59, 60, 174, 189, 207, 218, 229
Gaußscher Algorithmus 232 ff, 236, 239
Gaußsche Transformation 59, 70, 82, 229
Gerade, Ausgleichung durch eine 87, 88, 95
Gesamtheit, statistische 23
Gewicht, –sfunktionen 48, 49 ff., 61, 74, 107, 175, 218
Glätten 127 ff., 132, 136
Gleichungen, widersprechende, siehe Gleichungssystem, überbestimmtes
Gleichungssystem, gestaffeltes 233, 234, 236 ff.
–, lineares 59, 67, 80, 230, 232 ff., 241
–, symmetrisches 177, 234
–, überbestimmtes 1, 80, 82, 183
Grenzwertsätze der Wahrscheinlichkeitsrechnung; Grenzwertsatz, zentraler 6, 10

Haarsche Bedingung 202
Häufigkeit 6, 11, 23, 29, 31, 34
–, relative 11, 24
Häufigkeitsverteilung 6, 7
Harmonische Analyse, siehe Analyse, harmonische
Hastings, C. 205
Histogramm 7
Hornersches Schema 85

Interpolation, trigonometrische 140
Interpolation, –srechnung 80, 82, 83, 92, 188, 198
Irrtumswahrscheinlichkeit 36

Klassen 6, 12, 23, 170
Klassenbreite 23, 26, 27
Klassenmitten 170 ff.
Koeffizienten, Polynom-, – der Matrix 80, 83, 85, 91 ff., 94, 97, 100, 103, 104, 106 ff., 109 ff., 113, 116, 129, 138 ff., 153, 176, 183, 198, 206, 210, 212, 214, 216, 218 ff., 232 ff., 236, 239
Komogoroff, A. N. 8
Konfidenzintervall, siehe Vertrauensintervall
Korrelaten, – Gleichungen 70, 75
Korrelation, lineare 157 ff.
Korrelationskoeffizient 161, 164
Kugelfunktionen, siehe Polynome, Legendresche
Kummlationsverfahren 29

Lagrange, T. L. 1
Laplace, P. S. 1
Legendresche Polynome, siehe Polynome, Legendresche
Linearkombination 80, 97, 176, 206, 210 216
linear unabhängig 80, 82, 97, 206, 208
Lorenz, P. 114, 151
Ludwig, R. 105

Matrix, Diagonal- 24, 48, 61, 74, 75, 83, 104, 112, 206, 227
–, Differentiation nach einem Parameter 230
–, Dreiecks- 109, 228, 232, 234, 236, 239
–, Einheits- 83, 99, 206, 227, 236
–, Funktional- 70, 231
–, Hauptdiagonale der 95, 226, 227, 228, 232, 236
–, inverse, reziproke 63, 75, 95, 99, 112, 230, 236, 239 ff.
–, Null- 227
–, positiv definit 83, 238
–, quadratische 226
–, Rechteck- 226
–, singuläre 227
–, Spalten- bzw. Zeilensumme 229, 236, 238
–, symmetrische 59, 82, 228, 236 ff.
–, transponierte 228
Matrizen-Multiplikation 227, 228 ff., 237
Matrizenrechnung 225 ff.
Maximum-Likelihood-Methode 14, 15, 170
Merkmalwerte, äquidistante 29, 34
Merkmal, -Werte, -Vektor 6, 23, 24, 26, 29, 31, 33, 170 ff.
Messungen, siehe Beobachtungswerte
Minimalbedingungen, Gaußsche - 16, 59, 145, 150, 176, 212

Minimalforderung, Gaußsche- 48, 61, 80, 81, 139, 152, 159, 188, 218
–, Tschebyscheffsche- 184
Minimalprinzip 2, 14, 80
Mises, R. v. 8
Mittelwert 6, 9, 12, 15, 16, 17, 19, 20, 22, 23, 24, 26, 29, 31, 33, 34, 35, 37, 40, 53, 159, 164, 170, 177
Methode der kleinsten Quadrate 1, 2, 13, 15, 16, 58, 67, 81, 97, 127, 138, 145, 147, 149, 159, 173, 174, 175, 184, 187, 189
Mittel, gewogenes 48, 49, 175
–, quadratisches 174, 175
Multiplikatoren, Lagrangesche 67, 70
Mutungsintervall, siehe Vertrauensintervall

Normalgleichungen 60, 62, 70, 82, 83, 84, 87, 90, 92, 97, 127, 150, 176, 177, 206, 232 ff.
Normalmatrix 63, 94, 95, 112, 176
Normalverteilung, Gaußsche 7, 8, 14, 35, 170
–, standardisierte 9, 170
Normierung, Norm 83, 104, 105, 107, 112, 114, 207, 208

Optimierung 173
Orthogonalfunktionen 83, 96, 103, 104, 112, 139, 206, 211
Orthogonalitätsbedingungen, -Relationen 105, 106, 114, 151, 209, 216
Orthogonalität von Vektoren 226
Orthogonalpolynome 104, 105 ff., 109 ff, 113, 114, 151, 153, 208, 216, 243 ff. (Tafel)
Orthonormalfunktionen, -system 83, 103, 206, 208

Polynomapproximation 174, 177, 201
Polynome, Ausgleichung durch 84 ff. 105 ff., 113 ff., 127, 133, 151, 198
–, Legendresche 208 ff., 216
–, Tschebyscheff- 214 ff.
Prony, Verfahren von 145

Quadratwurzelverfahren, siehe Cholesky, Verfahren von

Rechenhilfsmittel 2
Rechtecknetz, Punkte im 150, 153
Referenz, Referenz-Punkt 184, 185
Referenz-Polynom 188
Registerschrieb 90, 141
Regressionsgeraden 159 ff, 164
Rekursionsformel 106, 108, 215
Remez, E. Ta. 202, 220
Residuen 173, 175, 184, 189, 198, 201
Runge, Verfahren von 140 ff.

Schätzwert 6, 14, 17, 26, 170
Schmidt, E. 208
Sheppard-Korrektur 32
Sicherheit, statistische 10, 32, 36
Signifikanz-Test 10
Simultanersetzung, v. Remez 202
Standardabweichung 24
Statistik, mathematische 5, 7
Stichprobe 6, 14, 35
Stiefel, E. 60, 184
Streuung 6, 9, 12, 23, 24, 25, 26, 30, 31, 33, 34, 36, 170
Student-Verteilung 35
Summationsverfahren 29, 34
Summe der Fehlerquadrate (Abweichungsquadrate), siehe Fehlerquadratsumme
Summenfunktion 171
Summenhäufigkeit 11

Taylorreihe 40, 70, 173 ff.
Terebesi, P. 141
Trend einer Zeitreihe 92
Trigonometrische Funktionen 211
Tschebyscheff, P. L. 2, 114, 174
Tschebyscheff-Approximation, siehe Approximation, Tschebyscheff-
Tschebyscheff-Polynome, siehe Polynome, Tschebyscheff-
t-Verteilung 35, 37

Urliste 32, 33

Variable, standardisierte 11, 171
Varianz, siehe Streuung
–, Einheits- 225
–, Eins- 16, 225, 233
–, Null- 225
Vektoren 225 ff.
–, inneres Produkt, skalares Produkt 94, 176, 177, 226, 229, 230, 233

Verteilung, empirische 23, 170
Verteilungsfunktion 9, 11
Vertrauensintervall 10, 35 ff. 37

Wahrscheinlichkeit 8, 10
Wahrscheinlichkeitsdichte 8, 14
Wahrscheinlichkeitspapier 11, 170
Wahrscheinlichkeitsrechnung 1, 5, 6, 7
Wert, wahrer 18, 41
Wertepaare 80, 109
Widerspruch 2, 69

Zipperer, L. 141
Zufallsfehler, zufallsartige Meßfehler 35, 80, 127, 133, 173
Zufallsgröße, siehe Zufallsvariable
Zufallsvariable 1, 8, 10, 23
Zufallsvektor 13, 14

Ostwalds Klassiker

der exakten Wissenschaften

De Thiende: Dezimalbruchrechnung
von Simon Stevin (1585) DM 7,80

Die Begründung der Elektrochemie und Entdeckung der ultravioletten Strahlen
von J.W. Ritter (1805) DM 14,00

Das Feste im Festen
von Niels Stensen (1669) DM 18,00

Über die Einführung absoluter elektrischer Maße
von Wilhelm Weber und Rudolf Kohlrausch DM 9,80

Studienausgaben

Erscheinungsformen und Gesetze des Zufalls
von Walter Böhme DM 9,80

Atomphysik und menschliche Erkenntnis I
von Niels Bohr DM 9,80

Atomphysik und menschliche Erkenntnis II
von Niels Bohr DM 12,80

Was sind und was sollen die Zahlen?
Stetigkeit und irrationale Zahlen
Von R. Dedekind DM 5,80

Mathematische Rätsel und Probleme
von Martin Gardner DM 10,80

Einführung in die formale Logik
von Gerd Harbeck DM 6,80

Der Mensch und die naturwissenschaftliche Erkenntnis
von Walter H. Heitler DM 8,80

Die naturwissenschaftliche Erkenntnis:
von Edgar Hunger
Begriff und Methode I DM 4,90
Der Mensch und die Naturwissenschaft II DM 4,90
Prinzipienfragen der naturwissenschaftlichen Erkenntnis III DM 4,90

Symbole, Einheiten und Nomenklatur in der Physik
Document U.I.P. (IUPAP) DM 3,50

Einführung in die diskreten Markoff-Prozesse und ihre Anwendungen
von Hans Lahres DM 9,80

Physikalische Aufgaben
von Helmut Lindner DM 8,80

Die physikalische Erkenntnis und ihre Grenzen
von Arthur March DM 10,80

Denkweisen großer Mathematiker
von Herbert Meschkowski DM 6,80

Nichteuklidische Geometrie
von Herbert Meschkowski DM 4,80

Atomare Struktur und Festigkeit der Metalle
von N. F. Mott DM 3,80

Gleichstrom
Kleines Lehrbuch der Elektrotechnik I
von G. K. M. Pfestorf und J. Siebert DM 6,80

Wechselstrom
Kleines Lehrbuch der Elektrotechnik II
von G. K. M. Pfestorf und J. Siebert DM 6,80

Wechselstromlehre I
Kleines Lehrbuch der Elektrotechnik IV
von G. K. M. Pfestorf und K. G. Wagener DM 6,80

Wechselstromlehre II
Kleines Lehrbuch der Elektrotechnik V
von G. K. M. Pfestorf und W. Freise DM 6,80

Physikalische Kernchemie
von Ulrich Schindewolf DM 10,80

Geist und Materie
von Erwin Schrödinger DM 9,00

Unterhaltsame Mathematik
von R. Sprague DM 6,80

Abriß der Geschichte der Mathematik
von D. J. Struik DM 10,80

Die biologischen Grundlagen des Lebens
von C. H. Waddington DM 10,80

Kombinatorik
von Karl Wellnitz DM 3,90

Klassische Wahrscheinlichkeitsrechnung
von Karl Wellnitz DM 4,80

Moderne Wahrscheinlichkeitsrechnung
von Karl Wellnitz DM 6,80

Wendepunkte in der Physik
D. ter Haar u. A. C. Crombie DM 9,80

Die Grundlagen des physikalischen Begriffssystems
von W.H. Westphal DM 5,60

Boolesche Algebra und ihre Anwendungen
von J. E. Whitesitt DM 10,80

Der dritte Hauptsatz der Thermodynamik
von J. Wilks DM 10,80

Einführung in die Vektorrechnung
von A. Wittig DM 6,40

Vektoren in der analytischen Geometrie
von A. Wittig DM 6,80

Aufgabensammlung zur Vektorrechnung
von A. Wittig DM 6,40

C+ International Library

Topics in Algebra
von H. Perfect DM 8,40

Technical Writing & Presentation
von W.S. Robertson und W.D. Siddle DM 6,00

Elements and Formulae of Special Relativity
von E.A. Guggenheim DM 6,00

Irradiation Damage to Solids
von B.T. Kelly DM 12,00

Introduction to Dislocations
von P. Hull DM 12,00

Basic Principles of Electronics, Vol.1
von V. Jenkins und W.H. Jarvis DM 10,10

Vacuum and Solid State Electronics
von D.S. Harris und P.N. Robson DM 9,60

The Velocity of Light
von J.H. Sanders DM 8,40

Nuclear Forces
von D.M. Brink DM 8,40

Kinetic Theory I:
The Nature of Gases and of Heat
von S.G. Brush DM 8,40

Kinetic Theory II:
Irreversible Processes
von S.G. Brush DM 10,10

The Contributions of Faraday and Maxwell to Electrical Science
von R.A.R. Tricker DM 12,00

Semiconductor Circuits
von V.R. Abrahams und G.S. Pridham DM 14,40

The Laws and Applications of Thermodynamics
von A.D. Buckingham DM 10,10

Advanced Engineering Thermodynamics
von R.S. Benson DM 14,40

Worked Problems in Heat, Thermodynamics and Kinetic Theory
von L. Pincherle DM 7,20

Diffraction Coherence in Optics
von M. Francon DM 9,60

Elementary Reactor Physics
von P.J. Grant DM 10,10

A Textbook of Magnetohydrodynamics
von J.A. Shercliff DM 10,10

Magnetohydrodynamics with Hydrodynamics, Vol.1
von P.C. Kendall und C. Plumpton DM 8,40

An Introduction to Gas Discharges
von A.M. Howatson DM 10,10

Agricultural Physics
von C.W. Rose DM 10,10

Reaction Kinetics, Vol. 1
von K.J. Laidler DM 10,10

Reaction Kinetics, Vol. 2
von K.J. Laidler DM 8,40

Selected Readings in Chemical Kinetics
von M.H. Back und K.J. Laidler DM 10,10

Chemical Binding and Structure
von J.E. Spice DM 10,10

Chemical Kinetics and Surface and Colloid Chemistry
von A.F. Trotman-Dickenson und G.D. Parfitt DM 8,40

Kinetics of Inorganic Reactions
von A.O. Sykes DM 14,40

The Chemistry of the Metallic Elements
von D. Steele DM 10,10

Chemistry of the Non-Metallic Elements
von E. Sherwin und G.J. Weston DM 7,20

Purines, Pyrimidines, Nucleotides and the Chemistry of Nucleic Acids
von T.L.V. Ulbricht DM 6,00

High Pressure Chemistry
von R.S. Bradley und D.L. Munro DM 10,10

uni–texte

Studienbücher

K. Mathiak / P. Stingl, Gruppentheorie
für Chemiker, Physiko-Chemiker, Mineralogen (ab 5. Semester)

K. Torkar / H. Krischner, Rechenseminar in Physikalischer Chemie
für Chemiker, Verfahrenstechniker und Physiker (ab 3. Semester)

K.-A. Reckling, Mechanik I
für Studierende der Ingenieurwissenschaften (1. Semester)

W. Leonhard, Wechselströme und Netzwerke
für Elektrotechniker (3. Semester)

Vorschau auf die nächsten Bände:

G. Frühauf, Elektrische Meßtechnik I, II
für Elektrotechniker (2. und 3. Semester), Physiker und Physiko-Chemiker (ab 5. Semester)

G. Frühauf, Meßtechnisches Praktikum
für Elektrotechniker (3. Semester)

H. Glaser, Einführung in die Technische Wärmelehre
für Maschinenbauer und Technische Physiker (3. Semester)

H.F. Grave, Grundlagen der Elektrotechnik
für Elektrotechniker (1. und 2. Semester)

G. Grawert, Quantenmechanik I, II
für Mathematiker, Physiker und Physiko-Chemiker (4. und 5. Semester)

S. Großmann, Funktionalanalysis I, II
für Mathematiker und Physiker (4. und 5. Semester)

P. Guillery, Werkstoffkunde für Elektroingenieure
für Elektrotechniker (4. Semester)

R. Jötten / H. Zürneck, Einführung in die Elektrotechnik I, II
für Maschinenbauer und Wirtschaftsingenieure (3. und 4. Semester)

L.D. Landau / E.M. Lifschitz, Mechanik
für Mathematiker und Physiker (2. und 3. Semester)

W. Leonhard, Grundlagen der Regelungstechnik
für Maschinenbauer und Elektrotechniker (5. Semester)

G. Ludwig, Festkörperphysik
für Physiker und Physiko-Chemiker (4. Semester)

W. Martienssen, Einführung in die Physik I, II
für Naturwissenschaften (1. und 2. Semester)

A. Peyerimhoff, Gewöhnliche Differentialgleichungen I, II
für Mathematiker und Physiker (3. und 4. Semester)

K.-A. Reckling, Mechanik II, III, Aufgabensammlung
für Studierende der Ingenieurwissenschaften (2. und 3. Semester)

H. Wolter / U. Gradmann, Grundlagen der Atomphysik
für Physiker (3. Semester)

Rudolf Ludwig

1910 geboren in Dresden

1930 Studium an der Technischen Hochschule Dresden

1937 Promotion zum Dr. rer. techn.

1938 Assistent an der Technischen Hochschule Dresden

1948 Assistent an der Technischen Hochschule Braunschweig

1952 Habilitation

1959 Ernennung zum apl. Professor

seit
1953 Deutsche Forschungsanstalt
für Luft- und Raumfahrt

z. Z. Leiter des Rechenzentrums
der Deutschen Forschungsanstalt
für Luft- und Raumfahrt